中央高校基本科研业务费专项资金创新团队资助计划项目（ZY20120102）

矿产勘查及开发中的地质方法

（第2版）

[澳] Roger Marjoribanks 著
万 方 陆丽娜 译

電子工業出版社
Publishing House of Electronics Industry
北京 • BEIJING

内容简介

本书是一本为从事矿产勘查的地质人员编写的野外实用地质类书籍。本书介绍了矿产勘查领域一般的实用地质方法，覆盖现代矿产勘查活动的基本层面。本书的重点放在地质填图和钻探两个方面，这也是矿产勘查活动的精髓所在，其内容涉及各种类别的地质填图和钻探工程的方方面面，其中很多方法在国内很少见到，如国外常见的空气反循环（RC）钻探、岩心定向和岩心内部构造编录的基本技术手段等。

本书可为国内年轻一代矿产勘查地质人员系统了解国外通行的基本勘查方法提供参考，这对当前中国地矿行业走向世界，进一步与国际同行展开矿产勘查的合作、交流工作，具有很好的指导意义。

本书可作为广大矿产勘查行业内相关人员的实用参考书，也可作为大专院校应用地质学课程的教材或参考书。

图书在版编目（CIP）数据

矿产勘查及开发中的地质方法：第2版 /（澳）罗杰·马奇班克斯（Roger Marjoribanks）著；万方，陆丽娜译. —北京：电子工业出版社，2016.6
书名原文：Geological Methods in Mineral Exploration and Mining
ISBN 978-7-121-28894-4

Ⅰ. ①矿…　Ⅱ. ①罗…　②万…　③陆…　Ⅲ. ①矿产勘探—研究　Ⅳ. ①P624

中国版本图书馆 CIP 数据核字（2016）第 111608 号

策划编辑：李　敏
责任编辑：李　敏
印　　刷：三河市双峰印刷装订有限公司
装　　订：三河市双峰印刷装订有限公司
出版发行：电子工业出版社
　　　　　北京市海淀区万寿路173信箱　邮编 100036
开　　本：720×1 000　1/16　印张：16.5　字数：321千字　彩插：1
版　　次：2016 年 6 月第 1 版
印　　次：2016 年 6 月第 1 次印刷
定　　价：65.00 元

推荐序

很高兴为 *Geological Methods in Mineral Exploration and Mining* 的中文版写序。

《矿产勘查及开发中的地质方法》是一本综合性矿产勘查技术方法的工具书，集中介绍了大量实用的野外勘查工作方法，浅显易懂又细节严谨，汇聚了全球众多优秀地质学家们多年的经验积累。

商业性矿产勘查的核心是矿业人才，其中最重要的是勘查地质学家。一名优秀的勘查地质学家需要具有多年的实战经验、思维开放敏捷并具有创造性。大学的矿产勘查课程偏重于矿床及勘查理论，而具体的技术工作方法，刚毕业的地质师通常只能在自身工作中不断积累，这一过程局限而又漫长。《矿产勘查及开发中的地质方法》最大的特点是其实用性强，正如作者所说，这是一本解答“如何去做”的书，而不是去讲“为什么”。它综合了许多优秀地质学家们多年的丰富工作经验，而这正是年轻的地矿工作者们急需学习和取得的。衷心地希望，一代又一代的年轻人，通过对前人经验的系统学习和深入实践，能够在实际工作中快速地成长起来。

国际商业性矿产勘查，以找矿效果为中心，以最快的时间、最少的勘探投入、最有效的方法手段找到具有经济开采价值的矿藏，并综合考虑其他重要因素，如矿产开发条件、投资环境、外部建设条件、基础设施、社区关系等；而不是简单地列入“工程”范畴，以完成工程量为目标。这本书所介绍的技术、方法、手段、思路，主要基于市场化的商业性矿产勘查，一切以节省时间、节约勘查成本、提高找矿效率为根本，而这些正是一名优秀的勘查地质学家所必备的思维方式。

万方先生作为我们公司优秀的勘查地质师，数年来率领野外项目组，高效完成公司多项勘查任务。他的野外地质老师 Calvin Herron 更是一名经验丰富的美国勘查地质学家，技术全面、品德高尚，也是我多年的好朋友。我欣喜地看到万方先生及其合作者陆丽娜女士能够将这本书翻译成中文出版，将国外通行的勘查技术方法介绍给国内同行，而这在当今中国矿业全球化的进程中，无疑是非常有意义的。

蔡之凯 博士

明科矿业集团董事长兼首席执行官

中文版序言

非常高兴能在这里介绍我的著作 *Geological Methods in Mineral Exploration and Mining* 的中文版。这本书由经验丰富的勘查地质师万方先生及地质学教师陆丽娜女士共同将原始的英文版娴熟地翻译成中文版。

作为一本非常实用的地质勘查进阶指导手册，本书系统介绍了在金属矿床的勘查、开发中的野外地质学技术。这些方法在学术型大学的地质学课程里一般是没有的，年轻的勘查地质师通常只能在工作中慢慢积累。毋庸置疑，学习这些野外技术最好的途径是观察那些经验丰富的实践者们如何完成他们的工作。但这种“老师”可遇而不可求，而靠自己不断试错来积累经验却又十分缓慢，成本也是很高的。因此，出版一本专门介绍这些经验、方法的书，就显得很有必要。大多数地质学教科书都是偏学术性的，旨在讲解地质学相关理论。与之相反，本书是解答“如何去做”的书，而不是去讲“为什么”。

该书第 1 版（英文版）于 1997 年由 Chapman & Hall 出版社出版，作为一本实用手册受到了读者的热烈欢迎。之后，我收到了来自全世界四面八方的地质学家们的积极反馈，使我能够尽可能充实地对第 1 版做了修订，第 2 版于 2010 年由 Springer 出版。第 2 版同样非常受欢迎，十分畅销，该书显然符合了勘查地质师们的强烈需求，由此才有了这本中文译本的问世。

很多教科书可能会随着知识和技术进步而很快过时，而勘查地质学家的基本野外技术，比如勘查靶区的确立、地质填图及剖面制作、采样、钻探岩屑及岩心的编录、数据解译等，这些我们职业上的基本技能，随着时间的推移，并没有变化多少。21 世纪的勘查技术，如先进的遥感技术及大型数据库的应用，深刻改变了矿产勘查活动。这些新技术功能强大，同时也十分必要，但却无法弥补基本野外技能的缺失。我坚持认为，从某种程度上讲，勘查地质学家盯着电脑显示器的时间越来越多，而不愿花时间在野外的岩石上，那么他们勘查项目的质量和效果将大打折扣。

中国幅员辽阔，有着多种多样的地质成矿背景，发现新矿床的潜力依然十分巨大。希望本书中译本的出版，能使得长久以来奋战在这片土地上的众多中国地质工作者们，更加便利地接触到原著的精髓。感谢万方和陆丽娜两人出色的翻译工作，衷心祝愿他们和电子工业出版社在本书中文版出版一事上取得成功。

Roger Marjoribanks

2016 年 2 月 1 日

前 言

本书是一本为从事矿产勘查的地质人员而编写的野外实用地质手册。同时，我们也希望本书今后能作为大学院校应用地质学课程的教材或参考书。本书的宗旨是阐述一般性实用地质技巧，将地矿专业的毕业生培养成勘查地质学家。这是一本教人“如何做”的书，而不是一本讲述地质学或矿床学理论方面的教材。

勘查地质学家[1]通常是一种职业的地质学家，他（她）们借助科学手段及构造方法来寻找矿体。涉及矿产勘查类的职业有很多，例如，矿产行业内金融和创业活动的商业人士、有过实际勘查经验的董事会成员和公司管理人员、技术助理、租赁业务经理、环境和安保人员、钻探工作人员、测量人员、IT 专业人士、地球物理学家和地球化学家、矿产储量专家、多种多样的咨询师，以及勘查地质学家。一般来说，勘查地质学家是个百事通，杂而不精，总领全局。尽管勘查地质学家这个词语有点不太好听或者略显肤浅，但这是唯一合适的称谓，用来概括那些具备探寻经济矿藏技能的全体人员。那些在矿山团队中以圈定矿体为己任的矿山地质学家，也可称为勘查地质学家。勘查地质学家所具备的最基本和最高效的技能，涉及地质信息的获取、记录及描述，这些信息可以用来推测矿产的存在与否，而这些技能即是本书讨论的主题。

实际野外地质技能的教学在大学阶段往往被忽视。即便有这些课程，没有随后的实践这些技能也得不到强化。勘查地质学家所需具备的一些技能，在学校里可能永远也得不到充分的传授。一些特殊的方法及技巧，例如，勘查区的

---

1 贯穿全书，英语语法让我有时候不得不选择主人公的性别。在第 1 版里，我用词语“他或她”来表达，但现在看起来有点烦琐累赘。因此，在这一版里，我简单地用中性词来表达。

识别、详细的勘查填图或岩心编录、岩心切割等内容，很少出现在基础训练课程中。本书旨在解决以上不足之处，尽管本书可能无法代替亲身的野外经验及知识，但我们尽了最大努力。

该书并不是要提供一套必须遵守的标准规范。本书所讲述的实际技巧和方法，汇集众多地质学家的实际经验——已被证明是行之有效的。当然，作者并不是要强行给读者以先入之见，每位地质学家都必将形成属于他（她）自己的工作方法和技能，并最终靠所取得的勘查成果来评判，而不是靠取得这些成果的过程来评判。在矿产勘查的过程中，对任何事情来说，其唯一“正确”的办法就是以最快和最节省的方式来定位矿体。然而，对个人来说，最好是在他尝试并理解所有这些方法——已在实际经验中被证明行之有效，并通常作为好的勘查经验在业内广泛推广——之后，形成他自己的方法技能。

新观念、新技术总是层出不穷，所以没有一本书可以说自己是最终版本，本书也不例外。地质学家应该带着批判的眼光来阅读本书，以使本书作为一本有用的工具书并得到及时更新。

本书的章节大体按照典型勘查项目的开展步骤来编排。第 1 章，介绍新勘查项目的产生、前景及勘查过程的组成。第 2、3 章，介绍有关地质填图的不同技术手段，如利用遥感反射影像、地表露头和矿山采坑填图等。第 4 章讲解勘查地质学家为揭露新岩层所使用的技术手段：槽探、坑探、剥土及地下坑道开拓。第 5～7 章（及后续若干附录）全方位介绍钻探技术，这些章节构成该书的主体部分，同时也反映出对于勘查地质学家来说钻探所具有的最高重要性。第 8 章详细介绍了通过地面观测卫星提供的遥感影像技术，这对勘查学家来说是具有划时代意义的。尽管本书的主旨是介绍地质勘查方法，但第 9 章还是对常用的地球物理和地球化学技术手段（物化探）做了简要概述。最后，第 10 章讨论了数字化的勘查数据库，并简要介绍地理信息系统（GIS）及地质勘查相关软件在矿产勘查及开发中的应用，涉及数据存储、数据处理及表达等。

该书第 2 版对 1997 年第 1 版做了较大的增订补充，以反映过去十多年来矿产勘查方法所发生的变化。基础野外地质方法技能仍然是勘查地质学家的核心技术，这构成了本书的主体部分。当然，最新的先进技术也加入到这一系列实用方法手段之列。在金刚石钻探中，快速且更加可靠的岩心定向系统已成为惯例，越来越多的人认识到定量构造编录的意义所在。卫星导航系统的精度不断提高，使得在详细地质填图及物化探数据的采集中 GPS 作为测量控制工具越来越受到重视。现在，由商业地面观测卫星获得的最新的超高分辨率卫星影像越来越多，在分辨率和价格两个方面，与高质量的航空照片构成激烈竞争。如今，台式机和笔记本电脑在数据处理、存储空间及制图能力方面几乎是呈指数级增长。结合最新的功能强大的软件包和精密的仪器设备，这一切，对传统地球物理和地球化学技术手段（物化探）产生了革命性的变革。

今天，最新的软件程序实现了海量数据的处理、分析，这导致现今的勘查地质学家花费在电脑前的时间比在野外的时间要多，并已形成一种趋势。通过彩色 3D 图层技术来传输和展示数字化的数据有其自身的优势，但它严重背离了数据本身所应代表的客观实际。一个越来越严峻的危险是：勘查地质学家过多地关注数据处理，而忽视了对所获数据的质量要求。本书通篇所暗含的一个理念就是：如果说地质数据对于找到矿体很重要的话，那么，一定要清醒地认识到，必须采用系统的方法对数据处理的全部阶段——从野外数据的收集到最终成果展示的全过程——进行质量控制。在当今电子化存储和海量数据处理的时代，有必要重温一下如下著名诗句[2]：

数据并非信息，

信息并非知识，

知识并非理解，

理解并非智慧。

本书勾勒了为获取“知识”的地质技术手段，剩下的工作就留给读者您了。

2 匿名诗，但可以肯定是改编自“有了知识，我们丢失的智慧在哪里？有了信息，我们丢失的知识在哪里？”（T. S Eliot）

致 谢

我深深地感激这些年来和我一起工作过的众多技术娴熟的野外地质学家们，从他们那里，我获得了许多这本书所介绍的勘查工作中的地质见解、技术手段及方法流程等。这些地质学家包括 Ray Crawford、Neville George、Don Bowes、Frank Hughes、Dave McKenzie、Don Berkman、Mike Rickard、Ilmars Gemuts、Doug Dunnet、John Thoms、DickSillitoe 和 Gary Arnold。

感谢澳大利亚地球科学家协会（AIG）慷慨地允许复制大量图件，这些图件原见于 AIG 手册之五——《钻探岩心的系统编录》——由本人 2001 年编写（2007 年修订出版了第 2 版）。上述图片包括图 6.1、图 6.6、图 6.9、图 6.10、图 6.14、图 B.5、图 B.7、图 B.13、图 C.1、图 C.2 和图 C.3。感谢 Ivanhoe Mining Limited 公司和 Newcrest Limited 公司允许我发布他们的一些勘查项目的介绍，见本书第 4 章末尾。

书中出现的地质图及剖面图均来自我曾经实际工作过的项目，我们对其重新制图、修订并进行重命名，以使其更符合出版需要，同时也为了保密。

感谢 Gary Arnold 通读本书原稿，我们从他的许多建设性意见中获益匪浅，特别是他对 9.2 节（磁法测量）和 10.3 节（GIS 及数字化数据库）的补充，我们深表谢意。

毋庸置疑，对书中仍存在的错误、偏差和纰漏，笔者承担全部责任，欢迎读者朋友批评指正。

目　录

第1章

矿产普查与勘探的一般过程

本章试图将详细勘查步骤流程浓缩成一体，放到更广阔的、从最初概念形成到发现矿藏的整个勘查过程当中。

1.1 术语定义

野外矿产勘查活动，是指在一个成矿区域内找出并圈定经济上可供开采利用的矿物产品（矿石）的一种行为模式（或称为“游戏”）。大规模的勘查活动通常被划分成较小的单个项目（一个特定的矿权组合[1]），每个项目可能包含一个或数个勘查区。

勘查区是指被认为可能含有潜在矿体的限定地块，通常用一个地理位置来命名。一个勘查区可以是地表矿化露头、废弃老矿山，也可以是根据某些地质见解或环境背景有关的某些异常特征（这些异常特征通常利用地球物理、地球化学方法测量，被解释为跟成矿在空间上有密切关系）来选定的一个地块。勘查区是勘查学家工作的基本单元。勘查学家的工作就是不断地划出新的勘查区，然后对它们进行勘查以确立和圈定其中可能潜藏的矿体位置。

1 对一个地区矿产勘查和开发的法定权证，不同国家会有不同的名称，并且它所规定的权利和义务也十分不同。本书中所用术语“矿权”，是对所有这些权证的泛指。

1.2 新勘查项目的产生

在勘查过程中，关键的第一阶段是产生新的勘查区。这一过程称为预查。传统上讲，预查是寻找简单的、可观察到的地表矿化信息。如今，勘查地质学家可以利用精密的地球物理和地球化学技术手段来获取地表矿化信息。但是，成功预查的技巧和能力对任何技术手段来说都是共通的，它们涉及具体行动、观察、知识储备、眼界、机遇、坚持、横向思维及运气成分。因此，介绍传统预查技巧有助于阐明成功的关键因素。

19 世纪，在澳大利亚或北美洲这些地方，还能偶然发现上千公里长的含次生铅锌矿物的山脊，或者发现大片绿色次生铜矿物暗示下面存在巨大斑岩系统的地区。甚至到 20 世纪下半叶，在地球上某些偏远地方，仍然发现了一些十分明显且面积广阔的矿化露头。例如，阿拉斯加的 Red Dog（Kelley and Jennings，2004; Koehler and Tikkanen，1991）、巴布亚新几内亚（PNG）的 Porgera（Handley and Henry，1990）及印度尼西亚西伊里安省的 Ertsberg（Van Leeuwen，1994）等矿床的发现，都属于这个年代。如今，这种很容易就可以识别出的“奖品”，在全球范围内已所剩无几了。因此，目前的勘查工作越来越注重在微弱矿化露头或没有任何矿化露头的地方寻找矿体。

尽管如此，经验表明，简单的勘查方法仍然可能找到矿体。典型的案例有：1964 年在西澳大利亚 Kambalda 地区发现的镍硫化物矿床（Gresham，1991）、1982 年在 PNG Lihir 岛发现的大型 Ladolam 金矿床（Moyle et al.，1990）、1993 年在加拿大 Labrador 由铁帽露头揭示的 Voisey Bay 铜/镍/钴大型硫化物矿体（Kerr and Ryan，2000）、1996 年在蒙古国发现的大型 Oyu Tolgoi 铜/金斑岩型矿床（Perello et al.，2001）、在埃及东部沙漠发现的大型 Sukari 金矿[2]（Helmy et al., 2004）。

如果对近年来新发现的矿床进行总体考察，它们的成功大概可以归结为以

2 Oyu Tolgoi 矿床和 Sukari 矿床都是在已知矿化很少的地区发现的，并且都有上千年的民间采矿历史，但是它们真正的规模却一直不清楚，它们的真正规模直到进行现代化的勘查后才被揭晓。

下三个主要因素。

（1）这些地方被发现之前没有任何勘查人员做过工作。这可能是因为一些历史或政治原因，以往都无法到达这些地方。当然，原因也可能只是在这之前没有人想到要到那些地方勘查。

（2）找矿人识别并检验了细微或非典型的矿化信息，而这些信息被完全忽略，要么是因为这些信息非常微弱，更有可能是因为找矿人观察到特征而认为它们不具有重要价值。正如 Dick Sillitoe[3]（Sillitoe，2004）所写的那样。

“对野外基岩露头（有时候可能只有几米宽）的细致观察分析是成功勘查的关键所在，因为它可能揭示出地下所掩藏矿化的微弱特征信息。近来的经验表明，通过这种详细的横穿地质路线，即便是在勘察程度很高的区域，经验丰富的找矿人也能够找到局部出露型的矿床，而这类矿床只是由于其地表出露太微弱，航空照片或卫星影像不能够识别，而导致以往未被发现。人们常常说，在全球勘查程度很高的成矿带，所有的出露型或局部出露型矿床已全部发现殆尽，在我看来，还是个神话。”

（3）在已知矿化区域（“棕色地带”）的勘查，勘查人员布设一系列钻孔来定位盖层之下未出露的盲矿化带。这种勘查方法只有在以下情况下才能够取得成功：找矿人从现有的矿山或勘查区内获得地质成矿模型，并有足够的信心对勘查区中那些缺乏地表信息的区块实施大量且昂贵的钻探工程。该类勘查方式成功的案例有：Newcrest 公司在澳大利亚 NSW Cadia 地区，在沉积物盖层 450m 下发现 Ridgeway 斑岩型 Cu/Au 矿床（Holiday et al., 1999）；Ivanhoe 澳大利亚公司在 2009 年发现的 Merlin Cu/Mo/Au 矿床[4]。

找矿成功的一个关键因素就是横向思维，它要求具备以下能力。

3 Richard Sillitoe 是一位著名的国际经济地质咨询师。

4 2009 年，Ivanhoe Australia 宣称在澳大利亚 Queensland 的 Mt Isa Inlier 地区发现一个新的大型 Mo/Rh/Cu 矿床（称为 Merlin 矿床）。该发现是找矿人秉承执着精神致力于在澳大利亚勘查程度最高的 Cu/Au 区域中已知矿化区外围持续钻探的结果。由 Florinio Lazo 和 Tamal Lal 撰写的有关 Merlin 的早期文献（2009 年 12 月以后的文献）可以在网站 www.smedg.org.au 上获取。

- 在新环境下识别类似的岩石。
- 质疑所有的假设条件（特别是自己的[5]），并接纳富有智慧的观点。
- 注意细小的异常或偏差。
- 知道何时相信直觉[6]（因为潜意识和显意识在以上贡献因素中占比相当）。

1.3 产生新勘查思路的途径

新点子可以是“出乎意料的”，但通常是对某些现有情况进行充分认识的结果，因此勘查学家应尽可能多地综合已有的知识。勘查学家需要谨慎对待这些现有情况和它们提供的可能性，包括如下内容。

情景 1：新的填图（不管是你自己的手图还是专门的地质测量图）能够提供地质或地球物理的新信息，结合你自己对矿化的理解，新的填图揭示出可能存在新矿化类型或者需要查验的新区域。

情景 2：在你的勘查区外围所发现的矿床可以作为一个崭新的、更具有相关性的成矿模型。

情景 3：一次对其他矿山的考察，即便它在地球的另一面，对你目前的勘查区也会有一些新的启发。以往文献中关于矿体的描述无法代替你的亲眼所见，特别是有能见到矿床发现时的矿化露头的机会，千万不能错过。

情景 4：最新发展的勘查技术或方法在以往勘查手段未能奏效的地方可能会取得较好的效果。

情景 5：政治形势的变化，使得勘查学家在以往未进行现代化方法手段勘查的区域进行新的勘查和开发成为可能。

---

5 正如 20 世纪著名的物理学家 Richard Feynman 所说，“第一条原则是你必须不欺骗你自己——同时你是最早被欺骗的人。”

6 一个当下的理论认为：直觉和通常所说的潜意识发生于大脑的右侧，而理性的演绎推理源于大脑的左侧。在成功找到矿体的过程中，这两个方面都起作用。

1.4　负面假设的核查列表

对大多数勘查工程来说，早晚会有山穷水尽之感。在这个节骨眼上，常常会很容易地想到很多放弃的理由。然而，在作出决定之前，值得用批判的眼光逐一核查对该区域的既定看法。通过审查，可能发现这些理由可能只是一些假设，而这些假设有可能是错误的。为了协助这个过程，本书列出以下 5 个勘查地质学家通常对某一地区持有的负面假设。

- 该地区没有勘查潜力，因为它被 *X* 类型的岩石所覆盖。

点评： 你怎么知道的？你使用的地质图可能错误或者细节不充分？不管怎样，即便 *X* 类型岩石对你所勘查的矿产类型没有潜力，但它还可能对其他类型的矿产具有勘查意义。

- 该地区已经被彻底勘查过了。

点评： 一个地区或靶区几乎不可能被彻底勘查的。以往的找矿人退出可能是因为他们在思路、时间或者财力上无法维持。此时，任何勘查学家总是希望能够利用最好的方法和手段在前人放弃的区域详尽地测试他们现有的找矿思路和成矿模型。建立一个新模型、研发新的技术手段，或者只是寻找新的风险投资，该地区就可能起死回生。

- 该区域内全部有勘查潜力的地块都被竞争对手占据了。

点评： 最近一次对现有矿区勘查计划的核查是什么时候？是否全部潜在区域都已被勘查过了？如果你对某区域有一些想法而目前的矿权持有者却没有，那你就处在一个十分有利的位置，可以通过协商而进入该区域[7]。

- 没有现成的矿体模型适用于该地区。

点评： 矿床可以归纳为不同的类型，但每一个矿床都有其特殊性。详细的成矿模型通常是在矿体被找到之后才总结出来的。注意，千万不要过分关注上一个矿体而忽视了下一个矿体。

7 这通常是一种法律上（也是道德上）的要求：在对一个矿区的任何谈判中，所有团体应都能获取与该地区相关的全部实际数据。然而，思路见解属于你自己的知识产权，并不一定要与人交流（你可以分享，当被证明全是错的之后）。

- 由于土地使用冲突（例如，环境、原居民因素等），无法对勘查区进行勘查。

点评：这种情况着实很难处理。今天，在许多国家的法律法规框架下，发生这种情况的概率很高，这就变成现实问题而不仅仅是假设问题了。尽管如此，通过耐心的协商达成共识或相互妥协，通常还是可以解决很多问题的。

1.5 勘查阶段

一旦确立勘查区并取得勘查证，就要通过渐进性的勘探过程确定矿体来评估该区域。对每个勘探阶段来说，好的结果可以促进下一个阶段并扩大整个勘查工作的努力；而不好的结果则意味着勘查区将会被放弃、转卖或者需要寻找合伙人分担风险，亦或者需要静静等待，直到有新的信息、思路、技术出现将其重新激活。

勘查过程可以采取的勘查方法多种多样，这意味着各个勘查案例的勘查过程也是千差万别，但是，从整体上看，勘查工作基本上都是按照如下阶段进行的。

1.5.1 确立靶区

该阶段包括对潜在矿体实施钻探之前的所有勘查活动。矿产勘查的目的就是限定这些靶区。在该阶段实施的工作包括以下部分或全部内容。

- 浏览勘查区的全部可得资料，如政府部门的地质图件和物探资料、以往勘查成果资料、已知的矿化信息等。
- 航空照片和遥感影像的初步地质解译。
- 区域及（局部）矿区地质填图。
- 矿区岩屑和土壤采样——化探工作。
- 区域及矿区的物探工作。
- 浅部钻探，对风化壳或基岩的地球化学采样。
- 为增加地质信息的钻探工程。

1.5.2　靶区钻探

该阶段的目的是获取矿体或潜在矿体的剖面信息。通常采用精确定位的金刚石型或旋转—冲击型钻探，而很少采用槽探、坑探、竖井或平硐。这应该是勘查过程中最关键的阶段，因为根据其结果而做出的决策将涉及高成本投入及后续的潜在投入。如果据此判断存在潜力矿体，那么该靶区的勘查费用将急剧飙升，而其他勘查区往往就可能被舍弃了。如果这个阶段之后决定结束该勘查区的工作，则又往往存在遗漏矿体的可能。

1.5.3　资源量评估钻探

该阶段工作的目的是解答勘探区是否具有经济效益，即弄清楚潜在矿体的品位、资源量、开采/选冶特性等。在此之前，对该矿区的矿化特征应该有一个较为全面深入的认识，这种认识是有信心将勘查工作推进到该阶段的重要因素。本阶段需要进行详细的钻探及采样工作，以提供解答经济效益问题所需的数据。该过程通常是既费时又费钱，所以钻探常常又划分成两个子阶段来完成：初期的估算钻探阶段（设计阶段）和后期的确认钻探阶段（实施阶段）。估算钻探和确认钻探提供翔实的数据，以推进最终的可行性研究。

1.5.4　可行性研究

该阶段是整个勘查工作中的最后阶段，它算是办公桌前的“尽职调查”研究，包含进入矿山开发决策的全部因素：地质的、采矿的、环境的、政策的、经济效益的等。对那些大型项目其成本的评估，如预可行性研究，通常在资源量评估阶段就开始进行。预可行性研究将弄清楚勘查成本是否超出预期收益，同时也将明确那些必备数据的基本特性，从而将项目推进到最终的可行性研究阶段。

1.6 勘查项目成功率的最大化

显然，并不是所有的勘查区都会发现矿山。绝大多数矿区都会在靶区确立或靶区钻探阶段被淘汰掉，少量的矿区能够延续到资源量估算钻探阶段，最终只有极少数的矿区能够到达可行性研究阶段。即便如此，有些矿区也有可能在最后一关被否掉。尽管发现一个新矿山需要筛选的勘查区的数目取决于多方面的因素（其中一些因素将在下文讨论），但一般来说数目是很大的。通过分析找矿效果图或勘查曲线图（见图 1.1）我们可以获得对定位矿体的一些基本认识。图 1.1 显示了项目中勘查区的数量（纵轴）与勘查阶段或勘查时间（横轴）的对应关系。从曲线趋势可以看出，最初关注的大量勘查区数目随勘查阶段的变化呈指数下降趋势。在图 1.1 中，曲线 A 代表一个成功的勘查案例，它以发现矿体告终；曲线 C 代表另一个成功的勘查案例，在这种情况下，虽然最初勘查区数量较少，但该曲线的斜率要远远小于曲线 A，由此可以推断，曲线 C 所代表的勘查案例的质量要高于曲线 A 所代表的勘查案例，因为曲线 C 在最初勘查阶段的存活率要更高一些；曲线 B 通常代表的是一般情况下的实际勘查情形，即失败的勘查案例。

从图 1.1 中可以清楚地看到，只有两种方式可以将不成功的勘查项目转变为成功的勘查项目：要么使勘查项目变得更大一些（如增加建立勘查区的初始数量），要么勘查学家更加睿智（如减少勘查区的无效比例，进而减小勘查曲线的斜率）。当然，还有第三种方式：运气变得好点。

项目变得更大并不一定意味着要雇用更多的勘查学家和更快速的花钱。确立勘查区也是一个时间问题，于是“项目变得更大”也可以解读为“项目变大及/或项目变长”。然而，通常一个既定勘查项目只能包括有限数量的勘查区，这个限度并非总是，甚至通常并不取决于勘查学家的思路或圈定的成矿异常，而更多地取决于勘查学家或投资人的信心，这一因素通常被称为“项目疲劳症”。另一个常见的限制因素是勘查的有效性。在这个行业内，诸如在一个地方进行勘查，前人没有突破而随后被另一伙人找到矿体的例子比比皆是。原因不在于后者有更好的思路或更好的勘查队伍，而在于前一批人放弃得太早。对一个还未取得成功的勘查项目进行决策，决定是坚持还是放弃，或尝试其他地方，对一个勘查学家来说，是最艰难的决策。

帮助勘查学家变得更加睿智，至少在野外地质勘查方面更加睿智，是本书的目标所在。一个明智的勘查学家将确定最优质的勘查区，并对其进行最有效、最经济的检验。同时，他/她将在确立新勘查区和检验已有勘查区之间保持良好平衡，以确保为发现新矿体进行持续的努力。勘查区不断实现良好的前景预期是一个勘查项目健康的标志。

1.7　勘查策略

勘查曲线也很方便地向我们说明了当今矿产勘查的另外一面。一些区域勘查方法涉及广泛收集地球物理地球化学测量数据，并通常由此产生大量的异常结果，这是一种经验性的勘探方法。一般来说，对这些异常存在的真实性我们所知甚少，但是任何一个异常都有可能反映了一个潜在矿体，所以必须引起重视，需要布设勘查区并随之进行初步的评估工作——通常是实地考察一番。评估工作之后，只有相对较少的异常予以保留。因此，项目勘查曲线中建立经验勘查区阶段具有很陡的斜率，类似于图 1.1 中的曲线 A。

相反，另一种设置勘查区的方式涉及将特定成矿理论应用于已知地质条件和矿化类型的某一区域中，以预测矿体位置。这是一种概念（模型）勘查方法。概念勘查通常只确立较少数目的勘查区。但这些可是“高质量”的勘查区。因此，这种概念勘查区中的含矿概率就要高于通过经验确立勘查区的含矿概率。按照找矿理论确立靶区来实施一个勘查项目，将获得相对平缓的勘查曲线，类似图 1.1 中的曲线 C。

通过经验勘查和概念勘查（理论模型）来确立靶区的方法是矿产勘查技术中的两极，实际勘查项目中纯粹利用其中一极或者另一极来操作是很少见的。在区域地质调查程度较高及矿化类型已相对清楚的情况下，概念（理论）勘查找矿起主要作用。这种情形通常适用于在已有矿山基础上的就矿找矿，例如，西澳大利亚 Eastern Goldfields 的 Kambalda 地区，加拿大 Abitibi 省的 Noranda 地区，南非的 Bushveld 区域。而经验勘查找矿则在“绿色地带”[8]勘查中起主要作用，这些地区的地质调查程度很低，而且现有成矿模式很难套用。

绝大多数勘查项目，结合了概念（模型）勘查和经验勘查两种方式，因而它们的勘查曲线介于以上两极之间（见图 1.1）。

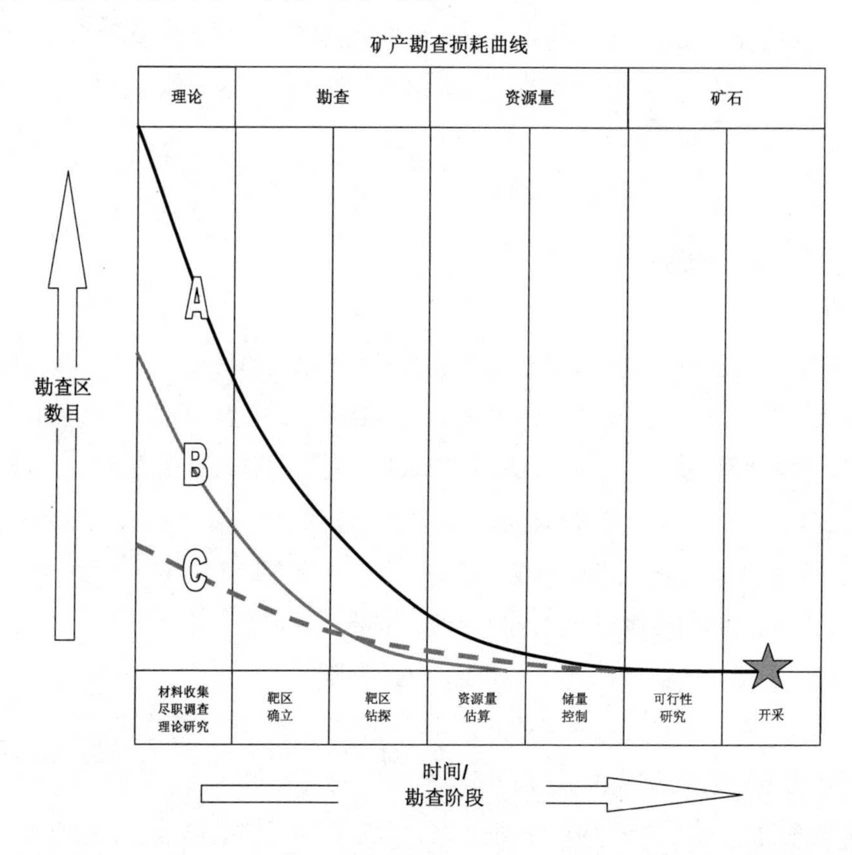

图 1.1　对任何既定的勘查项目来说，这些曲线显示勘查区的数目随着勘查阶段的变化呈指数递减。在一个很大程度上取决于勘查经验方法（曲线 A）的项目中，最初确立的勘查区数目巨大，但随后绝大多数被迅速剔除。在一个主要采用概念（理论）勘查的项目（曲线 C）中，虽然开始时确立的勘查区的数量较少，但通常它们都具有较高的质量。绝大多数项目（曲线 B）的投影会处在以上两条曲线之间。

8 “绿色地带”勘查是指在不存在已有矿山或勘查区的地区进行勘查活动。它与“棕色地带”勘查（在已有矿山附近进行勘查活动）正好相反。

1.8　勘查反馈

勘查学家的数目相比所找矿体的数目，要多许多倍。所以说，一个有能力的勘查学家在他的整个职业生涯中始终没有发现过一个具有经济效益的矿床是完全有可能的，甚至可能究其一生连参与发现一个新的大矿床的机会都没有。这只能说他运气不好，而不是其他方面的原因。如果说，一个勘查项目最终的成功是指发现矿床的话，那么绝大多数的项目是不成功的，而大多数勘查学家的大部分时间是用于对失败的总结经验教训上。

然而，这的确有点太让人郁闷了。发现矿床是对我们勘查工作的最好奖励和经济效益上的肯定，但不能据此作为衡量我们努力程度的唯一标准。经验丰富的勘查学家通过他们的技能和知识可以减少运气在发现矿床中的影响，但绝对无法排除它。我们如何评判在一个勘查项目中选对靶区，而且一切工作都做得很好，由于未知及无法控制的因素，最终还是错过了矿体？我们如何判断我们与成功发现矿床之间的距离？如果成功了，我们成功的关键又是什么？或者这么说，如果我们成功了，你怎么知道这不是仅仅靠运气，而一定是对我们能力和智慧的回报？如果我们不能回答这些问题，那么就不可能提升我们的“赌博”水平或者重复我们发现矿床的成功。

衡量一个勘查项目的成功与否，不应该取决于实际中是否发现矿床。也许，判断一个勘查项目成功的最好方式，是看它是否能够从至少一个钻探矿化截距（已达到具有潜在经济效益的厚度和品位）出发来圈定目标矿体。当然，这种“踩到矿上”的情形可能纯属意外，而不是通过找矿人的任何特殊技能获得的。但是，只要勘查学家或找矿团队能够不断地确立具有这种成果的勘查靶区，那么他们肯定是行驶在正确的轨道上。如此，他们最终找到矿体就只是时间早晚的问题了。

1.9 破解奥卡姆剃刀（Occam's Razor）

奥卡姆剃刀原理[9]是一个广为人知的哲学信条。它在所有解决问题的活动中广泛应用。它讲的是：对一个问题给定一系列可行的解决方案，其中最简单的解决方案（依赖最少假设的一种方案）总是最可取的。正因为如此，该“准则”往往被称为“经济原则”，或者是具有深远影响的“KISS 原则”（Keep It Simple, Stupid，简单的笨蛋原则）。然而，奥卡姆剃刀通过无情地剔除那些过于复杂和无法控制的设想，来构建出明晰的图像，其他术语无法准确表达这种特性。

矿产勘查的全部阶段都涉及要在数据不充分的情况下做出决策。为了克服这一困难，就必须提出猜想并构建假说来帮助决策。在这个过程中，奥卡姆剃刀是每个勘查学家都应该遵守的一个重要指导原则。特别是在勘查区的选择上，以及诸如文献搜集、区域性—半区域性的地质—地球化学—地球物理填图等方面，这一原则显得尤其重要和必要。然而，当勘查过程逐渐推进到发现潜在矿体，即在“区域—项目—勘查区—靶区钻探”这一系列活动中，成功的勘查学家必须准备抛弃这个经济准则。原因是：矿体从本质上讲是一种特殊事物，它们是众多地质因素通过非常规组合的结果。否则，矿产就随处都是了，那你我可能就要转行干别的了。

对一个勘查靶区进行地质解译时，目标是设定矿体可能的位置，并通过钻探来找到它们。对现有数据存在众多不同的地质解译是可能的，也几乎是无法避免的。那些圈出钻探靶区的解译比无钻探靶区的解译要好，即便后者可能更加代表实际的情形或者更加满足奥卡姆剃刀原则。当然，这并不是说只是通过美好的愿望来进行解译。所有的地质解译都必须是有根据的，也就是说，它必须符合地质上的准则。这些假设背后必须存在一些地质证据或逻辑上有效的推理过程。如果一个范围内 A 单元比 B 单元晚，那它就不可能在另一个范围内比 B 单元早；地层的出现或缺失、加厚或减薄，不可能没有一定的地质解释；两个断层相交，其中的一个必然错断另一个，不能只是简单地用断层活动产状变

9 以 14 世纪英国哲学家 William Occam 命名。

化来解释每一个具体的复杂性。

为什么一个矿区可能不存在矿体？很容易找到一大堆充分的理由，傻子都会做。而为什么一个矿区可能存在矿体，则需要一个专业的勘查学家来做出合理解答。

参考文献

[1] Gresham JJ（1991）The discovery of the Kambalda nickel deposits, Western Australia. Econ Geol Monogr, 8:286–288.

[2] Handley GA, Henry DD（1990）Porgera gold deposit. In: Hughes FE (ed) Geology of the mineraldeposits of Australia and Papua New Guinea. Australasian Institute of Mining and Metallurgy, Melbourne, 1073–1077.

[3] Helmy HH, Kaindl R, Fritz H, Loizenbauer J（2004）The Sukari gold mine, Eastern Desert, Egypt Structural setting, mineralogy and fluid inclusions. Miner Deposita, 39:495–511.

[4] Holiday J, McMillan C, Tedder I（1999）Discovery of the Cadia Au–Cu deposit. In: New generation gold mines'99—Case histories of discovery. Conference Proceedings, Australian Mineral Foundation, Perth, 101–107.

[5] Kelley KD, Jennings S（2004）Preface: A special issue devoted to barite and Zn–Pd–Ag deposits in the Red Dog district, Western Brooks Range, Alaska. Econ Geol, 99:1267–1280.

[6] Kerr A, Ryan B（2000）Threading the eye of the needle: Lessons from the search for another, Voisey's Bay in Northern Labrador. Econ Geol, 95:725–748.

[7] Koehler GF, Tikkanen GD（1991）Red Dog, Alaska: Discovery and definition of a major zinc–lead–silver deposit. Econ Geol Monogr, 8:268–274.

[8] Moyle AJ, Doyle BJ, Hoogvliet H, Ware AR（1990）Ladolam gold deposit, Lihir Island. In: Hughes FE (ed) Geology of the mineral deposits of Australia and Papua New Guinea. Australasian Institute of Mining and Metallurgy, Melbourne, 1793–1805.

[9] Perello J, Cox D, Garamjav D, Diakov S, Schissel D, Munkhbat T, Oyun G（2001）Oyu Tolgoi, Mongolia: Siluro-Devonian porphyry Cu–Au–(Mo) and high sulphidation Cu

mineralization with a cretaceous chalcocite blanket. Econ Geol, 96:1407–1428.

[10] Sillitoe RH（2004）Targeting under cover: The exploration challenge. In: Muhling J, Goldfarb N, Vielreicher N, Bierlin E, Stumpfl E, Groves DI, Kenworthy S (eds) Predictive mineral discovery under cover. SEG 2004 extended abstracts, vol 33. University of Western Australia, Centre for Global Metallogeny, Nedlands, WA, 16–21.

[11] Van Leeuwen TM（1994）25 years of mineral exploration and discovery in Indonesia. J Geochem Explor, 50:13–90.

第2章

矿产勘查中的地质填图

2.1 一般性考量

2.1.1 填图的目的

地质图（一般指地质平面图——译者注）是将观察到的地质信息及其解释用绘图的形式在一个水平面上[1]表达出来。地质剖面图的特征与地质图相同，不同的是地质剖面图将地质记录及其解释在铅垂面而非水平面上表达出来。构建地质平面图和剖面图是对空间三维地质体相互关系进行图像理解的核心手段。通过地质图（平面图和剖面图）可以将矿床控制理论应用于预测潜在矿体的位置、大小、形态和品位，它们是帮助构建任何尺度下的三维地质和矿化模型的重要方法。正如近几十年来矿产领域一个知名的高级地质填图专家 John Proffett 所描写的那样（Proffett，2004）。

“地质填图是一种记录和整理地质观察的基本方法，其更大的优势在于为确定靶区提供有价值的思路和眼光。概念方法能够帮助理解覆盖区域内或与之相邻的孤立露头和钻孔截距之间的地质关系。”

制作或者获取地质图是任何矿产勘查项目不可或缺的第一步，并且是矿产

1 当然地表不总是水平的。尽管在小比例尺地质图中这些通常可以忽略，但在大比例尺地质图中露头样式就会因此有较大的影响（地质图上的显示会失真）。

勘查及开采过程的后续所有阶段（包括钻探、地球化学、地球物理、地质统计和开采设计）中重要的决定性资料。对于正在开采的矿山，地质填图记录了矿山开采面上可见矿体的界限，并提供重要数据和思路来投影采样点处的化验信息。

因此，制作地质图就成了每位勘查学家或矿山地质学家的一项基本技能。

2.1.2 地质图的特征

地质图是一种人为地根据地质理论和人类的智力而构建的人工作品。它展现了所选择区域的野外观察信息，继而在一定程度上可以用来预测那些无法观察到的事物。

地质图有许多不同的种类。对大比例尺[2]地质图而言，地质学家通常的目的是为了勾勒地质图所在区域的每个重要的岩石露头。因此，这些地质图通常称为“实际”地质图，尽管“观察”地质图或简单的“露头”地质图可能更准确。对小比例尺地质图而言，到达每个露头可能是不现实的，一般只是有选择性地核查一些露头，然后在观察点之间进行修补。这种修补工作可能只是简单地利用该地区遥感影像中所见的特征将其数据投影到地质图上去，例如，卫星或雷达影像、航空照片、航磁图件等。因此，小比例尺地质图一般要比大比例尺地质图具有更多的解译要素。

尽管两种地质图只有尺度上的不同，但是，对任何一种地质图来说，即便是具有最详细比例（最大比例尺）的地质图，也只能选择性地表达所获得的地质观察记录，并且任何观察记录都无法完全摆脱解释上的偏好（侧重点）。即使以地质填图为目的来考虑哪些代表露头对比例尺的依赖性也非常高。在实际制图过程中，地质填图者的工作是从近乎无穷的观察记录中选择一定数量的、认为对构建地质图比较重要的观察记录进行制图。地质学家的这些决策必然带有主观性，不可能存在毫无侧重的认知。通常认为，偏好是一种弱点，应尽可

2 按照惯例，地图中大比例尺是指具有小的比例值（分数值较大），如 1:1000 或 1:2500。较小比例尺是指具有较大的比例值（分数值较小），如 1:100000 或 1:250000。通常任何超过 1:5000 的都被认为是小比例尺，但这都是相对而言的。

能地避免掉，但是对每个寻求将有意义的信息从干扰信息中分离出来的地质学家来说，偏好是一种技巧。如果没有侧重点，野外全部的观察数据加在一起会把我们给淹没掉。一个带有侧重点（偏好）的勘查地质学家会找出那些与矿化有关系的信息，并将其记录到地质图上。当然，这不排除还存在其他类型的地质观察记录，毫无疑问，对同一个地区，勘查地质学家的地质图跟地层学家或古生物学家的地质图无论如何都不会完全一样。你必须意识到并承认这一点，你只能使用你自己带有侧重点的地质图，否则你就是在自我欺骗。

因此，一张地质图与勘查学家可能用到的、其他种类的地图数据是不同的，尽管典型的地球化学和地球物理图件也可以包含解译性的元素及侧重点，但它们通常是为了对可再生定量点数据提供精确表达。在这些图件上的这类数据通常可以由非专业人员采集，而这些图件也可以通过计算机上预设的公式进行编辑和投影。另外，一张地质图并不是波状起伏的点数据，而是对思路想法的模拟表达；这些想法是在经过仔细观察及合理的理论推理之后产生的。成为一个出色的地质填图者，一定要将这一观念深入脑海，抛开任何类似“地质填图者就是一名对‘地下真理’[3]数据的客观采集者”的观点。毕竟，一位地质学家的“地下真理”可能是另一位地质学家的无关噪声。

2.1.3　灵活填图

制作地质图的过程也是解决问题的过程。一个最好的解决问题的方法是多种工作假设系统[4]。在实际中，这意味着地质学家并不是在大脑完全一片空白的时候就开始野外工作，而是带着一些地质想法、思路到工作中去，而且必须通过填图来检验这些地质思路。形成这些思路是通过查看现有的地质图件、解译的航空照片、卫星影像或航磁数据，甚至是通过直觉来完成的。有了这些想法或者假设，就可以进行预测了。随后在被选择的地区进行和观察记录就可以非常有效地检验这些预测。有时候可能要选择横穿走向的路径，有时候可能要追

3　“真理”和“事实”是比较模糊的概念，通常用来声明权威及终止辩论。它们最好别用于科学语境。

4　是多种有效假设的概念，现作为科学方法中的一个基本部分被广泛接受，由地质学家 Thomas Chrowder Chamberlin 于 1897 年首次提出。

踪标志地层或者岩性界线，有时候可能要选择更加规则的路线。填图顺序按照所假定的地质情况。走向上具有很好的连续线型通常表明利用横穿走向路线（穿溯法）是最好的方法；对复杂的褶皱或断层利用追踪标志层最好。在任何情况下，先前起作用的假设很可能还含有某些备选方案，并没有被精确地勾画出来，通过大范围的野外观察记录，并结合多种样式的路线追溯就可以将其检验出来。在此阶段，地质学家必须敞开所有可能的思路，构建新的假设或者修改已有的假设，使其符合新的观察记录。然后再对这些新假设进行检验，并重复以上过程。

随着该过程一步一步往前走，预测变得越来越精确，并且追溯方式也越来越集中于关键区域。这些区域具有非常重要的边界条件，通常可以通过露头确定下来。聪明的填图员因此花费大部分时间于这些可以获得最多信息的“肥沃”露头，而花小部分时间于那些比较单一的岩石，对单一岩石附近进行地质观察的密度也较小（见图 2.1）。

从单个露头或手标本上也可以观察到许多小型构造，通过这些构造特征可以预测存在于该比例尺地质图上的大型构造。最有效的观察在于层理、节理、线理和褶皱之间可以预测的几何关系，以及运动指示标志——可以用来推导在脆性断层和韧性剪切带的运动指向。存在这些构造的地方，对野外填图员来说是一种恩惠，填图员应该学会识别并利用好这些构造。对这些构造的详细描述超出了本书的范围，许多标准的地质学教科书中对此会有介绍。一些实用参考书见附录 F。

另一方面，手标本或露头上所见的特征和相互关系通常反映了地图比例尺下的地质特征。这通俗地被称为“庞氏定律”（Pumpelly’s Rule），该定律由 USGS 的地质学家 Raphael Pumpelly 于 19 世纪最早提出[5]。同样，聪明的填图员通过观察露头中这些潜在的相互关系就可以形成思路想法，从而构建地质图比例下的地质分布特征。

5 如今，我们认识到地质过程从本质上讲是无序的（如非线性）。这一系统通常代表了被称为“标度不变性”（Scale-Invariance）的东西，意味着在不同的尺度下特征模式的重复性。通常被引用的例子是，一个潮水潭（边界线）和其中一个单元的海岸线进行形状比较。庞氏定律最早认识到这种类型的相互关系（Pumpelly, et al., 1894）。

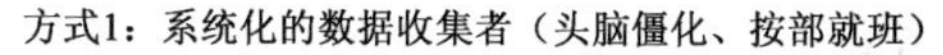

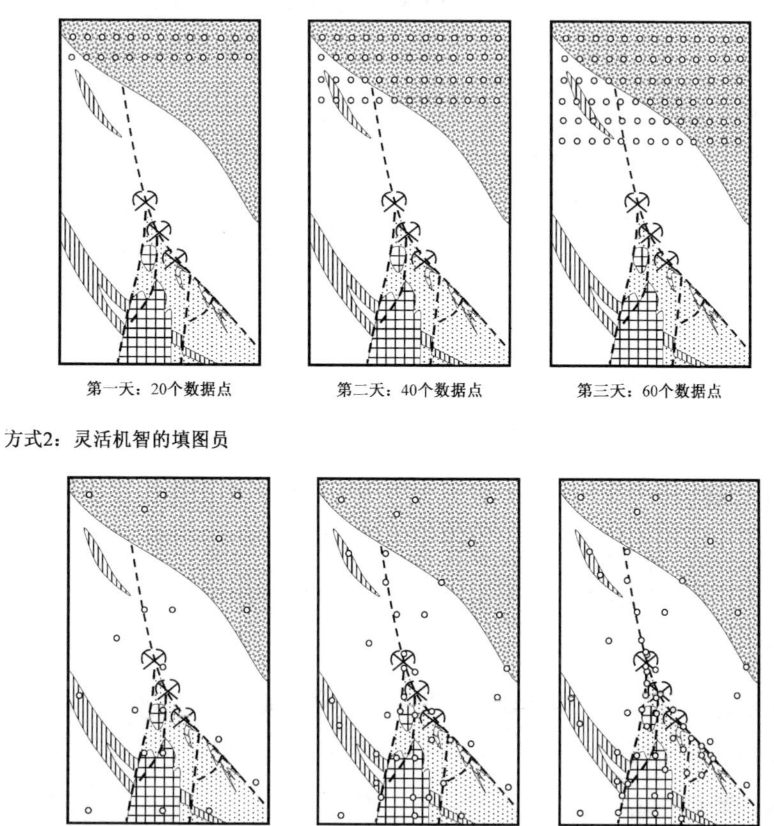

图 2.1　地质填图种类比较。第一种情况：“系统化的数据收集者”。通过预定的僵化的策略而非思路、想法，在地面进行规则路线，这项工作最终会完成，但这并不是最有效的方法。第二种情况：灵活机智的填图员。通过不断地对每个重要露头进行考察，来检验与之相关的地质思路，并随之确定追溯下一个重要露头的策略，这样工作会更快速，效果也更好。

随着地球化学成为当今大多数勘查项目的一个主要工具，地质图常常在计划和理解地表地球化学采样工作结果中起到很大作用。为了实现这一作用，大多数情况下勘查地质填图需要详细标明地表和风化岩石单元（风化层）及基岩特征的分布情况。

因此，观察记录并不是随机进行的，也不是按照规则网格化地收集或是根据固定的追溯样式，而是有选择的，以最有效地证实[6]或证伪当前的想法。地质填图是一项科学的过程，实施恰当便符合经典的科学方法：创立学说、从学说理论中进行预测、设计实验（计划所需野外观察）来验证预测[7]。

这种方法的一个特点是：思考和构建假说在野外工作中是一直进行着的。换句话说，数据采集并不是与数据解译隔离或者是后者的早期阶段，这二者是紧密联系在一起进行的。总之，观察记录和数据解译永远都不应该被分别视为“野外工作”和“室内工作”[8]。

2.1.4 选择最佳的技术手段

填图所用技术取决于合适的地质图的实用性，即由野外观察记录的内容来决定。不同种类的技术手段汇总于表 2.1。

最理想的底图是航空照片或高分辨率卫星影像，因为它们可以提供有关地形/耕地/植被特征的精确位置，并可以对大型地质构造进行空中视图，而这些在地面是无法看到的。对小比例尺地图（如 1∶5000～1∶100000），遥感影像实际上是最适合的填图底图，如果有很好的该比例尺下的地形图，那它们就可以作为备选的替代品。在第三世界国家，在无法获得任何合适比例尺的航空照片的情况下，卫星影像可以作为很好的区域地质填图的底图。雷达影像，不管是由卫星系统还是由空间飞行器测量而来，也可以用作地质填图的底图，和使用航空照片一样。

对矿山填图这种特殊情况来说，填图的底图通常是由矿山测量员准备的矿山开采的测量平面图，并通过皮尺测量距离精确定位一些测量点来进行补充。在露头开采矿山，大部分岩石露头是直立或近似直立的，因此将观察记录到剖

---

6 实际上，正如科学哲学家 Karl Popper（1934）所指出的那样，一个实验要么证伪假说，要么拓展了该假说能成立的条件范围，假说永远无法被完全证实。

7 科学中所有的理论假说，包括地质学中的想法、思路，必须按照这一方式来创立：它们必须能够被证伪。例如，对于野外填图的目的，无法非常有效地来假定“这些露头构成了一个变质核杂岩体”，因为不可能存在一个简单的观察数据来证伪这个命题。当然，可以假定“该露头是长英质片麻岩，该露头是砂岩，该界线是糜棱岩”——如果这些被证明是错误的，那么就需要修改这些假说。

8 在我们的社会中，在早期训练时，受条件所限，我们不幸地更多是在室内思考，较少享受到在室外将自己才智释放的过程。地质学家必须学会破除这一综合征。

面图上之后再转移到标准的平面图上，绘制成为一个复合的开采平面图或者矿山剖面图。在地下开采矿山，可以在开采坑道两壁、顶面和掌子面（前进面）进行观察记录，汇编到剖面图或者平面图上。这些填图技巧将在下一章详细介绍。

表 2.1　地质填图技术方法比较一览表

填图技术方法	最佳比例尺	用　途	优　点	缺　点
步测罗盘法	1:100～1:1000	粗略勘查图件，用于在精确测量点之间的填图	快速、不需要助手，设备需求最少	测量精度较差，特别是在地形起伏较大地区
皮尺罗盘法	1:100～1:1000	详细勘查图件。用于线状地质路线图、矿山填图	快速、精度较高、不需要事先准备	需要助手；对较大区域的填图比较慢
打桩网格法	1:500～1:2500	对已确立勘查靶区的详细填图	测量精度较高、相对较快、同一套网格可贯穿全部勘查阶段	费用高、需要提前准备、在灌木丛或丘陵地带测量精度控制较差
平板仪法	1:50～1:1000	对地质复杂区块的详细地质填图。地质界限开放	测量精度很高、不需要事先准备	速度慢、需要助手、地质填图和地形测量是分开的
GPS 及 DGPS 法	1:5000～1:25000	区域及半区域地质填图，初步扫面式填图	快速、可方便下载的数字化测量数据、能够很好支持同等比例尺下的其他填图技术	以收集数据点的形式进行地质填图
地形图法	1:2500～1:100000	区域地质填图及踏勘。用于地形陡峭区域、矿山填图、GPS 观察投点	准确的地理参照底图、高程等值线（地形线）图	精确定位比较困难；不相干的地图细节模糊了地质信息；通常对大比例尺不适用
遥感反射影像法	1:500～1:100000	最佳选择。任何比例尺下都是理想的，可用作地质填图底图	可从影像图上直接进行地质解译、立体视图、对地质特征的定位十分方便	比例失调（航空照片）；若需要做新的航测，则价格昂贵

对地表填图，一般很难获得合适的照片作为底图，或者只能将非常小比例尺的照片放大以做更详细的填图使用。许多时候，航空照片也很难用于精确的野外定位，因为植被覆盖或者缺少可识别的地表标志特征。在地形起伏非常大的地区，照片同样很难使用，因为会造成比例极度变形、扭曲。在这些情况下，就需要找到其他替代性的技术方法来为详细填图提供条件。按照精度的降低

（同时操作速度也随之提高）将这些填图方法排序如下：平板仪填图、打桩网格填图、皮尺罗盘填图、步测罗盘填图。

现在平板仪填图很少采用了，因为它比较慢，而用来替代它的打桩网格法可以获得特有的测量精度，一般都能满足地质图的要求。此外，平板仪填图需要配备助手，事实上地质观察和图件制作通常作为两个过程分别进行。但是，平板仪法具有很高的测量精度，对那些地质情况比较复杂、需要高精度填图的小块区域来说非常适用的。这种情况通常出现在详细的勘查区填图或者露天矿山的填图。平板仪法也适用于那些打桩网格法无法实施的地方，比如对废弃的采石场或露天采坑的填图。因此，平板仪法是野外地质学家需要掌握的实用技术。

打桩网格法适用于比例尺为 1∶500～1∶2500 的露头填图，通常用于对制作详细地质图件的测量控制。该方法依赖于在地面按照 Cartesian 坐标系统（见 10.5.2 节），在规则的位置处钉入测量桩，以构成一小片网格。坐标标记在每个桩上，然后钉入地面作为该地区所有勘查阶段的控制点。使用打桩网格法的缺点是它比较昂贵，而且地质学家常常会将桩网误认为是之前设置好的地质穿梭路线，而不是作为测量控制预先定位网格点。

皮尺罗盘法或者卷线罗盘测量法可以生成详细的勘查地质图，也可以作为那些地质学家无法长期在现场的地区定位样品点的底图，通过这种方法可以生成高质量的详细地质图件，而不需要任何的事先准备（只需要配备一根皮尺或卷线即可[9]）。

如果没有测量用皮尺（测绳），那么用步测距离也仍然可以构建粗略的地质图。步测比目测估算要好，同时速度更快。在十分平坦的地面用步测方法进行短距离测量应该是比较准确的。勘查地质学家应该弄清楚他们的正常步长，可将 100m 的皮尺铺在平坦地面，以正常步伐来回走动多次，然后计算出平均每步的长度（步长）。每次沿桩格线走动时，都应该核查不同地形种类下的步幅。

9 卷线是一卷可随手扔掉（一次性）的可降解棉线。由于线是绕在卷轴上，安装一个测量线长度的记录器，就可以测量运行距离，细线很容易扯断，留在地面即可。其他类似的测量装置有 Fieldranger™、Chainman™ 和 Topofil™。

2.1.5　选择最佳比例尺

地质填图比例尺的选择控制了地质图所记录数据的类型，因此也就控制了野外观察的类型（见图 2.2）。选择合适的比例尺取决于制作地质图的目的。

小比例尺地质图（如 1∶25000 或更小）显示一般的区域性岩石分布特征及主要构造。从一个勘查者的眼光来看，这种比例尺可以用来确定预期的盆地、褶皱带、大地构造单元或者其他大型地质体。该比例尺适用于为新项目形成思路。勘查地质学家并不经常制作如此小比例尺的地质图。原因有两点：第一，这种类型的填图一般由地质调查局承担，通常可以购买到；第二，绝大多数情况下勘查地质学家无法获取足够大的矿权范围，不值得进行这种类型的填图。

中等比例尺（1∶2500～1∶5000）的地质图可视为详细区域地质图，它们适用于较大矿权的初步穿越填图。同时，当把地质填图与区域勘查或区域地球化学（如水系沉积物采样）结合时，这种比例尺是比较理想的。在该范围的比例尺下，影响矿体位置的某些较大的特征可能会被显示出来，但是，它对一个矿床本身的轮廓通常是无法显示的。因此，中等比例尺地质图适用于新勘查区产生过程中的控制和拓展。

在比 1∶5000 比例尺更详细的地质图上，可以显示出单个的露头或露头区域，以及重要矿化地区的地表形态。这种比例尺可用来显示直接控制并定位矿体的特征。这种比例尺下的地质图通常被称为露头地质图，并且通常在勘查区确立之后，填图工作很快进行。这种地质图的目的在于确立潜在矿体的大小、形态和其他特征。因此，这种地质图可用来帮助确立、控制和评估详细勘查工作中后续的全部流程，包括地球物理、地球化学和钻探。

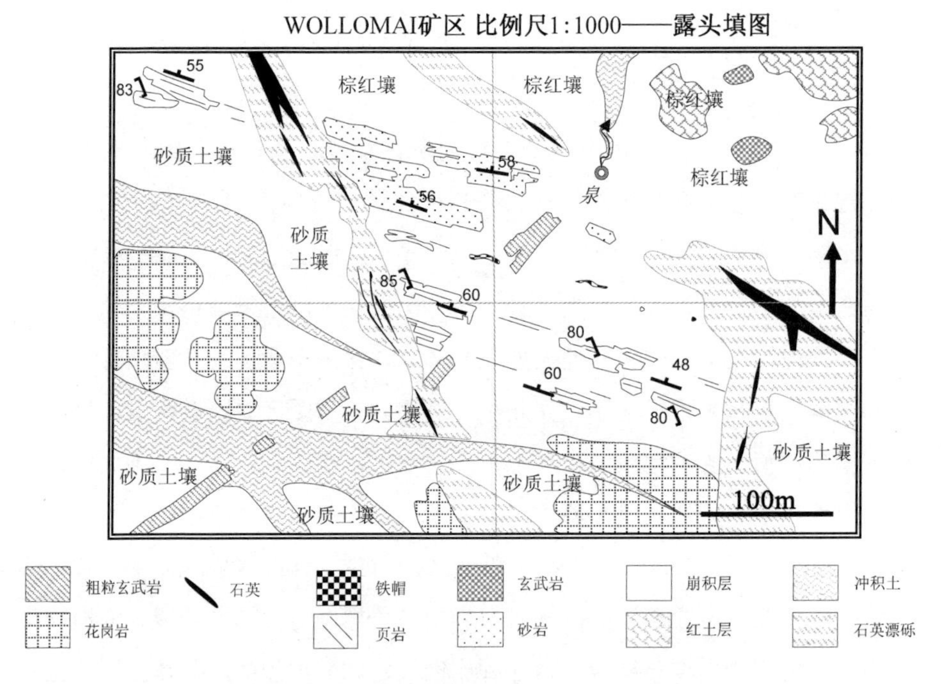

WOLLOMAI矿区 比例尺1:5000——详细区域填图

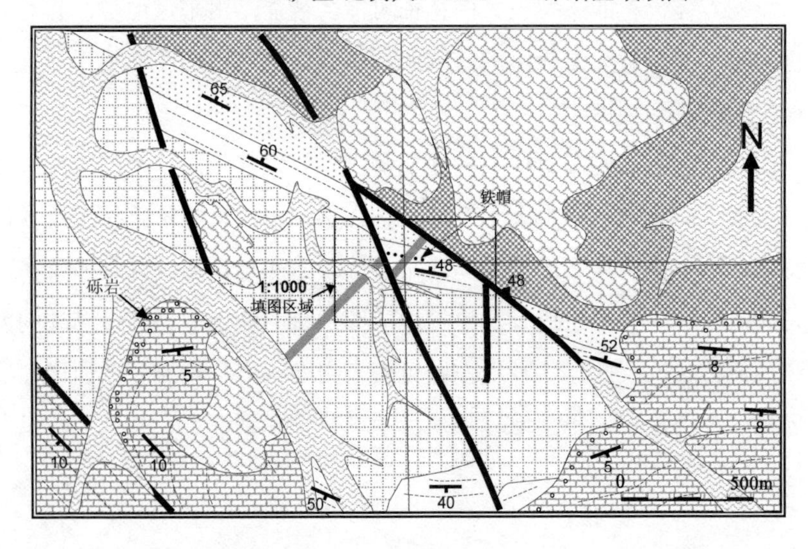

图 2.2　对同一地区选择不同的比例尺，会影响到地质填图的类型和内容。对所有比例下的地质图归纳法都是必需的。地质图并非全都是“真实”的，当然，大比例尺地质图中所显示的野外观察的数据含量是最大的。

2.1.6　构造的测量和记录

为了完全定义和理解面状构造的产状，比如层理面、解理、节理，脉体等，地质学家需要了解它们的走向、倾角及倾向（指向罗盘上的一个主要象限）。在这些测量数据中，走向通常是最重要的，因为它限定了指定平面在一张地质图上或者在钻探项目中相邻剖面之间水平上的潜在连续性。将测量数据记录成数字格式时（与在图纸上记录成模拟格式的走向和倾角符号相反），传统最常见的方法是记录成 *xxx*/*yy*/*A* 格式，其中，*xxx*（走向）为一个三位数的罗盘读数（0～360°），*yy*（倾角）为一个两位数，代表与水平面的夹角（0～90°），而 *A* 为倾角的方向，指向罗盘上一个主要方向或主要象限（如 N、NE、E、SE、S、SW、W 或 NW）。例如，042/23/NW 代表了一个平面走向为 42°、倾角为 23°、倾向西北向的测量记录。由于这种方法需要三个数据域（走向、倾角和倾向），计算机数据库系统的到来导致它出现其他多种表达方式，只使用两个数据域就可以数字化记录所测量的平面产状。例如，用倾角和倾向，或者走向和倾角（而倾向通过走向数字的惯例表达方式来进行限定）。最常用的惯例是所谓的“右手定则”，该原则为：设想用右手抓住一个走向/倾角图标，掌心向下，四指并拢指向倾向的方向，而拇指就代表了走向方向。例如，一个走向东西（90°～270°）、倾角 60°、向北倾的产状，就可以记录为 270/60。而数字 090/60 则表示走向相同（东西）但倾角 60° 向南倾的产状。

这些不同的记录平面产状的方法，其详细讨论可以参见文献 Vearncombe（1998）。

线状构造的产状，测量并记录为倾伏向和倾伏角（见图 E.4）。倾伏向定义为直线在水平面上的方向或穿过该直线的铅垂面的走向，测量为倾伏角的方向。记录成罗盘方位角 0～360° 的格式。倾伏角定义为该直线在铅垂面上与水平线的交角。数据 76/067 代表倾伏角 76°、向 67° 方向倾伏的产状。如果一条直线与一个平面相交，那么可以测量它在该平面上的侧伏角。侧伏角是指线状构造在所在平面上与水平线的交角。如果该平面的产状已知，那知道了侧伏角就可以计算出该直线的倾伏向和倾伏角。最简单的方法是利用立体网图法（见图 D.2）。

使用任何计算机软件应该都可以兼容上述所有的产状格式。

2.1.7 使用卫星导航（GPS）

自从 20 世纪 80 年代晚期出现了基于卫星的全球定位系统（GPS）[10]，就发明了该系统的小型电池驱动便携式设备。它惠及野外地质工作的许多方面。由于 GPS 提供的位置数据基于经纬度或区域米格坐标系统，它最大的价值体现为可以在标有这些坐标系统的出版地图上进行定位或者导航[11]。这使得 GPS 可以近乎完美地用于基于出版地图的区域地质填图，或者用于区域勘查及区域和局部详细地球化学、地球物理数据的采集。地质观察和采样位置可以被快速记录成位置坐标，并且每个数据点的位置在需要时都可以很容易被再次找到。除此之外，勘查学家可以带着它步行、乘车、坐飞机、漫游在野外、追溯露头、形成观点或直觉等，并可以很容易地再次定位任何兴趣点，而且，时至今日，GPS 设备能够提供返回营地的直接路线。

当然，GPS 设备的一些局限也应该引起使用者的注意。

（1）为了获取最精确的定位信号，需要 GPS 设备与卫星之间的连线无任何遮挡，至少要“看到”四颗间距较大的卫星才能通过计算完成一个准确的三角测量定位。这意味着在茂密树林或森林覆盖地区 GPS 无法很好工作，除非能够找到一大块空地[12]。在临近悬崖或岩面陡坎时（如可能碰到在矿山露天采场），也会出现严重的卫星信号衰减，导致精度下降，甚至是完全失去信号。

（2）在本书写作年代（2010 年），一只小型手持设备的 GPS 系统能提供的最大连续精度为水平方向上 10～15m，高程上的最大潜在误差一般要更大一

10 GPS 由美国国防部操控，对所有平民用户免费开放。截至本书写作时（2010 年），它是目前市面上唯一可以买到的 GPS 系统。目前估计，从 2013 年开始，欧洲伽利略卫星将提供另一套覆盖范围。

11 最常用的网格坐标系统是通用横向墨卡托投影（Universal Transverse Mercator Metric Grid，UTM）。有关坐标系统的介绍见 10.5 节。

12 但是，在森林覆盖地区，GPS 为飞机或直升机的操作提供了方便。从空中下放到雨林中的一块开阔地上采集水系沉积物样品的地质学家们，再也不用害怕直升机飞行员无法找到丛林覆盖下的特定洞口了。

点。这意味着一个 GPS 位置投影到地图上会在一个直径 20～30m 的圆圈内部。这就表明，利用手持 GPS 进行控制填图有其自身的比例尺实际限制。在 1∶10000 比例尺上，一个误差 30m 的点范围为 3mm，这是可以接受的，但是在 1∶1000 比例尺上，同一点投影在地图上就可能有 30mm 的误差，这是无法接受的。

（3）可以通过对一个固定点在一个时间段内的一系列读数进行平均来提高 GPS 的精度（某些 GPS 设备可以自动这么做），但是该过程需要花时间。通过二时调和 GPS 设备，固定点位置坐标精度可以达到±3m。这种设备被称为差分全球定位系统（Differential GPS，DGPS）。为实时定点，必须用一个微波无线电将移动 GPS 设备和固定 GPS 设备连接起来；随后将两个设备中的数据下载到计算机上，继而计算出准确的位置坐标。通过利用特殊 GPS 校正无线电信号，可以获得最高的 GPS 精度（最小误差大约 1m）。这种系统可以利用地球同步卫星信号来计算其覆盖地区的校正地图。配备接收器的 DGPS 能够利用这些数据来校正它们的定位。然而，在当下，这类信号只能在发达国家的某些地区获得。在美国，该系统被称为 WAAS 系统（Wide Area Augmentation Service），在欧洲有 EGNOS 系统（Euro Geostationary Navigation Overlay Service），在日本有 MSAS 系统（Multifunctional Satellite Augmentation System）。高精度 DGPS 系统通常应用于精确测量［如航空导航系统、精确土地测量（如边界纠纷）、重力测点校正等］，但是，目前对地质学家在野外构建大比例尺地质图来说还有一些应用限制。

（4）设备出现失灵时，完全依赖 GPS 导航会出现问题（甚至可能是严重问题）。当不管什么原因导致设备停止工作时，千万别指望 GPS 能将你安全带回基地。

（5）GPS 不能用于为航空照片提供精确的位置坐标，因为航空照片缺乏坐标系统，并且它们的比例和角度会存在变形失真。但是，通过使用 GPS 为航空照片上已知特征点提供距离和方位，仍然可以在照片上大致确定自身的位置。该特征点之前已经输入 GPS 设备中作为航点储存了。大多数情况下，在航空照片上弄清楚一个大致位置就可以通过特征匹配快速获得准确的定位。地表定位的照片特征点作为 GPS 航点，理论上应占据照片场景中心的 2/3 区域，这样该影像的变形失真就减少到最小。

（6）在野外直接投影经纬度是十分困难的。米格坐标，比如 UTM（Universal Transverse Mercator，详细介绍见 10.5 节）使用要容易得多。因此，要确保你的 GPS 设备可以选择经纬度及区域米格坐标系统。

（7）在勘查学家运作项目的第三世界国家的许多地区，商业发行的地图通常基于较差质量（劣质）的摄影制图法，几乎没有进行地面核查。这类图件可能是十分不准确的。即便基于摄影制图法制作的地图比较仔细，但在森林覆盖很厚的地区，由于树木的遮挡，制图员往往无法准确地定位较小的溪流、道路或者村落。在这些地区，虽然用 GPS 定位要比地图更加准确，但当定位特定的地质点时却是非常容易误导的。

2.2　利用反射影像作为底图的填图

2.2.1　概述

太阳光经地面反射后向任意方向散射，包括反射回到太空（如果没有被云层阻挡的话）。能够记录这些反射光的强度和波长，并将这些数据生成影像的任何系统，被称为反射影像技术。具有这种技术的设备可以安装在飞机或卫星上。“照相”特指利用照相机镜头系统将影像记录到胶片上。本节主要涉及航空照片——如从飞机上垂直往下拍摄的照片——但大部分内容同样适用于处理和使用卫星影像的硬拷贝/复制件。有关卫星影像的获取和表达的详细介绍，以及它们如何用作遥感地球物理工具（光谱地质学），将会在第 8 章介绍。

在航空照相过程中，当飞机按照规则的平行路径飞过一块地面时，安装在飞机上的照相机会拍摄一系列的照片。航空照片有其自身的优点：获取相对便宜；由于它们拍摄时高程较低，所以能够非常清晰详细。沿着飞行路径重叠相邻照片（见图 2.3）能够生成连续的立体（三维）视图（见图 2.5）。航空照片通常能够获得的地面特征的分辨率可以达到数厘米以上，这取决于飞行器离地面的高度及所用照相机的光学性能。胶片是一种记录模拟信号的方法，它能够提供极高的分辨率——最终只受限于胶片上化学感光剂的颗粒大小。用于航空照相的胶片分辨率的等级较高，目前可以通过电子记录的方式完成。通常航空照片标准的视图比例为 1∶500～1∶100000，但不像数字影像，它们在被放大到许多倍时会失真。

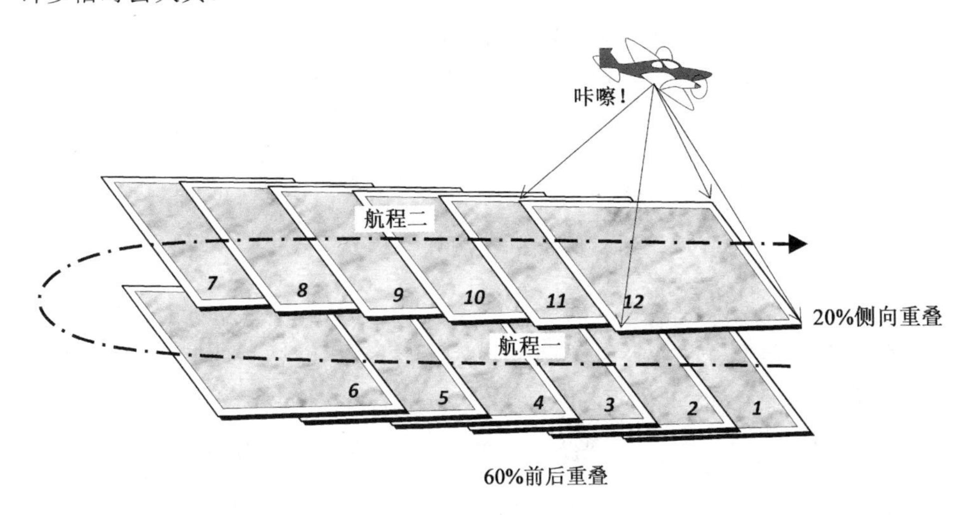

图 2.3　航空照相测量是构建全立体覆盖的典型操作

2.2.2　航空照片的获得

许多政府（包括所有第一世界国家）拥有覆盖他们领土范围内的航空照片，这些照片通常可以从政府相关机构购买。当然，这类产品的质量和覆盖范围千差万别，但这毕竟是一个廉价资源，所以总是值得去核查哪些是有用的。在那些矿产勘查程度较高的地区，以往勘查者的航空测量可能也是有用处的。如果所有这些来源都没有一个可用的产品，那就只好自己进行测量了。对同一地区来说，航空照相测量的成本和购买高分辨率卫星影像的花费相当，但是航空照相测量可以指定与你的项目适宜的拍摄比例和覆盖范围。

2.2.3　地质解译

航空照片（以及其他类似遥感产品，如卫星和雷达影像）可用作填图的底图（可以在上面记录野外观察），并且可以提供一个地貌的整体视图，在它上面，岩性及构造样式可以直接被观察或解译。在适当的比例尺和分辨率下，航空照片是构建地质图的优良介质。

对于任何利用遥感影像进行地质填图的项目，影像解译贯穿项目中观点的产生、综合、控制及计划等各个阶段。对影像最初的解译内容包括如下方面。

（1）对露头范围及地表覆盖范围的限定。

（2）初步的地质解译包括：地形特征，水系样式，岩石、土壤、植被的颜色和结构，线状构造的趋势线等。

（3）地质猜想/假说的野外验证。

（4）选取最佳区域来检验这些假说。

（5）熟悉地形地貌和抵达路径，有助于野外项目的后勤计划——如进入矿区的道路及小路、小河及冲沟的渡水点、潜在的直升机降落点等。

航空照片或卫星影像的解译工作需要贯穿于野外填图阶段的前、中及后各时期。显然，利用立体视图进行详细解译在室内办公桌上最方便完成。但是，随着观点的变化或调整，对照片特征的解译也不得不去野外实时考察。在野外露头使用袖珍立体镜的能力是一项重要技能。

在航空照片上和在露头上进行地质观察、解译是同一过程的两个方面，最好由同一个人来完成[13]。可以的话，不管什么时候野外地质学家都应该有他自己的地质解译。

遥感影像的地质解译是对野外地质填图的一个补充，但它永远都无法替代野外填图。

对遥感影像进行地质解译所需要的技能跟野外地质填图十分接近。但是，对遥感影像进行解译需要学一些实用技术方法来将航空照片的观察记录转化成可用的地质图。下一节将介绍一些这类方法。

---

13 可以聘请具有高级技能的、经验丰富的、专门从事野外航空照片和卫星影像解译的地质学家。他们的优势在于经验丰富，例如，他们对填图区域的地质和地形具有特定的知识储备，即便是几乎没有任何可靠路径到达该区域。

2.2.4　确定比例尺

航空照片的比例尺取决于于飞机拍摄照片时离地面的高度及所用照相机的焦距（见图 2.4）。

照片比例尺=1: $\frac{h}{f}$，其中，h 为相机距地面高度（飞机飞行高度），f 为照相机焦距。

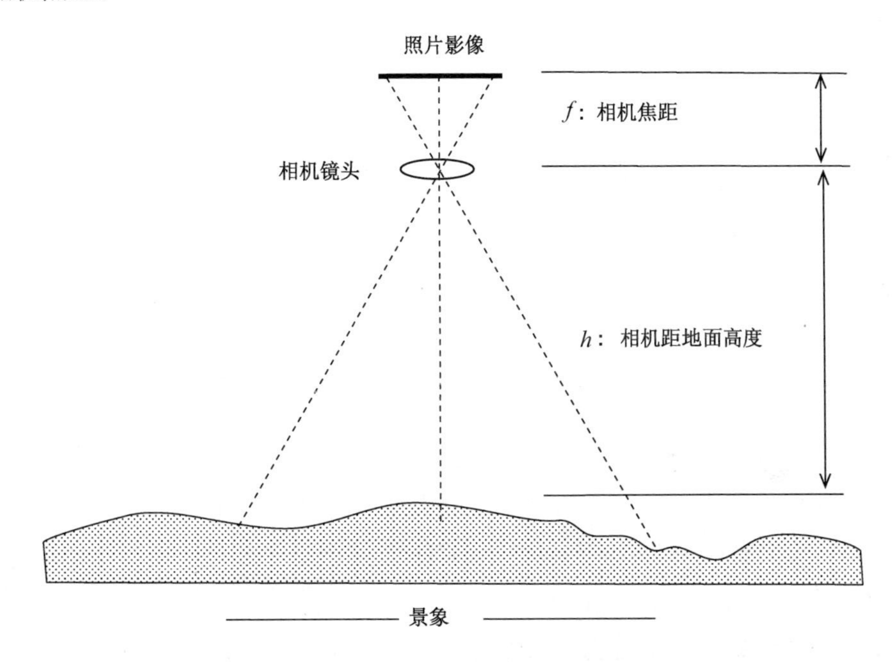

图 2.4　如何计算航空照片的比例尺

通常将比例尺打印在航空照片的边缘，但这只是一个标注，在实际中应用应该对它进行大量场景点的核查，场景点应贯穿于航空照片的测量区域。

飞机的高度计所显示的高程（如离海平面的高度）和照相机焦距通常也会标注在航空照片的边缘，这样用上述公式就可以计算出精确的比例尺，利用距离海平面的平均高程也是这个目的。用于摄影测量的照相机的焦距非常长，这样可以在既定比例尺下让飞机飞得更高。

即便是通过飞机上的飞行员来让飞机在摄影测量的过程中始终保持与地面恒定的高度，也不一定就可以做到。因此不同照片之间的比例尺会发生变化。因这种原因造成的比例尺的变化通常很小，但是在地形切割强烈地区进行大比例尺的摄影填图时，比例尺变化会非常之大。

另一种核查比例尺的方法是：测量照片中间部分的已知特征事物（如一段公路或水系）的长度，并将该长度与该地区详细地形图上所确定的同一段事物的长度进行对比。对每张照片从不同方向进行几组这种测量对比，然后取它们的平均值作为该场景照片的真实比例尺。

除此之外，规定照片比例尺只能通过照片的中间区域进行校正，靠近照片的边缘失真变形会越来越大。由于照片从中心向外失真变形呈指数级增长，所以场景照片中部的 60%区域具有最小的变形，通常可以忽略不计。这种放射状的失真变形也会影响角度的关系。为此，若可能的话，尽量不要利用照片的边缘部分进行解译。当照片的边缘顺着飞行线方向时（前后重叠），相邻照片通常会有 60%的重叠，这时只利用中部解译是很容易做到的。但是，当照片边缘横穿飞行线方向时（侧向重叠），相邻照片通常只有 20%[14]或更小范围的重叠，这时不利用边缘解译就变得很困难。

航空照片通常会在边缘处标一个指北箭头，但这个箭头不一定就非常准确——当拍摄照片时飞机的任何偏荡都可能造成巨大的误差。对于这个问题，通常在只有少量照片时会有影响，在照片数量较大时，可以在最初的解译阶段对相邻照片进行对比来校正北向。必要时，最好将每张照片与地形地图进行比较，然后把校正后的指北箭头标注到照片上。

2.2.5 立体影像组合

对一个特征事物从两个不同角度进行拍照，该特征点在影像上的视位置会出现相对移动，这种效应称为视差。这两张影像构成左右立体像对，组合到一起就包含了对该特征点的三维信息。为复原这些三维信息，必须对这些影像进

14 在多山地区进行拍摄时，按照预定路线飞行可能十分困难，所以需要更宽的侧向重叠，如 25%或者更宽。

行视图调整，使得左眼观看左影像而右眼观看右影像。大脑将这两个视图组合起来就构成了对该特征点的一个三维印象，这种眼睛—大脑组合构建的三维信息与它们直接观察真实世界的事物是完全一样的。

通常将影像放置在距离眼睛大约 200mm（视线高度，H）的地方进行观看，而两只眼睛的间距为 55～65mm（基底距离，B）。这样，观看立体影像对时，视线高度与基底距离的比值（H:D）约为 3。如果这些影像在获取的过程中也具有相同的 H:D，那么观看时就不会出现比例失真。例如，对一个野外露头拍摄合适比例的立体照片时，参照如下步骤：

（1）对露头进行拍照——作为左影像；

（2）估算到露头的距离（H），比如说 12m；

（3）往右侧移动 $H/3B$（在本例中为 4m）之后，对其拍摄第二张照片——作为右影像。

随后将这两张图像并排贴在记录本或报告上，观察时左眼看左影像而右眼看右影像，就会出现对该露头的无失真三维视图。

图 2.5 显示了一架航空照相测量飞机，在 200m 的高度每隔 65m 对地表进行一次拍摄。在该测量中，H:B 的值为 3，所以在观看相邻立体影像时没有垂向上的失真。然而，对几乎所有的航空照相测量来说，在高度与基底距离的比值为 3 时，必须飞得很低并且需要拍摄大量的照片才能覆盖任何一个重要区域，而这往往是无法接受的。正因为如此，大多数测量飞行 H:B 的值大于 3，这就导致立体视图中出现垂向上的放大效应，比如拍摄对象显得比实际更加陡峭。垂向放大效应在十分平坦的地区是十分有用的，可以突出较小的高程变化。但是，在崎岖的山地，垂向放大效应的影响就相当显著，必须认真对待。例如，对出露的倾斜地层，要显得比实际陡峭的多。

为获取航空照片或卫星影像立体视图的全部优越性，需要用到反光立体镜。市面上可以买到多种不同样式的反光立体镜，但重要的是你要记住，这些仪器，像所有光学仪器一样，一分钱一分货。其中最好的款式配备双筒目镜，放大倍数达到 10 倍以上（见图 2.6）。大型反光立体镜可以很轻松地横跨一组航空照片对，但需要将仪器前后左右来回移动，以覆盖整个重叠区域。如果将立体镜安装到一个架子上，就可以在影像照片的上方畅通无阻地水平移动，这对观察非常大尺寸的立体图像对十分必要，如观察卫星影像。市面上可以买到这种商业镜架（通常称为“安置平台”），但是这种架子价格昂贵，并且有时候在影像上做标记会很困难。图 2.6 显示了一种便宜且制作方便的自制立体镜安置架，对航空照片和卫星影像的地质解译[15]来说十分有用。

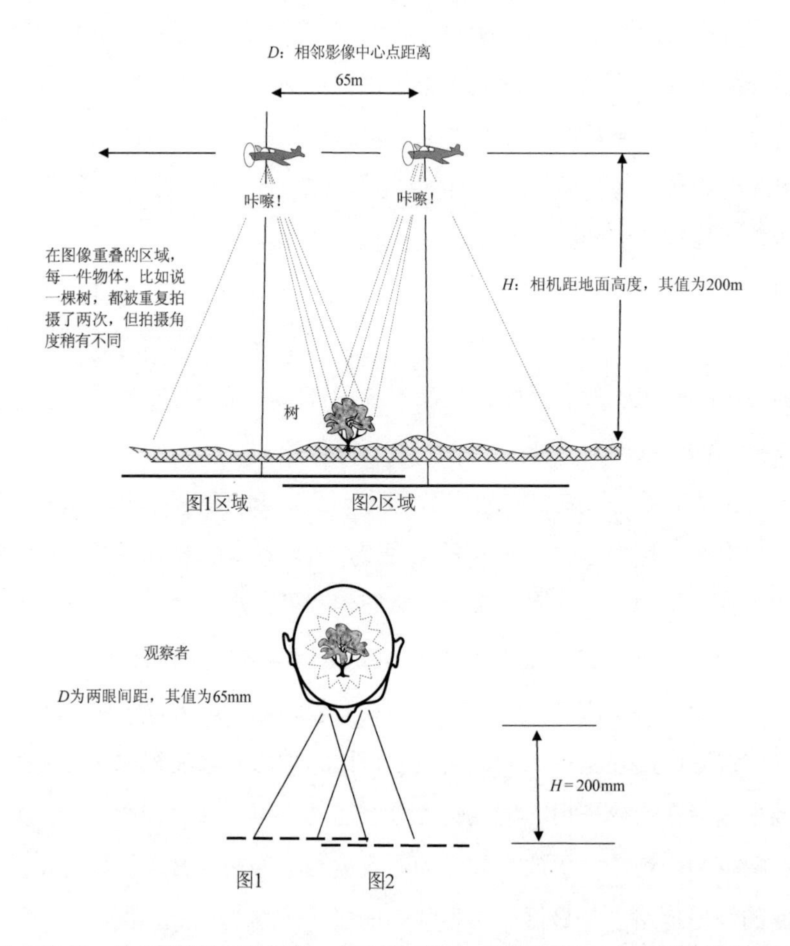

图 2.5　如何认识一组立体照片对的景深。当进行视图时，两眼距离（D）和影像距离（H）的比值大约为 3。如果所采集的影像使用了相同的 D 和 H，如图中所示，那视图时就没有垂向比例放大效应。如果 H:D 大于 3（比如两次拍照间距过小或者拍照时离地表的高度过大），观察立体影像对时就会夸大拍摄对象的高度（视高度放大）。

15 这种架子用木材和铝制角料制成，连接处使用标准的轮式抽屉滑竿。

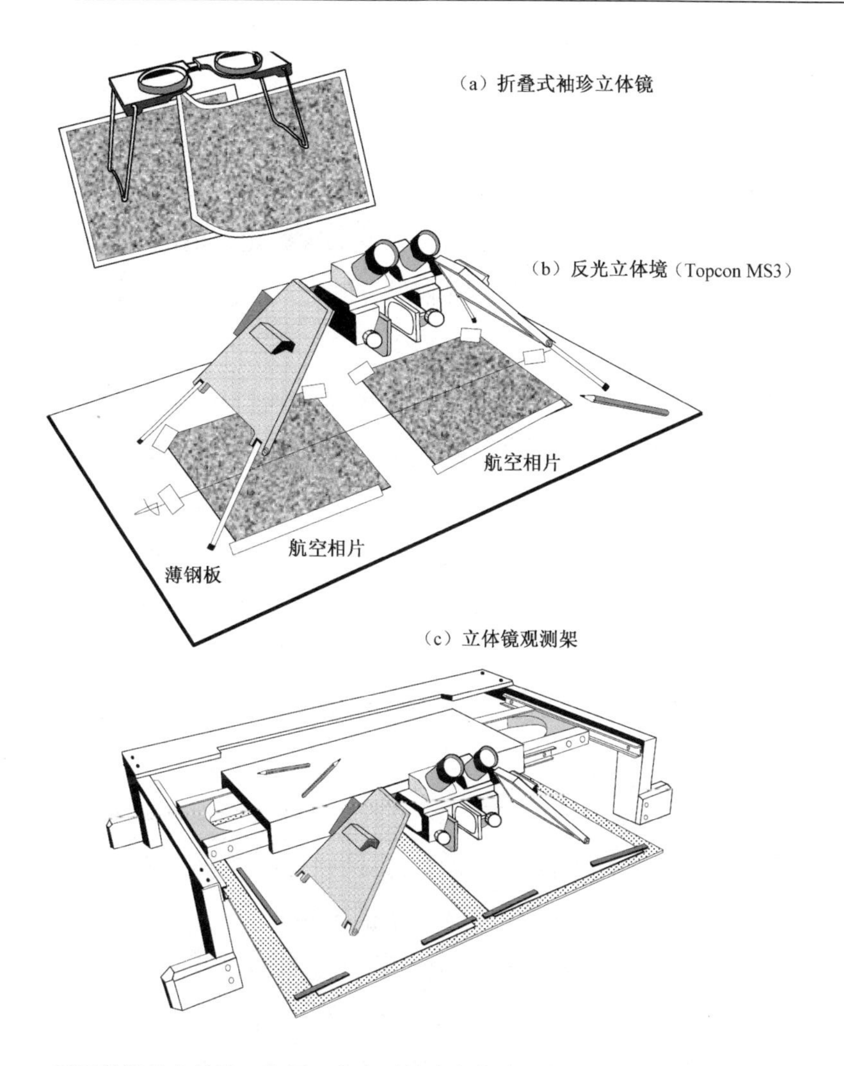

图 2.6　不同种类的立体镜。使用一个小型袖珍立体镜（a），需要将其中一张照片的边缘折叠以便观看航空照片的整个覆盖区域。大型反光立体镜（b）可以横跨一组标准的航空照片对，并且可以轻松滑动来观看整个影像；用一根拉紧的细线来帮助将照片的中心对准立体镜的光轴；用铁质面板配合塑料包裹的条状磁铁将照片铺平并保持原位；为了对大件图片比如卫星影像进行立体视图，可将立体镜安装到一个架子（c）上，这样可以在影像的上方畅通无阻的移动。图（c）中所示的立体镜架由作者自己制作，利用铝制角料和木材，连接处使用轮式抽屉滑竿，可以前后左右自由移动；在立体架的外侧挂一个荧光灯，用于对图件的照明。

2.2.6 影像处理技术

光泽印刷品的表面反射率可能成为问题。相比无光泽印刷，这种印刷品也会更容易出现折角或者翘边。因此，大多数地质学家倾向于在野外用无光泽印刷方式打印图件。但是，高光泽印刷品能够反射更多光线，因此覆纸后更容易阅读。

建议把对遥感影像的解读标记在一张空白覆盖纸上[16]。覆盖纸应粘在影像的顶端（如航空图片空白周缘的上边或一侧），这样就可以将它从附近照片和立体视图架上利落地卷起回收。经验表明，用制图胶带将覆盖纸粘到图件上是最好的，因为这样既不会使图件从折叠处裂开，同时又能很容易拆除（见图 2.7）。当碰到全立体覆盖（60%的前后重叠）的航空照片时，每次只需要在每组的第二张照片上粘上覆盖纸。

对于卫星立体影像对，利用计算机处理可以将右侧影像进行正交化和地理坐标参照化（见 8.4 节和 10.5 节有关这些术语的定义），然后这对含有该场景垂向地形起伏信息的视差偏移则突出显示在左侧影像上。当观看这些影像时，应将透明覆盖纸粘在 RH 影像的顶部边缘，可以把所有的标注和解译记录到覆盖纸上。这样解译的地质图就自动变成一个正交图件。

一些地质学家采用另一种办法，他们将观察记录用铅笔直接标注在影像表面，这样既不会损坏图件同时又很容易擦除（如特种铅笔或专业级彩色铅笔）。但是，将地质解译线画在图件表面会遮挡影像的原始细节部分——画上这些线之后，就很难对影像做出其他解译方案。这样，要改变早期的解译就变得很困难。

在覆盖纸上应该做好标注：影像的识别号码或者飞行编号及照片序列号（见图 2.7）。

对于航空照片，照片的中心点（有时称为主点）应进行定位。在照片上每条边缘的中点处有一个特定的标记（称为准直标，有时候在照片的边角处），

16 覆盖纸可以是透明或半透明的制图薄膜，裁剪成合适大小使用。透明纸不会遮盖下面的图件，但很难在上面写字，除非用特制的写字笔。非光滑的薄膜纸（半透明）可以很容易用铅笔进行标注，但是，当要对照片做非常细致的观察时，可能就必须抽掉这张纸了（会造成一定的遮挡）。

这些标记连线的交点即为照片的中心点。

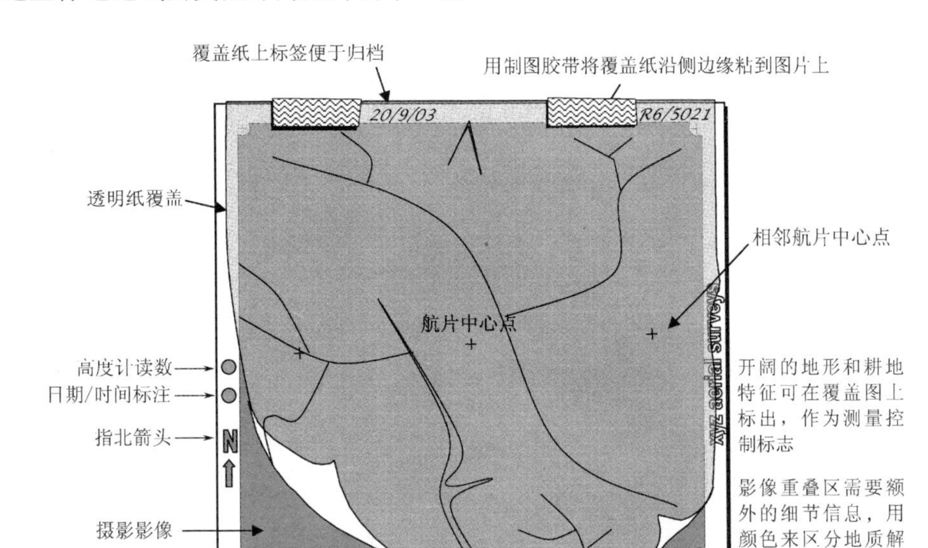

图 2.7 用航空照片作为地质填图的底图

通过目估，确定每张航空照片沿飞行路径的相邻照片的中心点。这是可以做到的，因为照片之间有 60%的前后重叠。这样，每张照片上会确定出三个点，将这些点转移到覆盖纸上。

为确定相邻照片的位置，让他们准确排列以构建立体视图，可能会用到如下步骤：首先将相邻照片在立体视图仪下并行排列，让每张照片上的三个中心点尽可能沿着一条直线排列（可以拉一条细绳作参照来简化该步骤，如图 2.6 所示）；这条直线应顺着立体镜的“E—W”光轴方向。然后，通过立体视图仪观看照片，沿着这条直线将这些照片合拢或者分开，让它们进入立体性排列。最后，上述步骤完成后，这些照片就被固定好位置，这样大部分[17]重叠区域就被正确地排列成立体性视图，当视图仪的视域掠过这些影像时只需要随之进行极少量的调整。

17 由于边缘失真效应，通常是不可能将照片中所有覆盖区域完全准确排列起来的。

当野外工作的地方地质和矿化十分复杂时，记录在航空照片覆盖纸上的地质标注将变得十分拥挤。为此，许多地质学家利用三张覆盖纸，分别粘在同一张照片的三条边缘，第一张覆盖纸用于显示岩性，第二张用于标记构造，第三张标记矿化和蚀变。

在野外另一种整理照片覆盖纸上信息的方法，是用一个小针头刺穿照片（见图 2.8）。这样有关该点的信息，诸如采样编号、记录本参考号码、GPS 标记点等，就都可以记录在图片的背面。

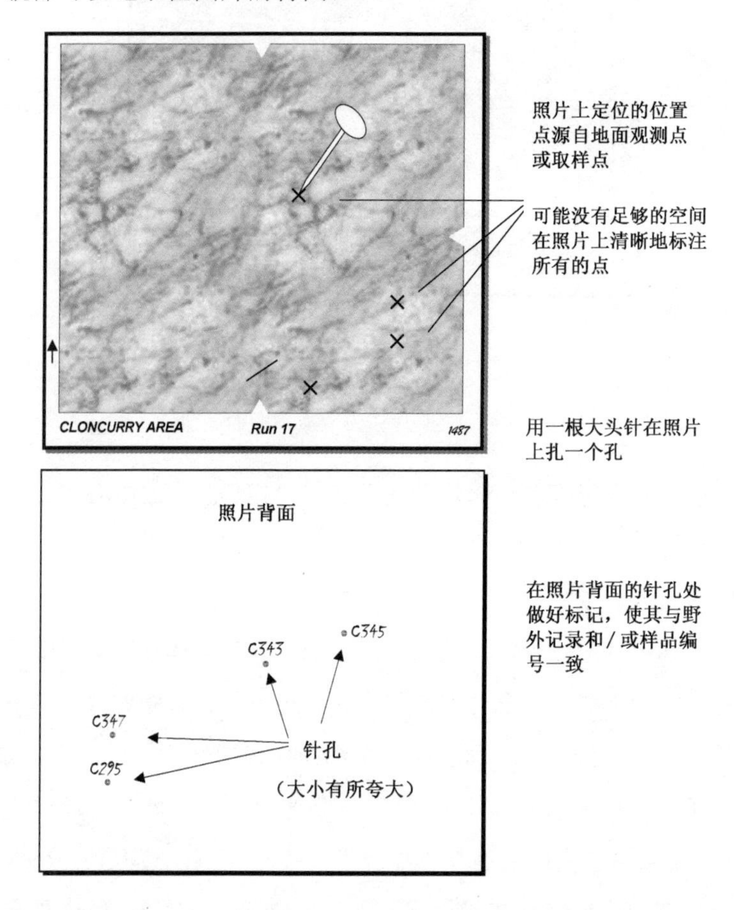

图 2.8　用一根大头针将照片正面的位置点转移到背面，可以在照片的背面标注点的信息，而使照片的正面保持干净，用于地质解译。

2.2.7　采用放大航空照片

航空照片可以放大很多倍[18]，放大后的照片仍然可以用作野外工作的底图。放大必须是基于摄影技术对原始胶底片进行放大，并且每张照片只有中部的60%（在这部分中边缘失真可以忽略）可以使用。照片的放大不是简单地通过立体视图放大，因此手头应保留一组标准比例尺的立体照片对，以帮助野外定点和解译。

放大后的照片通常较大，野外使用起来不方便，因此必须将它切割成更小的图片。对待这种切割后的图片必须十分小心，因为填图需要延伸到这些图片的边缘处。这些图片的相邻地带不重叠，每张切割图片周围没有保护性边界。在野外使用大的卫星影像图件也会出现这个问题。为克服这一问题，建议采取如下步骤（见图 2.9）。

- 切割影像图件在方便野外使用的前提下尽可能的大。大多数地质学家可能选择切割成 60cm×40cm。
- 将每块小照片用喷射黏合剂复原粘在一块薄板上。复原后的图件要比原来的影像稍微大一点点，这样可以防止边缘有翘边。
- 在复原图件的每块小照片上清晰地标注编码，这样可以快速识别相邻小照片。也可以用一个矩阵系统来进行标注，用字母作列，用数字作行。复原图件上的每块小照片还应该标记上比例尺、北向箭头、初始飞行和图件号码，以及其他任何与它有关的信息。
- 按照上文介绍的用于标准尺寸图件的方法，在照片上粘上制图薄膜覆盖纸。
- 用一个硬纸板和几个弹簧夹，制作一个野外填图用的夹图板。
- 夹图板应比图片大一圈（各个方向上都多出几毫米）。如果暂时不用的话，用另一块同样大小的夹图板作为防护，盖在图片上。

---

18 将航空照片放大 20 倍，可以很好地用作填图的底图。

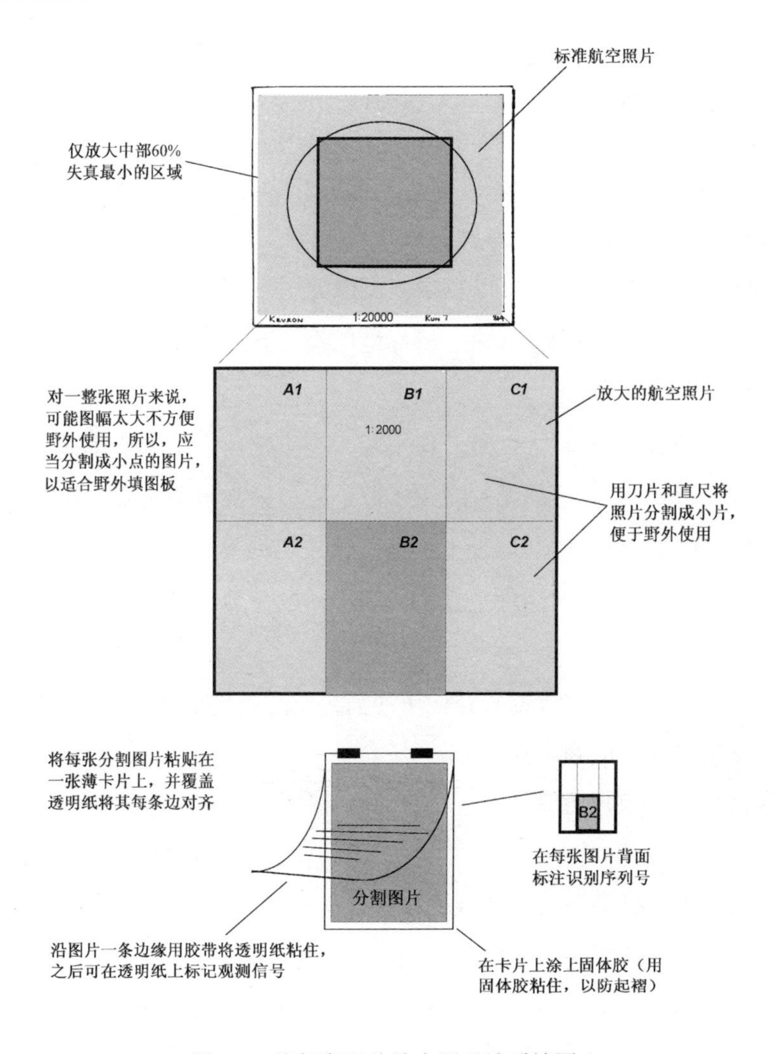

图 2.9　将航空照片放大用于地质填图

2.2.8　数据转换到底图

由于航空照片上的比例扭曲失真效应，在航空照片覆盖纸上标注的地质界线并不是按照准确的地图投影。尽管这种误差对任何一张航空照片来说都不算大，但是如果将相邻航空照片上的解译成果合并起来制成一张大图，就会导致误差累积，最终真实的地质关系就会出现明显的扭曲。在理想情况下，对每张照片的解译都可以通过匹配特征点将其转换到一张正射照片上[19]。但是，并不是所有情况都需要使用正射照片，而且正射照片制作起来也比较昂贵。也可以将地质解译投影到一张照片镶嵌图上，但这种镶嵌图（马赛克）也会有局部的比例扭曲和不连续性。因此，最简单的办法是将每张照片覆盖纸上的解译数据转移到一张比例正确的底图上。

用于投影航空照片地质解译的理想地形底图应具有如下特性：

- 与照片的比例尺相同（必要时可以将照片放大或者缩小，可制作新照片以方便使用）；
- 足够的地形/人类活动标记（河流、小路、围栏线、建筑物等），确保照片被准确定位；
- 不存在不需要的细节，以免阻碍将地质信息投影于其上；
- 可用于透明制图胶片。

具有这些特性的地图通常可以直接从政府地图机构买到，称为线型底图。在大多数发达国家，也可以获得数字格式（电子版）的地形图数据。地质学家可以买到这些数据的光盘版或在线购买电子版，然后利用 CAD 系统（电脑辅助制图软件）来编辑这些基础地图。之后就可以按照合适的比例尺将这些线型底图打印在胶片上或者纸上。

将航空照片覆盖纸上的地质信息转换到线型底图上，可以参照如下步骤。

（1）检查底图上哪些特征标志在照片上能够看到。理想的特征标志包括围栏的拐角、道路的转弯处、河流转弯处或河流交汇处、风力泵、建筑物等。在照片覆盖纸上画出这些特征标志的重要部分。特别要把照片四周的这些特征勾勒出来，以确保与相邻照片的数据匹配，这些地方也是扭曲失真最严重的地方。而在照片的中部可以设置较少的控制点。一个很好的办法是，在覆盖纸上用彩色表示地形/人类活动情况，用线和符号表示地质解译，从而将它们区分开来。

19 正射照片是一种用电脑扫描把标准航空照片处理成无扭曲失真的照片影像。在数字格式下将影像的放射状扭曲校正好之后，再利用数字高程模型（DEM）来校正横穿照片场景的高程变化。该过程被称为正交校正。正射照片地图是在正交照片上配备米格坐标系并添加用来识别地形/耕地特征的连线（有时候）——该过程被称为地理参照系化。更多有关正交校正和地理参照系化的介绍见第 10 章。

（2）将照片覆盖纸放在底图之下，将选择的底图和照片共有的特征标志进行匹配来确定照片中心点。将照片的中心标记在底图上。通常可以从出售航空照片的机构买到标注照片中心点的底图，但是这些底图只是用作采购指南，并不十分精确，所以最好你亲自来投影出中心点。

（3）从覆盖纸的中心开始，将其上的地质解译信息描绘到底图上。从中心向外勾画，利用参照地形特征与附近已经勾画的地质信息，移动覆盖纸使得覆盖纸与线型底图始终保持匹配。

在这种技术中，为了使地质学边缘平滑必须要对必要之处进行模糊处理。此外，必须十分注意照片之间的重叠区域，这些地方比例受限，角度失真无法避免，但是如果按照上述步骤进行操作，这些误差将会比较小，并且是局部的、非积累的，不会影响到重要的地质关系。

2.3 平板仪填图

该节介绍如何使用简单的平板仪来制作地质图件。平板仪是一个小的、水平放置的野外作图板，用它可以将观察目标的方位及其特征直接投影到钉在平板仪上的作图纸簿上。

在地质图制作过程开始之前，地质学家必须对该地区进行了解，并且确定哪些特征信息需要被记录下来。

平板仪是一个小桌板，通常为 50～60cm^2，水平安装在一个三脚架上，并且可以将其正面锁定在任意选择的方向上。平板仪（有时候称为“路线板”）正是为此而设计，而且它制作简便，使用经纬仪可以很容易将其装配到三脚架上（见图 2.10）。

任何测量开始的关键是，在测量区域建立两个已知间距（如相距 200m）并且彼此很容易看到的点。这两个点可以作为第一个测量点和第二个测量点。测量员用皮尺或测绳确立这两个点之后，用一个桩标或/和红带将其标记在地面上。

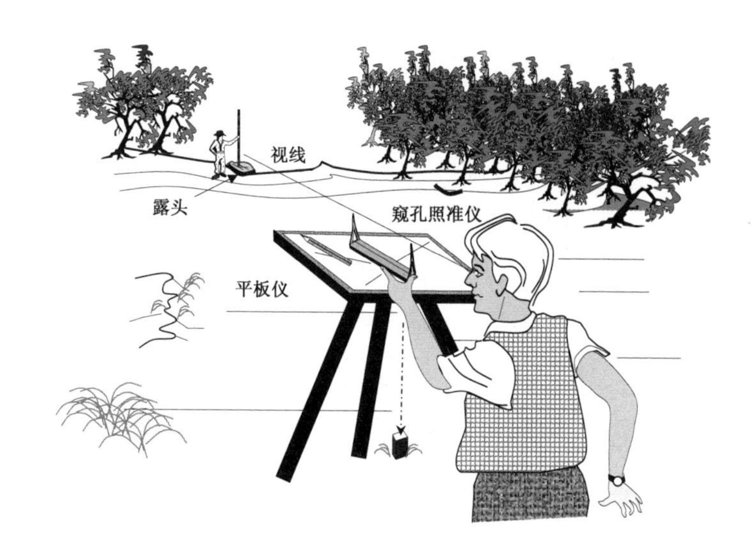

图 2.10　用平板仪进行地质露头填图，该图中使用了一个简单的自制窥孔照准仪。

首先，将平板仪直接安装在第一个测量点上方的某处水平位置，用罗盘将其定向，使其一边朝北，并将其锁定在该位置不动。然后，在平板仪上固定一张作图纸，并在图上的适当位置画出一点代表平板仪所处的位置。最后，将一个称为“照准器”的瞄准装置放在图上，使其一边落在刚才标记的设置点。在图 2.10 的示例中，使用了一个简单的自制照准器，称为窥孔照准仪。

将照准器绕先前的标记点旋转，使得视线看到第二个测量点。然后用铅笔沿着照准器的边长画线，标记出第二个测量点的方位。由于这两个点的距离是已知的，于是就可以按照适当的比例尺将第二个点的位置投影到图纸上。

现在，观察者所看到的任何其他兴趣点，都可以通过这种方式将它们的方位线标记在图纸上，它们围绕第一个设置点呈发散展开（见图 2.11）。这样就不再需要用罗盘来测量任何方位。每条视线上的特征可以是地质的、地形的、耕地的或是任意的测量点。最佳方案是对着测量杆进行瞄准——这需要一个助手按照作图员的指示背着测量杆从一点移动到另一点，在该过程中使用便携式对讲机是很有帮助的。助手对每个测量点进行确定并做好标记（使用桩标或彩带进行标记）。标记的方位也同样记录到图纸上。

当通过这种方法将需要的全部特征点的方位在图上以系列射线画出之后，将平板仪移到第二个设置点上方，绕其垂直轴旋转使得图上两个设置点之间的方位线正好与照准器上回看第一个设置点的视线重合，之后将平板仪锁定在该位置不动。现在，对所有确定的特征点进行瞄准，在图上绘制出第二组方位线，以第二个设置点为中心发散开去。当任意特征点的两条方位线相交，该交点即为该特征点在图上的准确定位——这一过程就是所谓的三角测量法。两个测量点之间的相对高差不会影响作图投影的准确性。一旦测量点网格按照这种方式创建，通过选取网格中任意两点作为新的三角测量基准线，就可以在任意方向上进行无限制延伸测量。

将地质观察数据投影到测量基站取决于控制相对位置的测量点的精确定位。大多数情况下，这些测量点选在地质特征点或靠近地质复杂的位置。在一个具有合适定位的测量点的大网格下，勾勒两个已知点间的地质界线是相对容易的，因此有必要提前了解哪些地质特征点需要记录并由此选择相应的测量点。另一个方法是，请一个助手来代替地质学家走到露头处做好测量标记，指示（或使用一个对讲机）助手获取合适的方位角并记录好地质数据。这种方法或这些混合方法的选取取决于地质学家自身、有无助手，以及测量/地质问题本身的性质。

在植被很厚的地区或多山地区，测量点只能建立在视线可及的地方。三角测量网格点之间的详细信息就需要通过皮尺和罗盘测量来进行填图。

对勘查区填图，上述简单的装置可能就足以满足地质学家的需要了，特别是无法获取更加复杂的测量装置的时候。然而，更加精致的照准器可以简化填图的过程。通过瞄准望远镜照准仪的目镜，可以获取更远距离内更加精确的方位角。如果助手扛一个刻度测量杆，将镜筒中两个照准丝（称为视距丝）的间距重叠在测量杆的望远镜影像之上，就可以直接给出观察点到测量杆之间的距离。该点的位置就可以在图上直接投影出来，而不再需要利用三角测量法。这种测量过程被称为视距测量法。望远镜的倾斜度被记录在内置刻度盘上，作为投影点的垂向角度，并且可以用来制作该测量区域的等高线图。现代电子测距测量设备，采用反射红外线或激光束，也可以用于平板仪制图。

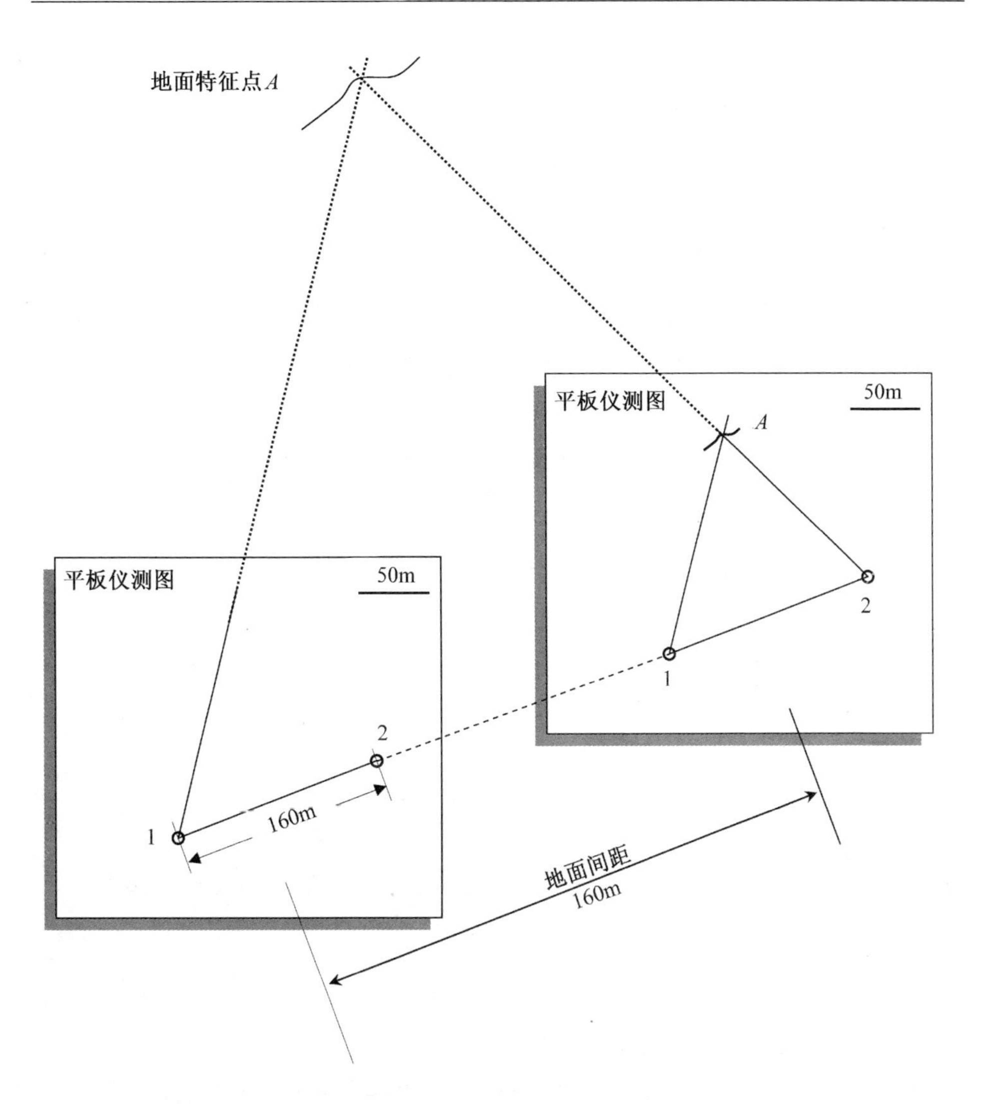

图 2.11　平板仪填图中使用三角测量法来确定一个点的位置。点 1 和点 2 是两个已知间距的设置点，在图中间距为 160m。分别在每个设置点处固定平板仪并绘出特征点 *A* 的方位线，二者相交即可确定作图点 *A* 的位置。

2.4 基于打桩测量网格的填图

2.4.1 测量网格的装备

一个打桩测量网格由一系列规则排列的、在精确的测量位置点处钉入地下的标杆或木桩组成，这些桩标作为快捷的测量控制点，用于以后所有勘查阶段的位置定位。需要注意的要点如下。

（1）在理想情况下，以详细地质填图为目的时，至少要有一个桩标能在填图区内任何地方被看到。因此这种桩标网格的间距要比只为采集地球化学或地球物理数据而设计的网格间距更小一点。在项目的计划阶段就应该考虑到这一点。在相对开阔的地区，网格间距设为 80m×40m 是比较理想的。

（2）网格线的方位应与岩石的主体走向（当然是在走向已知的情况下）成大角度相交。

（3）作为一个一般性原则，用于矿产勘查的测量网格并非一定要建立得极度精确，实际桩标钉入位置在其准确的测量位置 1m 左右的范围内都是可以接受的。从该桩标处获取的所有数据——地质、地球化学、地球物理及钻孔数据——仍然是相关联的。如果发现这些数据非常重要，那么随后可以建立我们所需要精度的网格并测量该位置处的任何特征信息。

（4）为了避免每次小的测量误差累积成很大的误差，应首先测量一条与设计的网格线成直角的基准线来建立网格。基线上的点应使用经纬仪和皮尺尽可能地测量精确。之后用经纬仪对网格中每条交线上最初的几个桩标建立准确的直角方位[20]。通过这一点，剩余的网格桩标可以被迅速定位：使用皮尺测量距离，用简单的后视法来确保一条笔直的桩标线。当遇到茂密的植被或崎岖的地形无法采用后视法时，可以用罗盘和皮尺来建立较短的桩标交叉线。当网格测线长度超过 1km 时，皮尺和罗盘测量可能会造成巨大的累积误差，此时建议采用经纬仪进行定位。

---

20 建立一条与基准线垂直的交线也可以用一个光学正方形来实现。光学正方形是一个手持照准仪，可以定位两个桩标使其与观察者成直角。

（5）在多山地区，创建一个准确的测量网格需要进行坡角校正。两个桩标点之间的坡度角（θ）用测斜仪测量。为获得与既定水平网格间距相对应的坡面距离（坡距），将水平距离除以坡角的余弦值（$\cos\theta$）即可求出。使用一个便携式计算器就可以很容易地完成这种计算，但是由于网格间距是固定的，可以从一个预算值表（见表 2.2）快速、精确获得任何给定坡角下的坡面距离。

表 2.2　坡面距离换算成水平距离表格

坡角（°）	水平距离（m）									
	5	10	20	25	40	50	60	75	80	100
	坡面距离（m）									
5	5.0	10.0	20.1	25.1	40.2	50.2	60.2	75.3	80.3	100.4
10	5.1	10.1	20.3	25.4	40.6	50.8	60.9	76.1	81.2	101.5
15	5.2	10.3	20.7	25.9	41.4	51.8	62.1	77.6	82.8	103.5
20	5.4	10.6	21.3	26.6	42.5	53.2	63.8	79.8	85.1	106.4
25	5.5	11.0	22.1	27.6	44.1	55.2	66.2	82.8	88.3	110.4
30	5.8	11.5	23.1	28.9	46.2	57.7	69.3	86.6	92.4	115.4
35	6.1	12.2	24.4	30.5	48.8	61.0	73.3	91.6	97.7	122.1
40	6.5	13.0	26.1	32.6	52.2	65.3	78.3	97.9	104.4	130.5
45	7.1	14.1	28.3	35.4	56.6	70.7	84.9	106.1	113.1	141.4
50	7.8	15.5	31.1	38.9	62.2	77.8	93.3	116.6	124.4	155.5
55	8.7	17.4	34.8	43.5	69.7	87.1	104.5	130.7	139.4	174.2
60	10.0	20.0	40.0	50.0	80.0	100.0	120.0	150.0	160.0	200.0

（6）如果详细的地形图无法获得，那么桩标之间的坡角角应该记录下来，用于编制该地区的地形图。在多山地区，地形等高线是理解地质图上各岩石单元出露样式的关键所在，特别是在缓倾岩层地区。

（7）网格桩标的间距应考虑为 20m 的倍数，这样可以进行更加平均的细分，这比更加传统的 50m 的倍数要好。

（8）最初的网格应设立在目标区以上，这样该地区所有网格桩的坐标可全部为正数。通常，初始网格桩标设在工作区的西南部，这样所有的坐标都可以表示为该起始桩标向北（北读数）或向东（东读数）。

（9）可能的话，选取的初始网格桩标，应确保贯穿主要目标勘查区的东读数和北读数坐标具有不相似的数据，这样可以帮助减少以后潜在的错误。

（10）如果需要建立 N—S 和 E—W 方向的网格，请考虑使用国家米格坐标系统（如 UTM，见 10.5 节）。这样做的优点是，可以将出版的地图数据包很容易地关联到当地测量网格中。使用国家米格坐标系统需要地面网格中至少有一个点具有用国家米格坐标系统来测量的准确定位。在网格桩标上只需要标注区域网格中的最后四位数字。

（11）标注清晰并牢固的网格桩标如图 2.12 所示。木质桩标通常最便宜，而且最终会被生物降解。对更加持久的测量来说，建议使用镀锌钢桩标（栅栏铅垂柱就是很好的测量桩）。在灌木火灾及/或白蚁活动十分普遍的地区，网格桩标需要维持超过一个季节，这时最好使用钢质桩标。

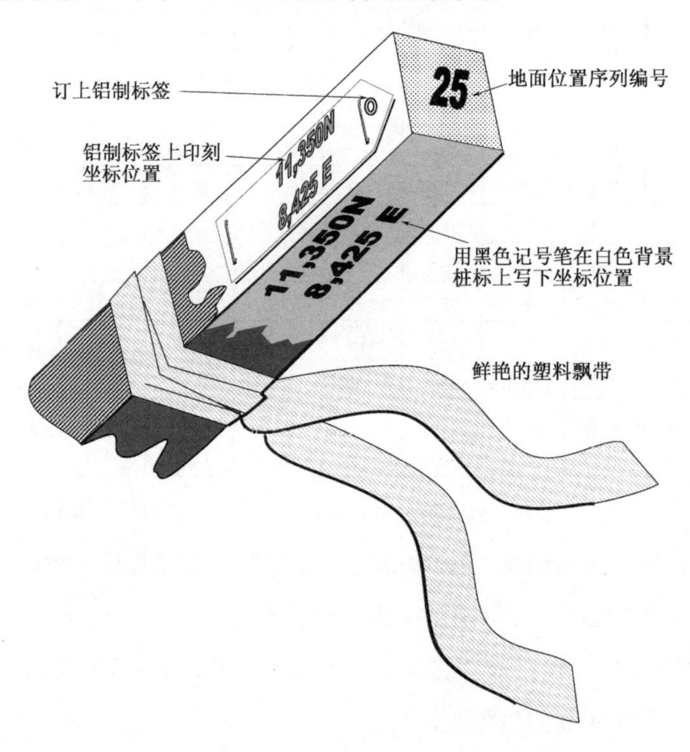

图 2.12　建议的网格桩标系统。将木质桩标或钢质桩标按照规则的测量间距钉入地下，作为从地质填图到钻探各勘查阶段的实时测量控制点。

2.4.2 图件的制作

野外地质填图所用的图纸一般为 A3 或 A4 大小。市面上最常见的、薄的、光滑画图纸用作野外填图质量较差。如果可以的话，使用较厚重的粗面厘米纸（可能需要专门打印厘米网格）。若是在潮湿的情况下填图，需要配备防水的 A4 画图纸。

图纸上网格桩标的位置标注取决于野外工作开始之前比例尺的选择。野外图件是十分宝贵的资料，应与野外记录本一起在工作结束时仔细地做好标记并存档。通常填图范围要比一张野外图簿的范围更大。在制作野外图簿时，可以将相邻图簿相互重叠一部分，并对每张图簿做好明确的标注，这样相邻图簿就可以被快速定位。

作为测量的辅助，在填图的早期阶段，通过测量图簿上该地区所存在的任何地形或人为特征，如桥梁、水系、小路、栅栏等，创建一个额外的点位网格是十分有用的。在图 2.13 的案例中，地质学家在详细记录地质信息之前，首先测量水系、小路、栅栏线、探槽和钻孔位置架立了一个 100m×50m 的测量控制系统。同样作为测量控制，在多山地区，桥梁线和水系位置可以作为地形等高线信息的必要补充，以便于认识缓倾岩层的露头样式。

一个通用原则是，打桩网格应该作为一种测量辅助，它本身没有任何地质意义。首先，网格并不需要被作为事先确定的路线。在野外，地质学家应该按照自己的地质观点来安排路线，而不是按照网格线[21]。如果选取的填图策略是横穿走向的路线，那么路线就应该设计到能够找到最有利露头的地方，地质学家的大脑要始终明确：地质路线并非规则的直线。例如，在许多地区，通常只能在溪流河床发现露头，所以填图的常规路线就应该首选这些地方。重要的是去尝试弄清楚，对每一个露头的关注度取决于其自身的地质学意义，而不在于它离网格桩标的远近。

当将一个点的地质特征定位在地质图上时，就可以利用罗盘测出该点相对

21 在非常茂密的灌木或森林地区，详细的测量网格线通常提供了唯一实际可行的路线途径。但即便是在这种地区，也应该尽可能地找寻测量网格线之间的重要露头，并尽可能地进行交叉切割路线填图，如沿小路或溪流剖面。

于最近测量桩的方位。通常，选取的测量桩要足够近，以方便通过步测甚至目估来确定测量桩到地质点的距离。当然，更精确地定位该地质点可以通过它与两个或更多个测量桩的测量值并利用三角相交来确定。将测量值投到图纸上，一个量角器和一把刻度尺是必备也是十分重要的野外填图工具。每个地质点或线投影在图纸上并不需要像正规测量那样精确。一旦关键点或线的网格被准确建立起来之后，剩下的地质界线就可以很容易地勾勒出来，这样就可以将观察到的露头的产状及其相互关系准确地记录保存下来。图 2.13 就是这样的一个案例，图中画出的露头界线反映了观察到的露头的特征形态，进而揭示了不同的岩石类型。注意，石英岩的露头形态呈十分规则的正交线状；砂岩的露头形态为厚层/块状和块体；页岩出露较少，走向上呈窄条产出；花岗岩呈卵圆状，有时候呈变形虫状的形态产出[22]。

将观察记录用铅笔投影到野外地质图簿上，其目的是在野外制作一张完整的地质图。构造测量数据用适当的地图符号（使用一个正方量角器）来进行投影，这样就可以在工作过程中不断地构建地质图件。地质学家并不需要将测量数据额外记录在笔记本上，除非需要将它们用于随后的构造分析。由于地质图的主要功能——通过定义——在于表达地质体走向上的形态特征[23]，大多数情况下（当然也有例外，见下文），将测量面的走向和倾角投影到地质图上要比投影倾向和倾角更加有用。

当地质图比例尺和露头分布确定之后，对陡倾构造的地质体来说，走向就成为最重要的测量数据。相反，对以缓倾地层为主的地质体来说，走向可能会频繁变化，也就失去了应有的重要性，这时倾角/倾向就显得更加稳定，可以对出露的岩石单元进行更好的控制。

随着地质图上的元素按照这种方式缓慢地构建，可以用该地质图来预测还没有填到的区域，进而指导下一步的野外观察记录工作，如 2.1.3 节介绍的那样。

22 这在以往被称为地质图制作者（或地质学家）的试金石，是区分优秀地质图件和平庸图件的条件之一。这并非艺术化的再加工：地质学家正在做的可用混沌理论来描述。对每种岩性，地质图显示的露头是一种特征部分维度（分维）——一种介于 1 和 2 的分维。对一个“圆滑”的轮廓，比如花岗岩来说，其分维数字最低，而对一个“崎岖”的轮廓，比如石英岩来说，其分维数字最高。

23 走向是平面在地质图上的轨迹，正如倾向是平面在剖面上的轨迹一样。

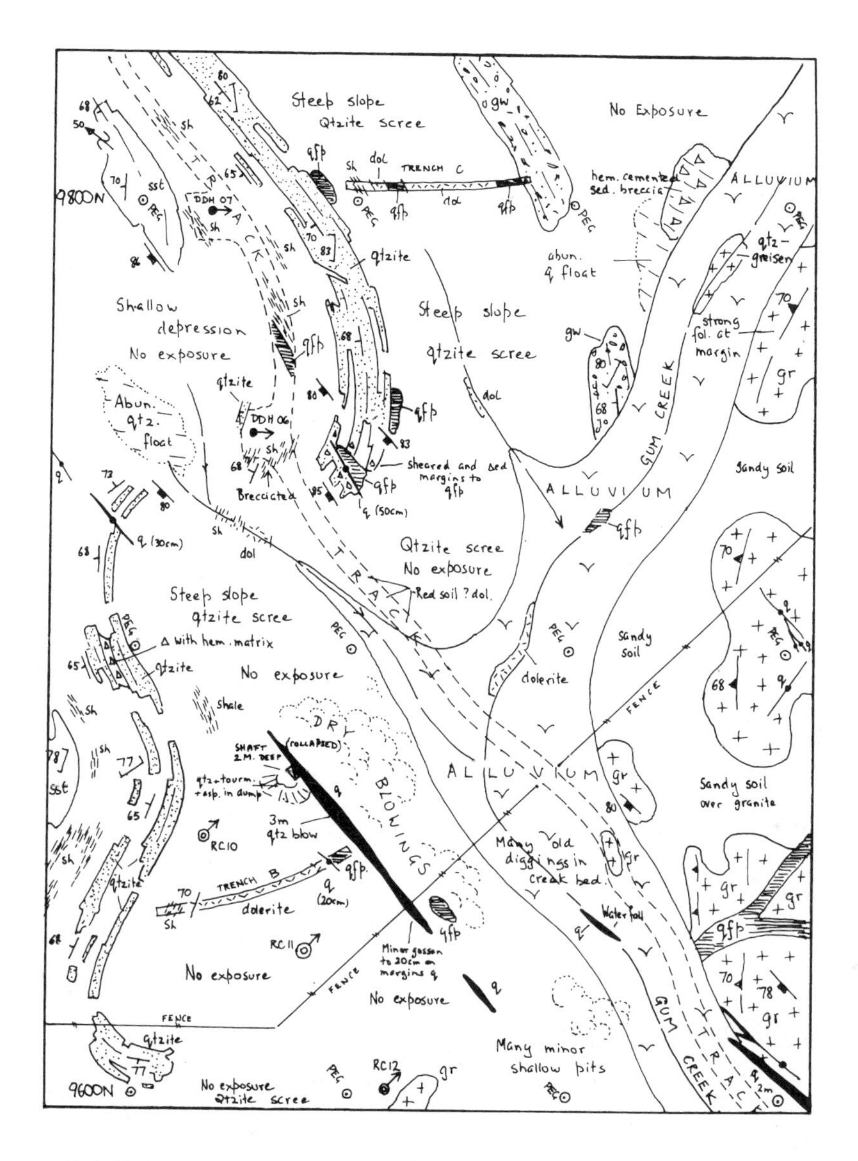

图 2.13　澳大利亚 Northern Territory 地区一个勘查区 1∶1000 比例尺露头地质填图案例。该图片只是众多相邻野外图件中的一张，填图采用 100m×50m 间距的网格进行控制。

2.5　用皮尺和罗盘填图

这种方法适用于对非常感兴趣的小块地区进行快速详细地质填图。这种方法的逻辑表明其特别适合制作线状的“条形”地质图，如水系断面、山脊线、探槽、公路切面、老采坑的采挖线等。同时，该方法也适用于地质、地形或耕地测量中较宽间距网格，或者建立三角测量系统中的穿越点。测量员使用的钢质测绳或皮尺是最精确的距离测量工具，但是这种方法需要配备助手，操作才会简便。腰绳（Hip-Chain™）的精度没有那么高，但是在时间紧张或没有助手的情况下，这种方法不失为一种选择。

在图 2.14 的案例中，利用皮尺和罗盘对区域水系沉积物测量中存在异常的一小段水系进行制图。该地图可以作为详细追溯法地球化学采样中投影地质观察的底图，以及记录样品点位置的底图。

制作这种地图的步骤推荐如下。

（1）从填图区的一端开始，明确填图区的大致范围和方位，选择合适的比例尺并制作好相应的野外地图簿。将路线的初始点位置标在图上。

（2）助手牵着皮尺的一端走到所选取的第一个测量点。地质人员测量他到助手的方位角，已知二者之间的距离，就可以用量角器和刻度尺将该点投到他的野外地图簿上。同样，地质人员可以先打出第一个点的方位，然后走到该点，同时利用腰绳测量头尾之间的距离。应使用一个好的方位罗盘，比如松拓电子罗盘或者棱镜型罗盘。

（3）如果地面非常陡峭，必须将皮尺（测绳）测距进行垂向上的校正。利用一个测斜仪来测量坡角，已知地面两点的距离，就可以计算两点间的水平距离，在图纸上投注测量点的准确位置（具体方法见 2.4.1 节）。将皮尺顺着地面延伸，从起点走向第一个测量点，将沿途的地质现象投影到图上。另外，可以勾勒出两个已知点间的详细地形（如河床的弯曲部位等）。

（4）观察的地质特征与测量线间距较短时，可以步测或目估距离，并结合罗盘测量方位角将其记录到图上。必要时，可以在路线上两个已知点处分别测量地质特征点的方位并进行三角相交，或者利用一个已知点的方位角用皮尺测量到地质特征点的距离，来获得其准确的位置。并不是每个记录的地质特征点都需要进行精确测量，一旦确定少量几个点之后，其他所有的观察点通常都可以目估它们与前一个观察点之间的关系来进行精确定位。

（5）重复该过程，进行下一个测量点，依此类推，最终完成该路线。

（6）每个测量点都应该在图上标注一个号码，并用塑料带（布条）、金属片或测量桩在地表作上标记。这些精确定位的位置点可以用作后续开始新的测量/填图路线的依据。

（7）在填图过程中，将地质或地球物理观察或采集的地球化学样品放在图上，将样品点直接投影到图上。

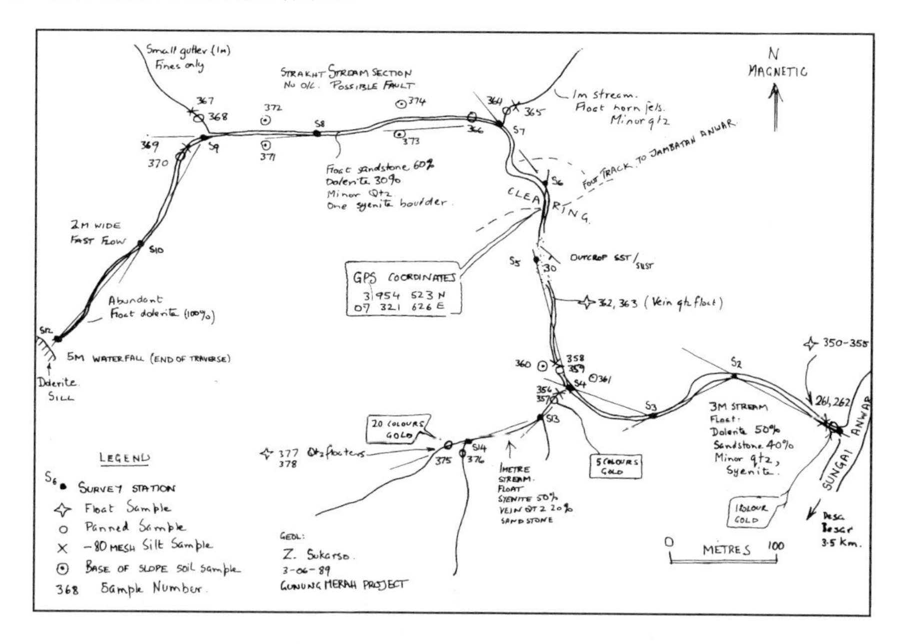

图 2.14　在热带雨林覆盖地区的初步勘查过程中，利用皮尺和罗盘进行填图的案例。该地图作为在小溪与主河流交汇处沿着小溪追溯最初水系沉积物——金——异常过程中记录样品位置和地质观察的依据。

参考文献

[1] Chamberlin TC（1897）Studies for students: The method of multiple working hypotheses. J Geol., 5（8）:837–848.

[2] Popper K（1934）The logic of scientific discovery. Basic Books, New York, NYProffett JM（2004）Geologic mapping and its use in mineral exploration. In: Muhling J, Goldfarb N,

Vielreicher N, Bierlin E, Stumpfl E, Groves DI, Kenworthy S (eds) Predictive mineral discovery under cover. SEG 2004 extended abstracts, Vol 33. University of Western Australia, Centre for Global Metallogeny, Nedlands, WA, 153–157.

[3] Pumpelly R, Wolff JE, Dale TN（1894）Geology of the green mountains. USGS Memoir 23:157.

[4] Vearncombe J, Vearncombe S（1998）Structural data from drill core. In: Davis B, Ho SE (eds) More meaningful sampling in the mining industry, Vol 22. Bulletin/Australian Institute of Geoscientists, Perth, WA, 67–82.

第3章

矿山填图

3.1 概述

详细的、科学的矿山地质填图/编录始于20世纪初美国蒙大纳Butte的Reno Sales工作。该项填图虽然是在Anaconda铜矿公司内部进行的，但其结果具有里程碑意义（Sales, 1913）。该项工作的一部分目的是解决源于矿产所有权北美Apex法（North American Apex Law of Mineral Ownership）的法律纠纷，但高质量地质填图在矿体外围找矿及发展成矿理论等方面发挥了重要作用。

矿床中具有经济效益的矿物质的分布是各种地质因素共同作用的结果。即使矿物质的分布无法直接观察，但其他与之分布相关的地质因素通常是可以认知的。即便是有为控制矿床品位而收集的钻探和采样的化验资料，但要圈定矿体边界，还是需要辅以地质填图来揭示这些地质特征的空间分布。只有基于详细准确、及时更新的地质平面图和剖面图，才能高效地设计钻探工程来控制已有矿山之外的矿体延伸情况。

因此，对露天采坑及地下坑道所揭露的岩石剥离面进行地质编录/填图，是矿山地质人员工作的核心所在。

3.2 露天采坑的填图/编录

露天采坑中绝大部分基础地质数据都是从直立或近直立的裸露剖面上获得的。即便在开采前，所有资料通常都是从地表地质图中获得，但是大部分信息仍需要从纵剖面上的钻孔中取得。开采之前对矿山地质和矿体形态的解译在很大程度上必须取决于对标准剖面的分析[1]。

露天剥离开采需要将矿体及其相邻围岩废石进行一系列的水平“切片”剥离，即所谓的“贴板开采法”（见图 3.1）。因此，需要将垂向分布的密集地质信息及化验数据及时更新，获得合适延伸以预测和控制“贴板”上的品位分布情况。

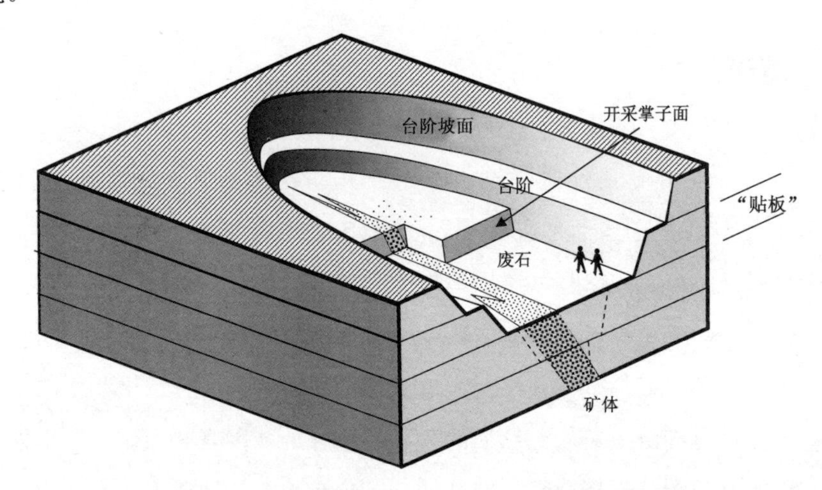

图 3.1　典型露天开采矿山立体示意，图中入口斜坡道已省略。

采坑中裸露面的编录应使用野外工作表（如方格纸）。我们推荐制作详细的垂直剖面编录图，因为这是能够直接观察到的表面，因此该处也是包含信息量最高的地方（见图 3.2）。通常对露天采坑的编录，1:250 的比例尺已经足够，但是对特别复杂的地方，可能需要更大比例尺的编录。在大多数情况下，实际的编录过程运用专门的皮尺和罗盘进行“带状编录”，这在前面章节已经讲述。

1 该阶段的标准平面图中所包含观测数据的量级通常要比标准矿山剖面图中的数据量级低。

某些时候，特别是碰到极端复杂的情况时（并且矿山上允许地质工作人员逗留充足的时间），就需要使用平板仪作为有效的编录手段。编录面相对于矿山的坐标位置，通过测量其与矿山已知测量控制点的距离和方位来推算。

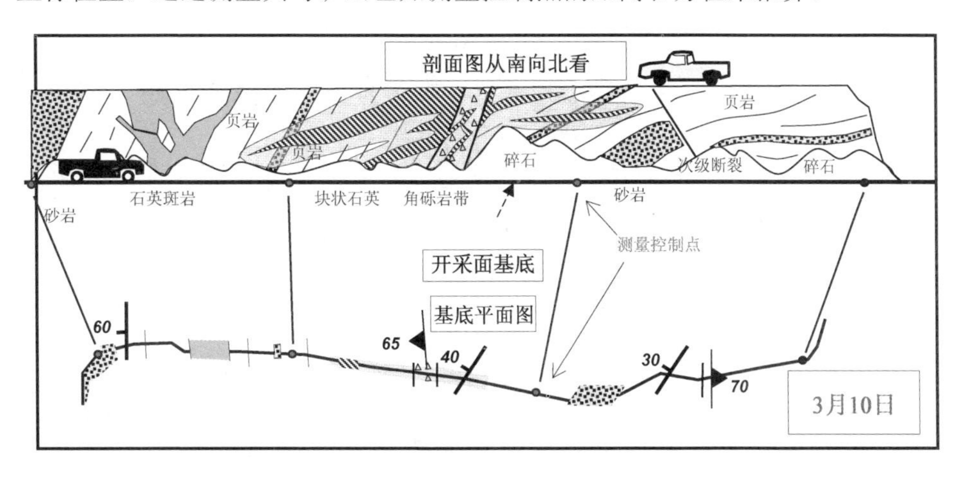

图 3.2　露天矿山中活动开采面的编录。开采面应尽量符合标准矿山剖面。编录需要制成剖面图，同时在开采面的底部进行带状编录。以上数据应按照标准剖面图和平面图的要求编制。

在进行开采面编录的同时，地质人员应编录开采面底部并制作平面图，平面图要标注所有观察到的重要地质界线或构造的位置和方向（见图 3.2）。该平面图作为横穿当前开采下方中段顶部的地质观察线，由于开采面底部常常覆盖有碎石，因此构造应沿着其倾向投影到平面图上。

利用绘制的开采面底部平面视图，结合以往开采面位置的平面图，可以构建采坑底板地质图（见图 3.3）。在构建的平面图中，可以采用多种技术来进行采坑底板的岩石学编录，并将其补充到开采面编录中去。这些技术方法包括以下几方面。

- 编录任何露头、原位的岩石碎块或采坑底板的岩石变化。
- 利用品位控制切割样或爆破钻孔的物料进行岩性编录。
- 用推土机/平土机或挖槽机横穿采坑底板挖一条浅剥离或探槽，来揭露可识别的岩石。

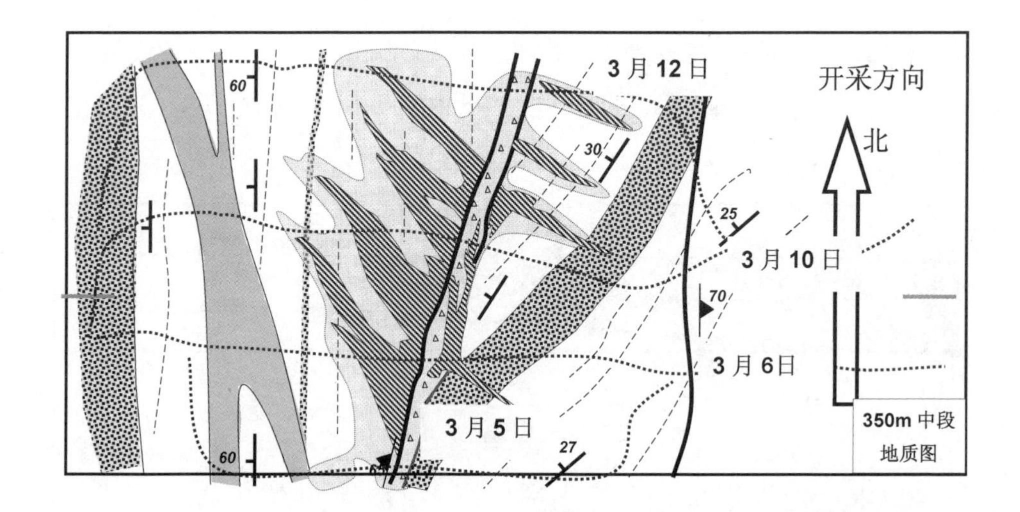

图 3.3　露天开采矿山中开采中段的地质解译。该图由开采底板进程图（见图 3.2）、采坑底板露头及化验数据汇编而得。其他地质信息可通过施工探槽及对采坑底板采样获得。

尽管每个中段的地质平面图有助于确定开采面的品位边界，然而各种复杂的地质关系在剖面图上可以最佳体现出来，并且也是最容易解译的。当对不同中段开采面的填图/编录综合起来可以构成一个横穿矿体的完整剖面时，才能完全体现开采面编录/填图的全部价值，如图 3.4 所示。这种剖面图基于近似连续观察记录，同时能够很容易添加钻孔数据，因此，在解决地质矿化的细节问题上，该方法是准确和十分有用的。这种开采面组合填图经汇编后作为标准矿山剖面图。近距离钻孔剖面及沿矿体走向规则间距排列共同用来在开采前圈定矿体。显然，在开采的过程中，采坑里出露的许多临时的开采面并不很精确地与矿山剖面相符，但是，随着开采的推进，一些开采面将逐渐落到剖面图上，或者可以将其投影到剖面图上。在填图过程中，要花大气力来确保这些特殊的开采面别被错过，这是十分必要的。

采坑里发育的氧化带(在某些强风化区,氧化带可能占据采坑的主要部分)，是填图中的一个特殊问题。一些矿床的开采节奏通常很快，很难有充足的条件来形成具有代表性的一系列开采面。此外，风化的岩石本身很难提取十分有效的地质信息，特别是经常会碰到挖土设备挖进高黏土含量层的情况。显然，在这些情况下，观察记录详细信息，特别是详细的构造信息，通常是无法完成的。

但是，我们仍然应该尝试对开采面填图，因为从中获取有限填图信息总比没有的强。

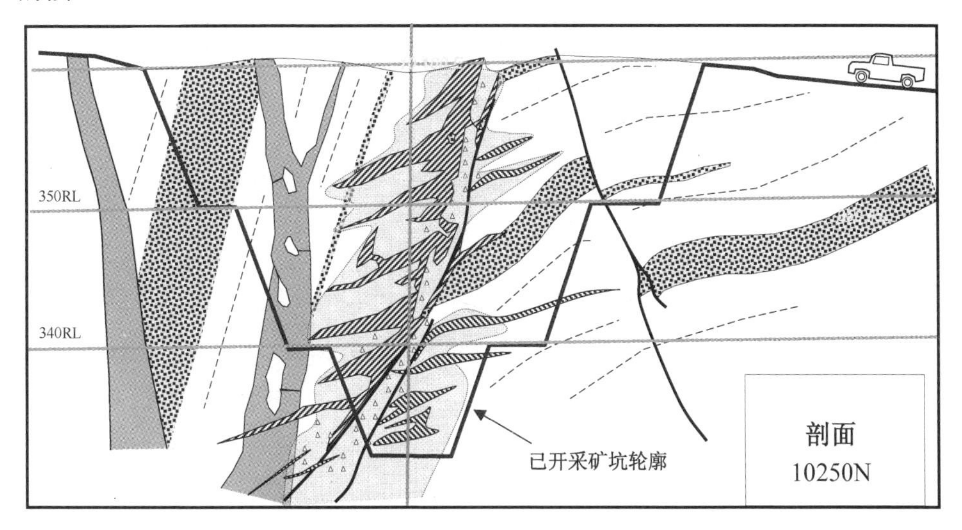

图 3.4　标准矿山剖面的地质解译。该剖面由矿山各中段的开采面填图/编录资料（见图 3.2）及钻孔资料汇编制成。

野外填图/编录表格不需要打草稿或数字化，但是应该妥善存档以备查阅。只要有可能，野外图件应该直接转化为电子格式（若需要的话可进行拍照），加入包含矿体的地质中段标准比例尺平面及剖面图系列。这种平面/剖面图的比例尺通常为 1∶250 或 1∶500。若不按照这种方式对矿体及其赋矿环境构建连续的三维图像的话，那么所收集的地质资料最终是没有价值的。

开采区的填图不应该只局限于存在矿体的部分。所有包含矿体或与矿体临近的裸露区都有助于对矿床的理解，所以都应该进行例行填图/编录。

在开采区判断哪些地质特征可以填图只能通过实践经验。最初，填图可能会很慢，而且比较枯燥，直到确立哪些地质特征在不同的开采面和开采中段上可以对应地联系起来，填图才会变快。推荐地质学家们收集不同岩性种类的标本集，来确保具有统一的岩性描述。同样的，照相也可以帮助组建矿山的构造图集。

在开采区填图/编录通常可能关注的地质要素种类包括（这并非是一个无所不包的清单）：

- 可见的矿化边界和其他任何重要矿化信息；
- 主要岩性单元界限；
- 主构造（如褶皱、断裂、显著的节理组等）的位置和产状；
- 蚀变类型；
- 主要脉体或脉组；
- 工程地质数据，如裂隙度、岩石硬度等，通过工程地质师获得。

当没有岩性界限或界限不清晰时，可通过观察岩石中的岩层产状、解理、节理或脉体等情况，利用趋势线对地质体特征要素进行连续外推。即便是在图中划不出不连续性界限的地方，也可以标注连续变化的参数，比如蚀变程度、单位长度内的脉体数目（节理/裂隙/剪切带）等，作为图件的注解。这种标注可以用文字表示（如“强蚀变的”），但通常若可能的话，最好表示成半定量化（如数目为 1～5、百分比、几组/米等）。

基于露天开采面上裸露岩石的特性，测量面状构造走向和倾角的最佳方法（通常也是唯一方法）是地质人员将罗盘从某处向该构造瞄准，具体细节见附录 E。测量标志层的产状时，由于标志层不止在一个中段平台上出露，可通过在坑底来回走动，使得相邻中段出露岩层连成一条线，以此来确定走向，如图 3.5 所示。

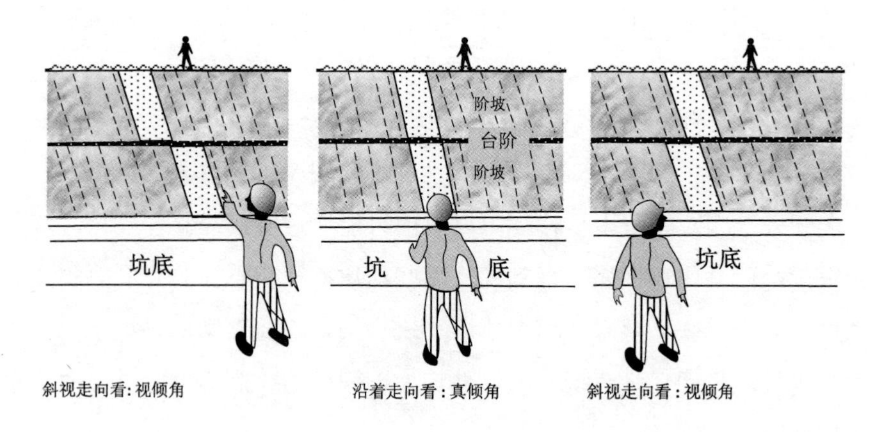

图 3.5　露天开采面上判断出露岩层的走向和真倾角。当视线沿着走向时，相邻开采中段上的同一层位会在一条直线上。

3.3 地下坑道开采的编录/填图

地下开采矿山的地质编录/填图，通常是在由矿山测量人员提供的开采平面或剖面图上完成。由于需要观察十分仔细，故编录/填图要求的比例尺很大，一般为 1∶100～1∶10 的比例尺。

尽管坑道内岩石裸露 100%，但是通常仍需要安排清洗部分坑道壁和顶板才能够观察清楚。

通常，需要观察记录开采坑道的两壁、顶板，以及开采掌子面。因此，对坑道一个完整的详细编录工作要求绘制 3～4 张图，每个面各 1 张图。当碰到要解决矿体关键部分的特殊难题时，这种详细编录就十分必要了。举个例子，当狭窄的含金石英脉被一系列断层错断，其空间形态变得十分复杂，这时只能通过对所有可到达的裸露面进行详细编录才能解决这一难题。将掌子面、坑道壁和顶板的编录汇集到一张平面图上表达，俗称“爆炸箱”编录/填图（见图 3.6）。当然，这种详细编录通常也可能不太需要，矿山地质人员可能只选择一个比较方便的面进行编录。这里并没有死规矩，观察记录“参照系”的选择取决于方便编录面的性质、岩石构造的产状、时间因素及编录图件的用途等。

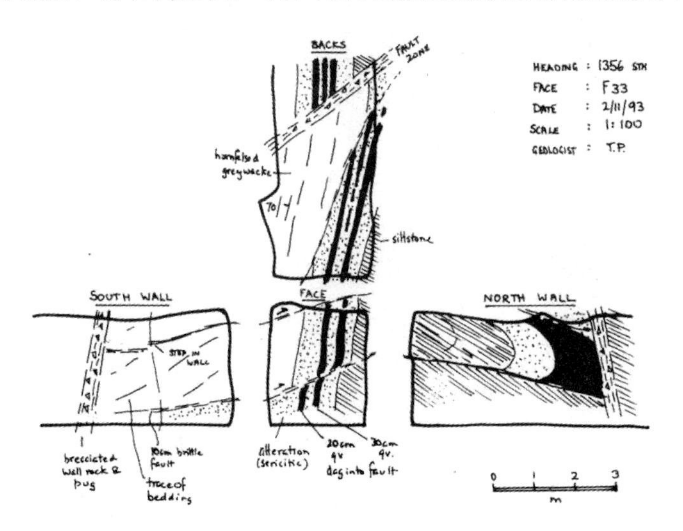

图 3.6 复杂地质情况的地下开采矿山，可能需要对所有剥露面进行分开编录，包括坑道顶板、两侧坑道壁及开采掌子面，有时这被称为“爆炸箱”（Exploded Box）编录。各阶段的独立编录图可以汇编入中段平面图、沿坑道剖面图及标准矿山剖面图中。

平缓的构造面，如岩层层面、脉体等，在垂直面上观察最为理想，故在剖面上记录。如果实际中存在这种构造面并认为很重要，在坑道壁或掌子面上进行编录比较合适，那么将观察记录汇编加入标准矿山剖面图和/或顺着坑道壁方向的剖面图上（见图 3.7）。相反，陡倾的构造面在平面图上记录是最佳的（见图 3.8）。在地下采场，实际上唯一的可达裸露面可能是顶板。在这种情况下，顶板编录显然是唯一可取的选择。与主要岩石构造成高角度相交的横切面，由于掌子面可能与构造面平行，所以掌子面编录的可能就显得无足轻重，而坑道壁和顶板编录就可以将其显示出来。然而，由于掌子面通常沿着主构造线前进，对其编录可以获得最有效的构造剖面图（见图 3.7）。

(a)

地质师沿开拓平巷进行矿体编录。每次爆破之后，矿工运走矿石，然后支护好顶部和侧壁确保安全。地质师牵着水管冲洗岩石，用皮尺测量前进的掌子面，然后用1:25的比例尺编录掌子面和侧壁。现场可用便携式可充电的矿灯照明

(b)

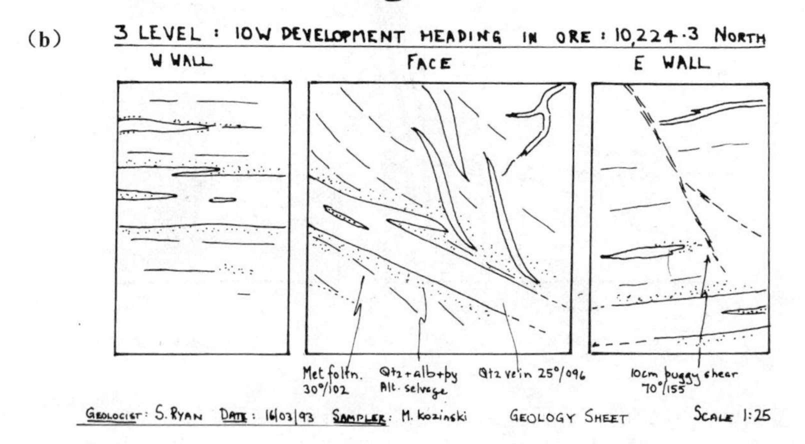

图 3.7 缓倾构造在与其横切的采场侧壁或掌子面上进行填图/编录最佳。如图中所示，编录资料结合地表钻孔数据将其显示到一张标准矿山剖面图上。

(c)

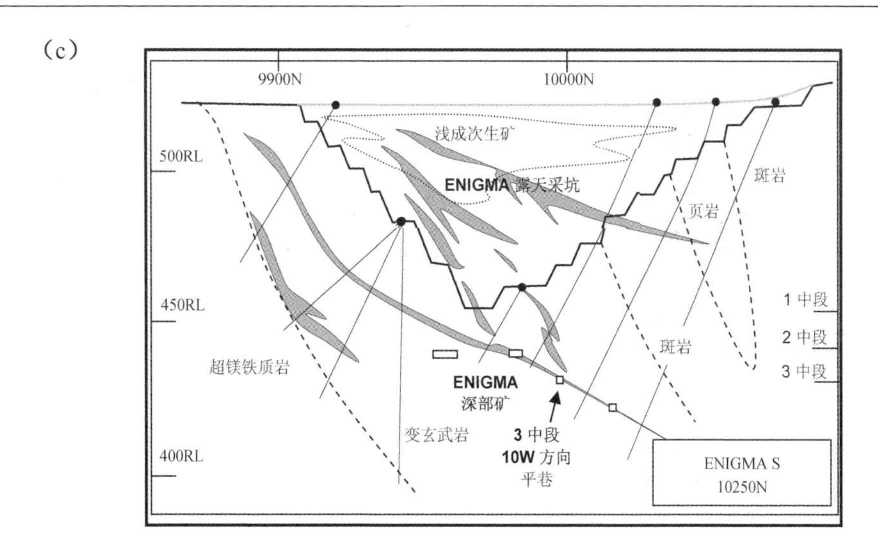

图 3.7 缓倾构造在与其横切的采场侧壁或掌子面上进行填图/编录最佳。如图中所示，编录资料结合地表钻孔数据将其显示到一张标准矿山剖面图上。（续）

另外，在选择编录框架中还需要考虑的是所制作的平面图要满足实际矿山的目的需要。例如，矿山的地质解译通常基于地下或地表钻探，对这种形式的地质数据编录是必要的，因为这些数据很容易编辑，通过少许投影、处理就可以反映到钻孔剖面图上。图 3.7 显示了一个这方面的案例：将填图数据编制到一张钻孔剖面图上。

很明显，竖井或者其他必要的勘探竖井的编录将会在一个剖面上体现。

然而，以陡倾构造为主的坑道填图/编录通常是将坑道壁及顶板的岩石构造投影到平行于底板之上中等高度的单一平面图上（见图 3.8）。这个投影平面的高度一般由矿山测量人员具体确定，并且可以在这一高度上沿坑道壁进行横切刻槽取样。于是，通过这种方式编录的地质图件成为所有可达出露面观察记录的综合体，并且严格地顺着坑道两壁方向。对大多数地质填图而言，特别是对横切面填图来说，这种图件的精度足够了。

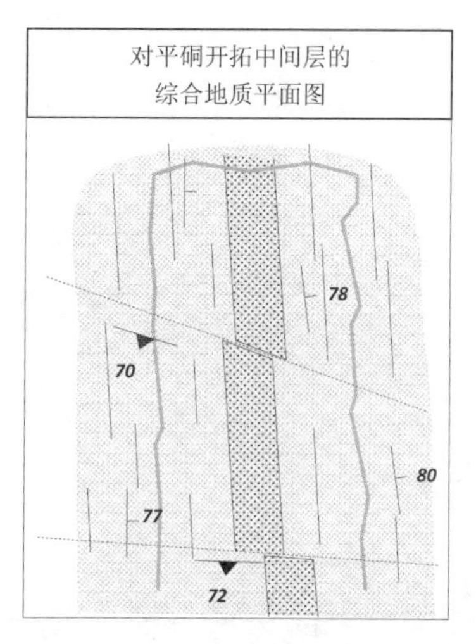

图 3.8 陡倾构造在平面上编录最佳。在图中，构造在坑道壁及顶板上向下倾斜，并在该平面上向下倾伏成单一综合图件。这种填图/编录对非常复杂的构造并不太适合，而对“爆炸箱”式的填图则比较合适（见图 3.6）。

要注意的一点是，传统地质图件的视角似乎普遍是从上往下俯视的。所以，在投影坑道顶板地质信息（其视角当然是从下往上的）时要十分小心，因为不同的视角会引起角度关系上的镜像变化。例如，“S”形剖面的褶皱，从下往上看时会变成“Z”形剖面的褶皱；被断层错断的地层显示左行位移，从下往上看时会变成右行位移（见图 3.8）。矿山地质人员在作图之前，必须在思维上将其观察到的地质信息“翻转过来”。

不管采用哪种方法编录，许多观察到的地质关系无法显示到图上是不可避免的。如果认为十分重要，那么可以进行详细素描，或者在主图旁边画上单独图件和剖面，并用直线或箭头标注。

尽管在地下坑道内罗盘可以正常工作[2]，但是由于坑道内岩石出露特性的限制，使得很少能够用罗盘直接靠在构造面上来进行测量。测量面状构造走向的最佳方法是测量该构造与坑道两壁交点的连线方向。当构造面与坑道壁垂直时，构造面与垂向开采面的交角是唯一的真倾角。一般情况下，坑道壁上看到的构造交角是倾角。为获取真倾角，应该将罗盘沿构造的走向测量倾角（见图 3.9）。

2 但要注意附近的铁质物体可能会干扰罗盘磁针，而这在一般地下开采的矿山中是很常见的。

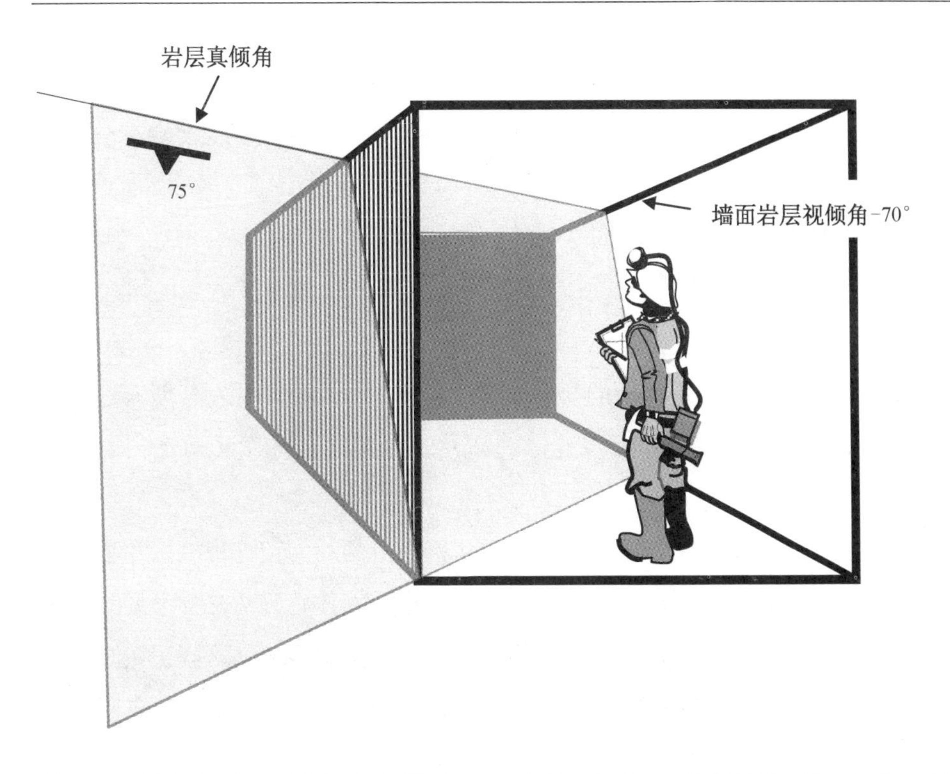

图 3.9　（构造）平面在坑道壁上的迹线一般显示为视倾角，而不是该平面的真倾角。为获得真倾角，应确定该平面在坑道两壁的交线，然后顺着走向来测量倾角。

3.4　矿山安全

矿山是高危险工作环境之一，每个地质人员都会工作其中。一些常见危险包括岩石滚落砸伤、矿山重型机械碾压、掉进洞里、从陡崖上跌倒等。为最大限度地保证安全，地质人员应该时刻注意以下原则。

（1）确保安保负责人员（如值班班长、矿山工头、直接主管等）知道你在井下工作的时间和位置。在进入和离开开采坑道区域时通常要设置一些标志系统，应该严格执行，这对你的安全是很关键的。

（2）你自己要熟悉矿山的全部安全条款、流程，并遵守它们。

（3）地质人员需要凑近岩石来观察构造或矿化蚀变细节，但若岩石在你头顶上悬着那就靠得太近了。在初步检查之前，不要贸然与陡峭或悬空岩面靠得太近。若怀疑有危险，那就离得远一点别过去了。

（4）在露天矿山，剧烈坍塌可能没有任何征兆。在开采面的前端有小石子滑落或者出现裂缝往往意味着危险地带。可向采矿工程师询问潜在的危险地带。之前几个月或几年比较稳固的地方不太可能因为你站在上边就会垮塌，但要注意遭受大雨或最近有过采挖、放炮或在附近有重型机械通过之后的岩层稳定情况。

（5）在地下开采矿山，新的开采面一般需要进行支护，并在任何人进入之前用岩栓或钢丝网固定以确保安全。进入这些区域之前先跟矿山工头了解下情况。

（6）在露天开采矿山，应高度注意重型铲土机的动向，这种机械几乎看不见任何靠近它或在它背后的东西。像人这么大小的物体它确实是看不见的，即便是穿着带荧光的衣服，蹦上蹦下挥舞手臂也都没有用。编录这些正在开采的区域，应等候开采场地平静下来之后再进入。矿山也不是所有地方都在同一个时间工作的，换班时间或者开饭的间隙通常会停工一会，而地质人员可以趁机进入开采面完成自己的工作。

（7）穿戴安全防护装备，包括安全帽、防护眼镜、防护靴、重型工作服及鲜艳的反光外衣等。

参考文献

[1] Sales RH（1913）Ore deposits at Butte, Montana. Trans Am Inst Min Eng, 46:1523–1626.

第4章

槽探及地下（坑道）开拓

4.1 引言

利用探坑及探槽，或用古老的 Cornish 矿山词汇“井探”，能够快速并廉价地获得该地区的岩石、构造及化验成分信息。而坑道开拓，尽管既不快速也不便宜，但矿产勘查项目中也有用到，它用来直接对矿化岩石进行详细编录并采样进行化验或选矿实验。

4.2 探坑及探槽

探坑通常是针对埋藏较浅、延伸宽广且平坦的矿化体。典型的例子是针对覆盖重矿物的砂矿。探坑相对于钻探来说其主要优点是探坑所采集样品的体积可以非常大。大样品对那些品位变化剧烈的矿床来说是很有必要的。

探槽通常用来揭露地表覆盖层之下的陡倾基岩，一般横穿（垂直）岩层或矿化带走向布置。槽探对 RAB 或 RC 钻探是一个很好的辅助，可以将通过探槽编录获得的构造信息添加到钻探的岩性数据中去。

在某些情况下，可能需要全部剥离未固结的覆盖层以揭露大面积的基岩，这需要用推土机剥离并用高压水清洗，之后就可以对基岩进行非常详细的编录和采样。由于该过程破坏环境且恢复成本很高，所以通常只有在勘察矿化带已经确定，并且存在采样或地质方面的难题需要 100%的剥离来解决问题时，才尝试使用大面积剥离工程。

探坑和探槽工程可以使用推土机（铲车）、挖掘机、反向铲土机，甚至是用人工。一般来说，使用挖掘机和反向铲土机比推土机更快且对环境的破坏较小，而这通常是当今槽探工程优先考虑的因素。一台大型挖掘机的凿岩动力与一台推土机相当，反向铲土机相对更轻便，适合进行较小探坑或较窄探槽作业。由于反向铲土机施工的探槽很难或者无法进入（太窄的缘故），所以反向铲土机更像是一个地球化学采样工具，而不太像是一个地质工具。使用挖掘机挖探槽，要确保宽度能够达到至少 1m，同时往下也至少能够穿透 1m 深，进入可识别的基岩。若探槽的尺寸过小，要详细考察探槽壁上地质信息是非常困难的。连续挖槽机[1]可以快速地在软质层上挖一个窄（大约 20cm）的、深度在 1～2m 的探槽，所以它也可用于在勘察中进行连续地球化学采样，以及对一些露天采坑的脆弱风化层进行品位控制采样。这种探槽一般只能进行基本的岩石编录，其他作用有限。

在那些无法配备挖掘机械或人力资源便宜的偏远地区，可以选择人工探坑和探槽作业。在偏远和崎岖的热带地区，可以沿等高线施工小路/探槽来限定漂石异常或水系沉积物地球化学异常的源头。这种探槽就是一种沿着陡坡等高线连续延伸的凹槽或者切割轨迹，其内沿出露窄窄的风化基岩带，可对此进行地质编录和刻槽取样。而这种轨迹/小路也方便工作人员进入该地区并利用皮尺和罗盘对其测量。沿等高线的探槽对环境的破坏比顺坡的探槽要小，因为在强降雨地区，顺坡探槽易于冲成水沟，造成水土流失。

1 通常由施工浅埋管道及排水沟的挖槽机改装而成。

4.3　地下坑道开拓

考虑到地下坑道开拓的成本和时间因素，在矿产勘查中只有当满足如下三个条件时才予以考虑。

（1）勘探靶区确定具有经济矿体的巨大潜力。

（2）该项目不适合进行钻探工程。这种情况包括：当成矿物质（金属矿）分布具有高度变化性时需要采集很大体积的样品才能确定其真实品位（而钻探岩心的取样量有限）；由于矿区的特性（偏远、崎岖、没有道路等）造成无法搬运钻机或设定机台。

（3）矿区已有专业的地下采矿活动及设备。

在西澳大利亚 Eastern Goldfields 的特殊条件下，在过去的黄金勘查项目中通过竖井掘进在地下开拓了几个中段。矿主们雇用合同矿工进行所谓的"进贡"采矿：矿工们将他们挖到的黄金拿出一小部分"进贡"给矿主，而剩下的部分作为他们自己的劳动报酬；而矿主们则负责地下开拓并对矿化带进行编录和采样。一旦确定具有较大规模的矿山（利于公司开采），矿主们就终止矿工合同、收回矿山。

在地形起伏较大的地区出现陡倾矿脉（带）时，可从地表往下在不同的高程掘进几个短的水平巷道，这样可以从不同的中段接近矿化带，使工程变得相对容易。

4.4　槽探中的安全及管理

当施工探槽时，为方便后续的编录和采样工作，应考虑如下注意事项。

（1）沿探槽的两侧向后各挖一个（挖掘机）铲斗宽、50～100cm 深的平台，如图 4.1 所示。它可以防止地表堆放的不稳固土石料掉进探槽，或砸到在探槽里边工作的地质人员。

图 4.1　挖掘机施工探槽的理想剖面。将挖出的表层土料堆放在槽口的一侧，而将基岩石料堆放在另一侧。如图所示，将槽口往后挖一个台阶，可以确保进入时更加安全。

（2）将挖出的所有地表松软土料堆放在槽口的一侧，而将挖出的基岩石料堆放在槽口的另一侧。这样有助于从基岩的碎石堆上快速地对探槽作出评估，同时也方便随时可能需要的大体积样品采集工作。当进行探槽回填时（正常情况下的环保要求），回填顺序应该相反，即先填入碎石料，再填入表层的土料。

（3）如果探槽很深（例如，不能很容易地进出）且长度超过 50m，可在探槽中间部位设置一斜坡道，方便进出。

（4）大多数的探槽壁坍塌发生在探槽挖完之后的几小时内或下了大雨之后。因此对于深探槽来说，应至少在挖好 24 小时后再进入，并且禁止在雨后立即进入。

（5）无论什么情况，在进入较深探槽时，都必须要确保有人在探槽外边守候并随时准备提供必要的帮助。

（6）在进入任何探槽之前，特别是对老探槽，应先沿着地表走一圈，检查是否会有塌方隐患。如果有塌方可能，不要进入！通常从探槽旁的碎石堆上也可以获得较多信息，而老探槽的槽壁上常常会有一些覆盖（基岩不会出露很新鲜），所以不值得拿生命去冒险。

4.5　地质编录

对探槽应进行地质编录制图。编录时，通常可以按照如下流程。

- 在探槽的一端打一个桩，系上皮尺从该端点沿着槽底拉向另一端。
- 沿着皮尺，每 2m 处用喷漆作一个记号并标明米数。若槽底存在坡度，则在喷漆标记前需要用测斜仪进行坡度校正计算。
- 探槽编录制图的适合比例尺为 1∶50～1∶500。
- 对较浅的探槽，最好制作成平面图，并将槽壁上的信息投影到平面图上（见图 4.2）。横穿探槽的单个地质要素的走向可通过其在探槽两壁上的位置来确定。
- 当探槽壁具有一个很好的纵剖面时（探槽相对较深时），可为探槽壁制作一幅垂直投影图，同时也可为槽底制作一幅水平投影图（见图 4.3）。

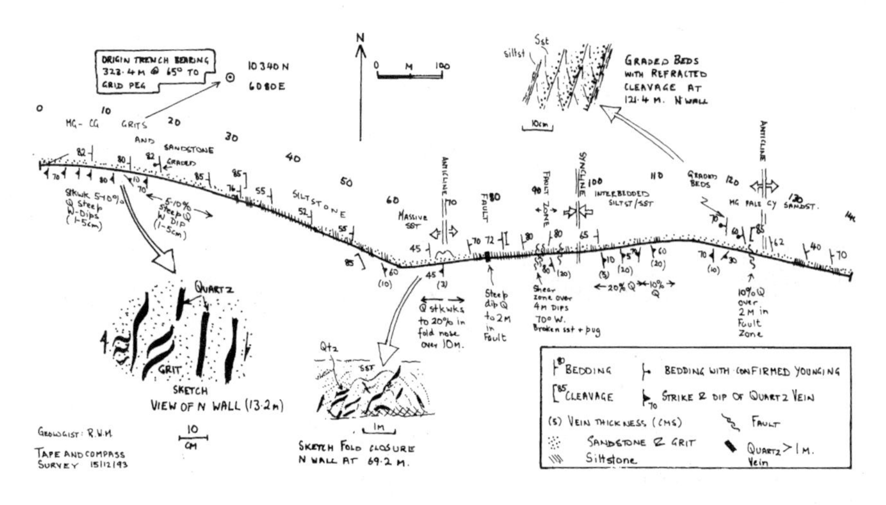

图 4.2　1∶500 比例尺的较浅探槽地质编录示例。该探槽用以揭露高倾角、强变形的古生代变质沉积岩中的含金石英脉。

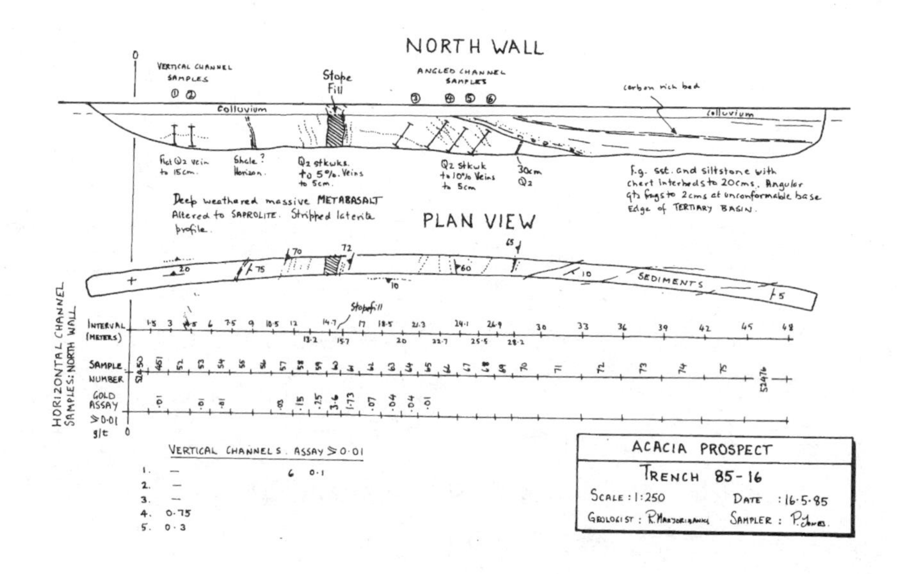

图 4.3　1:250 比例尺的较深探槽地质编录示例。施工地为第三纪沉积物覆盖于强风化的太古代变质玄武岩之上，探槽以检验地表的土壤金异常。出人意料的是，施工中见到一薄层煤线和一些老采坑。

4.6　地球化学采样

对探槽的地球化学采样，即沿探槽进行一系列的刻槽取样。采样的步骤将在以后的章节详细讨论，因为对任何连续裸露岩石的采样，如地表露头、露天采场及地下坑道的采样（见 9.12 节）都是一样的。

地质人员将样品的间距（样长）标记在揭露的岩石上，之后由野外采样工人对其进行采集。样品间距应选在反映自然地质界线上，用来对矿化边界进行控制。

当矿化体为高倾角时，样品应沿着槽壁（或槽底，视岩石出露情况而定）水平刻槽。当矿化体较为平缓/平躺时，应进行垂向刻槽。当不确定矿化带的产状时，应进行水平和垂向两种刻槽采样制成组合样，而不应只选定水平采样。

软质岩石可以通过地质锤或者凿子进行采样，但是，这里有一个误区就是硬质层（如硅化带）可能采得不够，而软质层由于容易采而采得过多。一般来说，采集高质量的岩屑刻槽样品需要使用手持风钻和岩石锯。

手持电动金刚石锯可以在岩石上锯一个连续的槽。为了切出样品，最好的方法是斜角锯两刀使其呈"V"形，或者平行锯两刀然后用凿子将样品凿下。用金刚石锯采集样品可以确保样品质量很好，样品大小也很均匀，但是比较慢，价格昂贵；而岩石锯通常较多地用于地下矿山的采样，而非探槽采样。

小型电动风钻可以用便携式汽油发电机带动，且相对便宜和快速，对绝大多数岩石都可以用，所以它算是探槽采样的理想工具。

实践证明，我们推荐的如下探槽采样步骤是比较实用的。

（1）沿探槽切一个连续岩屑刻槽样品。样品的岩石碎块大小应小于 50mm，过大的岩块用锤子砸开，把不属于样品范围的部分扔掉。

（2）沿槽底铺一张防水布，以便收集样品（见图 4.4）。

图 4.4　从探槽壁处采集连续岩屑刻槽样品。采样者利用小型电动风钻，由便携式发电机带动。沿槽底铺设防水帆布，凿下的破碎岩石就落在帆布上。这种方法可用于野外或矿山任何裸露的硬质岩石的采样中。

（3）样品的体积是很难掌握的，通常相对于送样化验来说可能会太大。因此在送样之前必须分离成较小的具有代表性的部分（如 5～10kg）。如果岩石碎块足够小，可以利用分土器进行分离。然而，在探槽底部的有限空间里操作样品分离器是很困难的，而且每完成一个样品后对分离器的清洁工作，既费时又乏味。

（4）一种有效且较省力的分样方法是，在收集样品的防水帆布上将样品晃动均匀，形成一个长条形碎石堆。这个动作有点像卷烟，但不同的是该过程需要至少两人操作。随后，将一截半开塑料管（直径 100～150mm）扣在碎石堆上，再将防水帆布转动一下，碎石堆的一部分样品就装入了半开塑料管中，这样就很容易将塑料管中的样品滑入样品袋（见图 4.5）。

图 4.5　从长条形均匀小碎石堆上分离样品拿去化验。岩石碎块落在防水帆布上，拿一截半开的直径 100mm 塑料管铺在碎石堆旁，再将岩石碎块和塑料管一起转动一下，然后将塑料管中的岩石碎块滑入样品袋中。

4.7　成功勘查项目案例

以往的勘查项目，即便是那些已经发现了矿体的项目，都很少留下项目过程的充分记载。这是一个遗憾，因为后人可以从这些记录理解勘查学家所作出的关键性决策，不管是由此导致的成功（发现矿床）还是失败（增加勘查成本及效率低下）。以下介绍几个笔者了解到的成功勘查项目的案例。

案例 1　1985 年，Coolgardie Gold N. L. 矿业公司聘请了一位地质专家，请他在西澳大利亚太古宙 Yilgarn 克拉通里的 Coolgardie 地区进行详细的地表露头填图。在一个没有露头的小山谷，该地质专家发现一系列长满杂草的低矮土堆原来是从几个分布规则的老坑里挖出的废石堆，这是很久以前人们寻找砂金矿失败所留下的痕迹。每个坑都已挖到冲积层（1～3m）的基底，并且顺着河道沙砾从基岩到地表已经进行过采样。该专家知道，这种基岩是一种特殊的石英辉长岩，而在该地区其他地方的这种岩石是含金的。通过对废石堆上挖出的基岩进行采样，很快就确立了一个金异常带。随后，利用浅挖掘机进行槽探工程限定。在通过 RC 钻探工程评估之后，该勘查区成为具有商业价值的 Greenfields 公司露天开采金矿山（Keele and Shelton, 1990）。勘查区及矿山的名字用以纪念这个风景宜人的小山谷。发现矿山前春天漫山遍野的野花，如今在露天采坑及废石堆下一去不复返了。

案例 2　1985 年，RGC 勘查项目在澳大利亚新南威尔士州 Burraga 附近发现了 Lucky Draw 金矿化带。矿化产于出露较差的奥陶纪变质沉积岩中的层控富铁质矽卡岩中。最初的金刚石斜孔钻探显示，该岩石具有明显的缓倾角变质结构。基于此，以后的钻孔应布置成直孔。在打了许多孔之后，一个显著的问题是不同的高品位金矿化岩心截距很难对应连接起来。于是，项目安排用挖掘机施工了一系列的探槽横穿靶区，来揭露浅部基岩并更好地弄清构造情况。探槽编录表明，岩石的缓倾结构是叠加于高角度到近直立层理面上的晚期节理。因此，钻探又重新设计成斜孔。不久，一个合理的金矿化模型就形成了。后来 Lucky Draw 成为一个成功的露天金矿山。

案例 3　1995 年，Newcrest 矿业公司在印度尼西亚哈马黑拉岛的新近纪岩浆岛弧中进行金、铜矿勘查。由于近代火山灰和坡积物的覆盖，露头有限。勘查者在沿一条小溪的河床及其附近的山脊两侧，发现了许多低温热液型的石英大砾石，化验结果显示有些砾石中金的含量很高。于是，在这些低硫化作用的低温热液石英脉（亚）露头的上边施工了一系列人工探槽横穿山坡，探槽长度超过 300m，宽度 30m（Carlileet al., 1998）。首先通过槽探限定了地表矿化露头的规模，然后采用大规模的金刚石钻探工程，最后获得了 0.99Mt 的露天开采资源量，其中，金 27g/t，银 38g/t（Oldberg et al., 1999）。它成为具有高收益的 Gosowong 矿山，虽然如今 Gosowong 已经采完，但通过对其周边地区坚持不懈地持续勘查，Newcrest 公司又确立了许多其他类似高品位的金矿，其中的一些（如 Kencana、Toguraci 等矿山）现在已经在开采。

案例 4　1999 年，在缅甸被丛林覆盖的东部偏远山区，加拿大的一家公司 Ivanhoe Limited，追踪区域化探金异常，确立了 Modi Taung 勘查区——一条长 4.5km 的陡倾中温热液石英脉富矿带（Mitchell et al., 2004）。该脉产于中生代泥质岩的裂隙中。由于很难在这种偏远、崎岖地区实施金刚石钻探，并且金含量在该石英脉中的变化非常之大，因此研究决定在附近的山坡施工一系列不同高度的平硐进行勘察。后来完成总长 5km 的地下开拓，对矿脉进行详细的地质编录并从平巷的掌子面和围岩连续刻槽取样。尽管勘查是成功的，并由此确立了一个潜在的可盈利的大型矿山，但是由于一些非技术性的原因，Ivanhoe 公司最终还是被迫放弃。

参考文献

[1] Carlile JC, Davey GR, Kadir I, Langmead RP, Rafferty WJ（1998）Discovery and exploration of the Gosowong epithermal gold deposit, Halmahera Island, Indonesia. J Geochem Explor, 60:207–227.

[2] Keele RA, Shelton MC（1990）Greenfields gold deposit, Coolgardie. In: Hughes FE (ed) Geology of the mineral deposits of Australia and Papua New Guinea. Australasian Institute

of Mining and Metallurgy, Melbourne, 463–466.

[3] Mitchell AHG, Ausa CA, Deiparine L, Hlaing T, Htay N, Khine A（2004）The Modi Taung-Nankwe gold district, slate belt, central Myanmar: Mesothermal veins in a Mesozoic orogen. J Asian Earth Sci, 23:321–341.

[4] Oldberg DJ, Rayner J, Langmead RP, Coote JAR（1999）Geology of the Gosowong epithermal gold deposit, Halmahera, Indonesia. In: Pacrim '99 conference papers, Bali, Indonesia, 179–185.

第5章

钻探：钻探重要性总论

钻探是矿产勘查活动中最重要的勘查手段之一，同时也是最昂贵的技术手段。几乎在任何时候，都是用钻探来圈定经济矿体，并且，在矿产勘查过程中确立勘查区和找矿靶区阶段，也是由钻探来[1]最终验证所有的设想、理论和预测。

在所有勘查项目中，所投入的靶向钻孔的钻探靶向占整个项目预算的比例可以作为衡量该项目效率的标准。用管理学的行话讲，靶向钻探工程量是勘查项目中的关键业绩指标（KPI）。许多管理较好且成功的勘查公司相信，平均一个工期内，至少40%的勘查资金应该用到钻探靶向钻孔上。本书用较大篇幅介绍钻探，也反映出钻探阶段在勘察过程中的极端重要性。

5.1 钻探类型

钻探技术多种多样，本书并不打算介绍其全部，而是把重点放在矿产勘查中运用最广泛的三类基本技术上。钻探技术按照成本由低到高依次为：螺旋钻探、旋转冲击钻探和金刚石钻探（见图5.1、图5.2和表5.1）。这些钻探技术的详细讨论见第6章和第7章。

1 在这里，“靶向钻孔”是指在已确定的、有经济矿产预期的勘查区内布设的钻孔，这不同于一般性勘查主要用来获取地质或地球化学背景知识的钻孔。

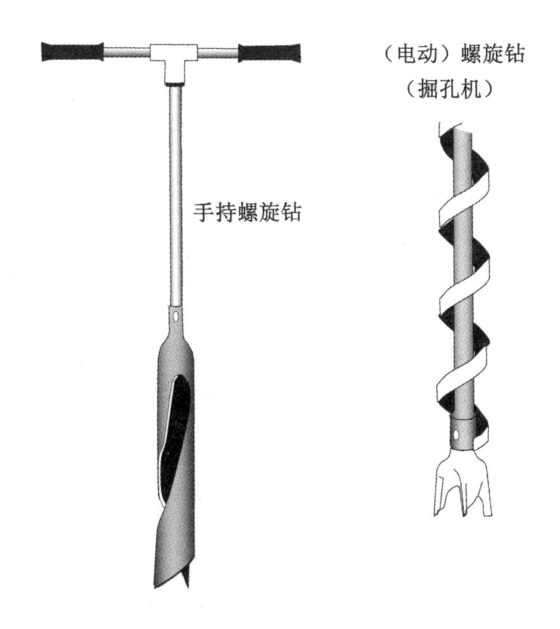

图 5.1　用于次地表地球化学采样的简单钻机设备

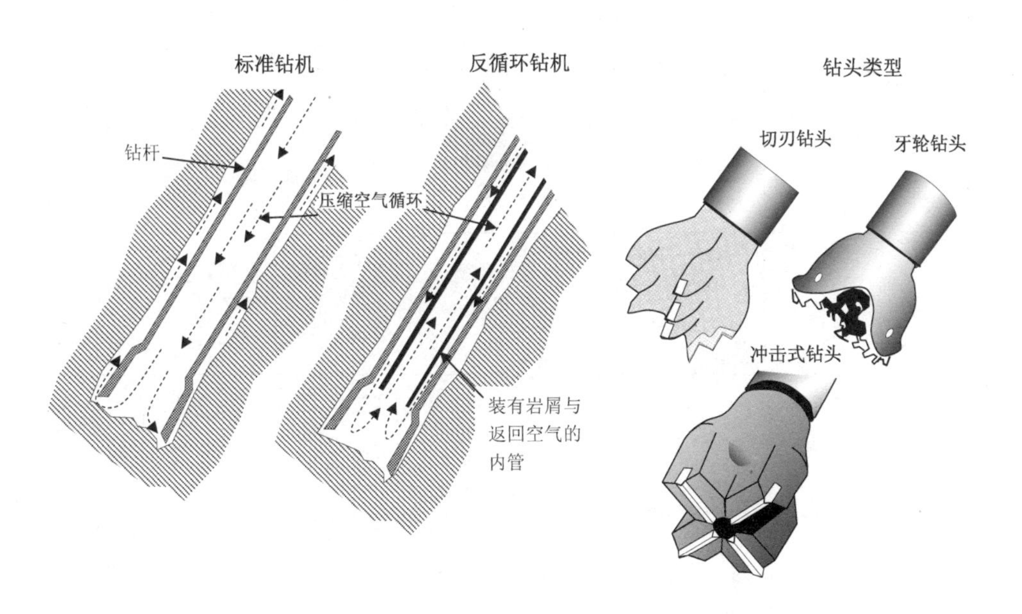

图 5.2　旋转冲击钻机剖面示意

5.2 钻探技术的选择

选择合适的技术或者合适的技术组合，总是要在速度、成本、所获样品质量、样品体积、后勤及环境等多方面做出权衡（见表 5.1）。螺旋式和旋转空气爆破式（RAB）钻机获取地质信息相对较少，但其速度快、成本低，因此主要作为在较浅覆盖层下采集样品的地球化学测量（化探）工具。

表 5.1　勘查钻探方法的比较

钻探类型	用　途	优　点	缺　点
手持螺旋钻	对近地表几米范围内未固结物质的化探采样	便携及操作方便，样品无污染，便宜	穿透性差
电动钻（掘孔机）	对近地表几米范围内未固结物质的化探采样	设备小巧轻便——皮卡车搭载或手持操作，快捷，便宜	穿透性较差（比手持螺旋钻好），样品易污染
旋转空气爆破钻（RAB）	风化壳基底的化探采样，是风化壳采样的理想工具	可获取大体积样品，无须现场准备，快捷，相对便宜，可获得一些岩屑地质信息	对坚硬岩石穿透性差，样品易污染，钻进深度有限，无构造信息
空气岩心钻	对基岩的地球化学采样，确保样品状态良好	岩心段小，污染降低到最小，相对快速及便宜，可穿透厚重的黏土或泥质层	样品量较小
反循环钻（RC）	水平面以上 200m 以内无论硬软岩层的地球化学采样，以及矿体验证	无污染的大体积样品，可获得岩屑地质信息，比金刚石钻探相对快捷、便宜	大型重钻机的进出场可能需要修路，构造信息有限，钻孔定向控制较差
金刚石岩心钻	1000m 以内的矿体圈定及验证，样品质量高，可获得很好的地质及构造信息	地质信息最大化，样品无污染，无扰动，高采取率，钻孔定位/定向控制精确	需要准备钻探机台，需要供水，样品尺寸相对较小，价格昂贵

大型旋转冲击设备能够快速钻探大口径钻孔（100～200mm），可以获取高质量的样品（体积较大），并且价格合理。该种设备威力强大，相比旋转空气爆破（RAB）设备能够钻探更深且能够钻进更加坚硬的岩石。然而，对于一般旋转冲击钻探而言，样品在沿着钻杆从钻头到地表的过程中可能会由于孔壁岩石混入造成污染。这种问题特别在面对低品位不稳定矿化带时显得尤为突出，典型的如金矿区。反循环（RC）钻探设备（见第 6 章）中的采样回收系统是为

了克服这种样品污染问题而设计的。因此，如今 RC 钻探设备被指定应用于绝大多数旋转冲击钻探项目中。

金刚石钻探可以获得最优样品，表现在地质和地球化学两个方面。镀金刚石的钻头可以切割出一个完整的岩石圆柱体（见图 5.3）。在任何深度下，只要能够开采，就可以进行岩石采样。金刚石钻探的岩心可供详细的地质和构造编录，其高回收率可以获取大体积无污染的样品，以供进行地球化学测试，同时还可以定向岩心来测量构造信息（见第 7 章及附录 B）。金刚石钻探也是所有钻探中价格最高的，一般来说，每钻进 1m 的价格相当于 RC 钻探设备钻进 4m 的价格或 RAB 设备钻进 20m 的价格。

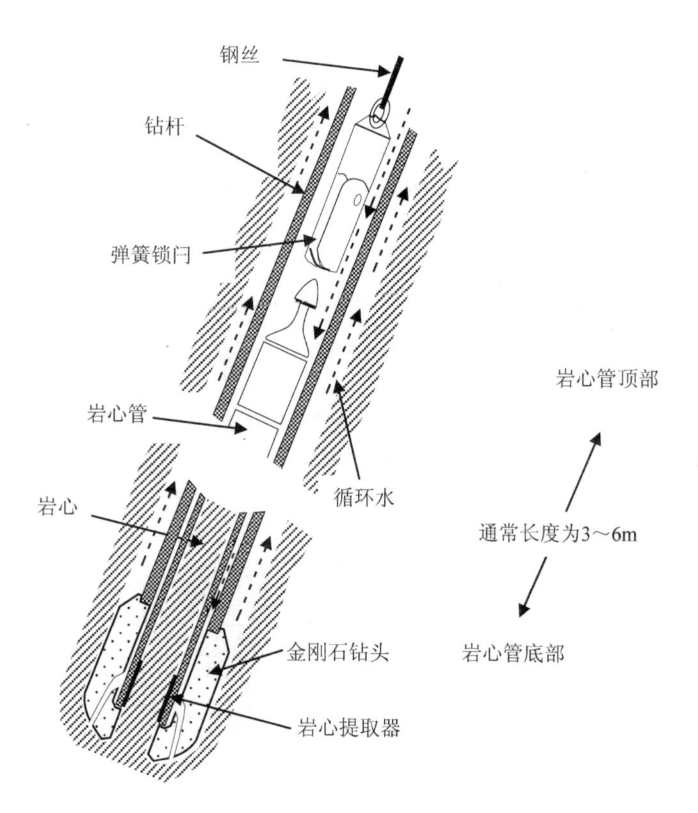

图 5.3　金刚石钻机剖面示意，包括金刚石钻头、钻杆及岩心管

毫无疑问，岩心的直径越大越好。钻孔口径越大，其岩心采取率越高，钻探的偏离度越小。岩心越粗，对其岩相学鉴定及构造识别更加方便，并可以进

行大体积采样，如此化验结果和储量计算也更加准确。然而，金刚石钻探的成本通常跟岩心直径成正比。因此，在钻孔大小上做出妥协通常也是必要的。

在勘查规划的具体要求中，钻探技术的选择占较大篇幅。例如，若一个地区地质情况比较复杂，或者出露较差（覆盖严重），该地区没有明确的靶区（或者可能靶区太多），这时就需要通过金刚石钻探来获得更多的地质信息。因此，从金刚石钻探岩心获得的地质信息可用来帮助筛查地表地球化学异常或帮助确立靶区。另外，如果地表地球化学异常十分清晰却又不太连续，那么要验证它们是否为埋藏较浅的盲矿体，可用大量的RC钻孔甚至RAB钻孔来简单限定就足够了。

在干旱地区，如西澳的Yilgarn省，曾经用RC钻探在地表以下80m风化岩石层中发现并确立许多金矿体。这充分证明，采用RC钻探是一个绝佳的选择，它平衡了成本、较好的地球化学样品质量及从细小岩屑上获得一些地质信息的综合考量。尽管有这些成功，但是RC钻探主要还是作为地球化学采样的工具，并且，单独利用这些化验数据来试图确立矿体是有风险的。RC钻探数据很少能为我们提供成矿过程中充足的地质认识，大多数情况下，需要辅以详细地质填图（露头良好）、槽探，以及/或者有选择地施工一些少量金刚石钻探孔。

不同钻探设备的后勤保障，在选择最优钻探技术中也扮演着重要作用。RC设备（以及更大的RAB设备）一般说来比较庞大，在不修路的情况下，车载式机器很难进入崎岖不平的地方，并且不能爬很陡的坡[2]。金刚石钻探设备相对RC设备来说更容易搬运，可以车载或靠底部滑轮移动，其动力相对要小一些，必要时可拆卸，并且可以用直升机搬运。某些设备甚至设计成可拆卸的，在拆卸之后可以由人工搬运[3]。然而，金刚石钻探需要附近有较大水源地（钻探过程中需要向钻孔内不停注水）。由于其搬运的方便性，使得金刚石钻探在环境敏感地区也同样适用。

空气岩心钻机综合了RC钻机、金刚石钻机和RAB钻机的某些优点。在理

2 尽管链轨式（履带式）RC钻机是可取的。

3 这个最重的单一组件为发动机汽缸，若它的重量小于250kg则可以由4个人用吊索搬运。

想状态下，该种钻机能够获得岩心碎块，可以由此判断孔内的岩性和构造情况，这比 RC 钻机提上来的碎屑更好。通常用它可以穿透黏土层并获得样品，而碰到这种情况传统钻机只能停下。相比所有 RC 钻机钻探的岩屑，空气岩心钻机所钻探岩屑的回收率通常较好，样品污染也较小。然而，这种钻机所获得的岩屑样品量相对大型 RC 钻机来说要小得多，因此对金矿（地球化学层面）来说并不太适用。一般来说，空气岩心钻探的成本介于普通的 RC 钻探和 RAB 钻探之间。空气岩心钻探的某些设备可以车载，并能够搬运至交通不便的地区。

5.3　钻孔布设

矿体本身稀少且难以捉摸，准确定位它们是不容易的。否则，也不用去辛苦找矿了。一个单一的钻孔只能获取很少量的岩石样品，而我们所找寻的矿体本身相对其周围的无矿岩石来说已经很小了。即便是最初的一个钻孔已经打到潜在矿体，如果后续的钻孔位置没布置对，那么依然可能无法发现矿体。因此，在真正确定矿体的形态、产状和品位之前，需要施工一系列的钻孔。为了最高效地发现矿体，勘查学家必须利用一切可以利用的知识。

地质人员布置钻孔是为了验证头脑中所设想的矿体模型的大小、形态和产状。模型越准确，钻孔成功的机会就越大。矿体模型是建立在对勘查区进行大量详细准备工作的基础上的，它涉及文献资料查找、对已知出露的矿化情况的核查、区域及矿区地质填图、地球化学和地球物理方面的研究等。这些方法步骤就是本书前 4 章及第 9 章所介绍的内容。与钻探相比，这些准备性的工作要相对便宜。勘查区里每施工一个钻孔，不管打到矿化交汇区与否（特别是当没打到时），都将增加地质信息以指导修正或者验证预设的成矿模型，并由此影响到后续钻孔的布置。一个勘查区内布设最初的几个定位孔总是很困难的，因为这关系到勘查学家如何看待该阶段的勘查工作，以最大限度地表现其真实价值。

为了以最高效率来确定潜在矿体的大小和形态，钻孔通常应布设在矿化范围的交汇部位，倾角应尽可能接近 90°。如果预期矿化体成板状陡倾斜，那么理想的验证钻孔就应该沿矿化体倾向的反方向布设斜孔。如果矿化体的倾向不确定（这会常常遇到，如在露头较差地区钻探或验证地表地球物理或地球化学异常等），那么至少应该设计两个交汇于异常体之下反方向的钻孔，以确保靶区能够被穿透。平缓型矿化体（如近代砂矿、原生矿化体的表生富集带、席状交代型矿床等），最好用直孔来检验。当然，钻孔布设未必就只有一种考量。钻孔通常布设在能够打到矿化的交汇部位，其深度以能够预期获得好的岩心或回返的切割岩屑为宜。若目标是原生矿化体，那钻孔就要打在预计的氧化带以下。

网脉状或浸染状脉型等矿床，通常沿着矿脉边界整体开采，矿床所包含的无矿或低品位围岩可能对布设钻孔造成特殊问题。矿化带边界限定了矿化体大小和矿石量，而矿化体中的成矿构造却控制了品位的分布，这些成矿构造未必就与整体矿化带的边界平行。对这种矿床来说，钻探最好评估整体品位，但这样可能对确定矿石量不太有效。然而，对于初步勘查钻探而言，最初的几个钻孔，其通常目的是放在考察品位上，而非矿石储量上。

一旦钻孔打到潜在矿化体（通常被称为“踩到矿上”），就应在第一个打到矿体钻孔的外围布设外延钻孔以查明矿化的延伸情况。对陡倾板状矿体最高效的钻探采样方式是，在钻孔剖面上布设交错排列的深浅孔。然而，此时最初的几个钻孔（发现矿化之后的钻孔，简称“后发现孔”）位置的选择取决于对该矿床大小和形态预测的信心，当然，也取决于所寻找目标的最小值。由于矿化体潜在的水平延伸通常比其潜在的垂向延伸更容易摸清，因此，初步的几个“后发现”钻孔绝大多数情况下应沿着发现孔的走向（沿矿体的走向）（规则网格间距为40m或50m），并预计在类似深度上打到矿体。一旦沿着矿化体走向具有重大延伸得到证实，那么在钻孔剖面上就可以布设更深的钻孔。

次生[4]脉型或内生富矿脉型矿床产于原始矿床经过断层活动中断裂流体的集中膨胀带（Cox et al.，2001；Sibson，1996）。因此在膨胀带中高品位矿脉

4 后生矿床的形成晚于其容矿岩石的固结/形成，典型的例子就是脉型矿床。与同生矿床相比，同生矿床在本质上和母岩同时形成，例如，重矿物的砂矿或者所谓的沉积喷流（SEDEX）矿床。

就趋向具有相同的形态和产状。断裂膨胀带[5]的单个矿化体一般拉长成铅笔状，单个被拉长的矿体被称为“富矿柱”（Ore Shoot）。若富矿体的长轴在断层面上侧伏角[6]较缓，那么在地表矿化点或初始见矿孔的下方布设的钻孔就很有可能打在矿体下方而错过它。若富矿体陡倾，那么沿初始见矿孔的走向方向布设的钻孔也很有可能打在富矿体外围。显然，预测这种富矿体的倾斜产状至关重要。我们该如何做呢？答案就在于要弄清楚是什么控制矿脉断裂构造的性质。

膨胀矿化带的形状和产状受断层的应力情况控制。关于断裂的应力/形变关系的详细理论阐述超出了本书范围，但可以从许多经典教科书（如 Ramsey and Huber，1983）及出版的刊物（如 Nelson，2006）中找到。然而，对于勘查地质学家来说，以下简短概述在预测高品位次生富矿体的产状时是十分有用的。

E. M. Anderson（1905, 1951）指出，绝大多数断裂形成于地壳上部几千米范围内，其主应力方向平行或者垂直于地表。这就产生三种基本断层类型，即安德森（Andersonian）断层。它们是正断层、逆掩断层（或逆断层[7]）和走滑断层。正断层是最普通的一种断层，形成于地壳上部几千米，陡倾，但往深部倾向变缓。在正断层中，位移的方向——运动或滑移矢量——沿断层倾向使得断层活动对地壳造成水平拉张。逆断层倾斜较缓，位移矢量沿断层倾向使得断层活动对地壳造成水平挤压或缩短。走滑断层[8]为垂直方向或陡倾，位移矢量沿着断层的走向。断层面上的位移被称为左行（左旋）或者右行（右旋）。图 5.4 为这些断层类型的示意。膨胀带即形成于断层活动中的强烈拉长区，其长轴平行于断层面，并与断层活动方向成高角度相交。

实际中我们怎么知道面对的是哪种类型的断层？为区分正断层、逆断层或走滑断层，需要弄清楚断层的产状、断层的运动矢量方向。运动矢量可以通过断层两侧标志层的位移（通过野外填图或钻孔解译）及观察露头或钻孔中有关运动指示标志来确定。这些是十分重要的解译技巧，对其详细的讨论已超出本

5 并非所有断裂型矿床（矿体）都产于其膨胀带。在某些情况下，其矿体位置受控于围岩的物理或化学条件，或者受控于两个或多个构造的交汇部位。

6 侧伏角的定义见附录 E 图 E.4。

7 在该讨论中，逆断层可以考虑为陡倾的推覆断层。

8 它们通常也叫作撕扯断层、横切断层或转换断层，这取决于其大小和/或构造背景，但“走滑”是一个更好的术语，不涉及成因。

书范围，读者可以参考附录F中推荐的阅读书目。

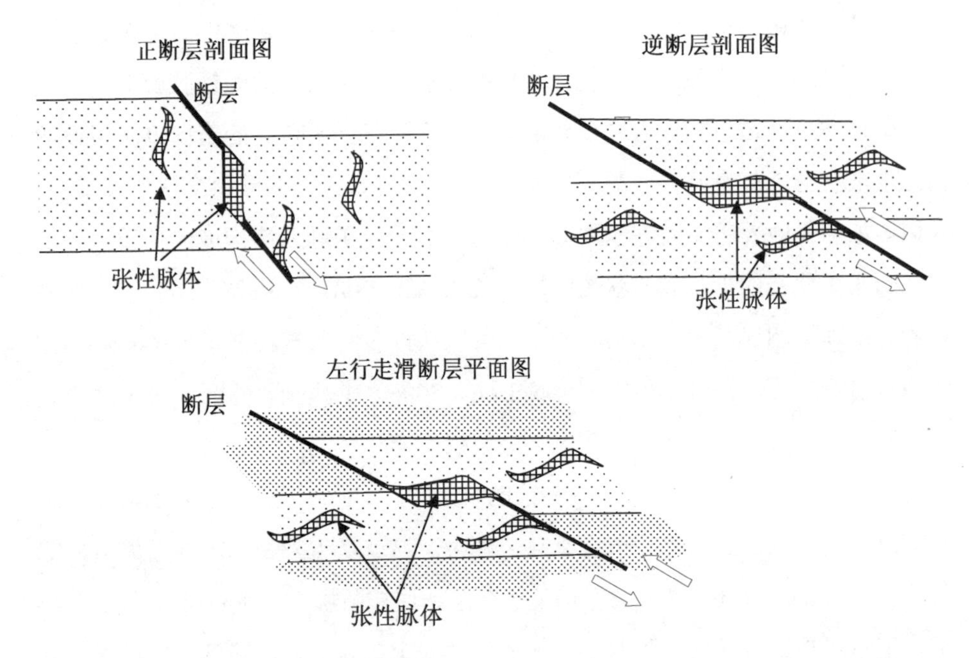

图5.4　主要断层类型断裂中张性空间（作为潜在的后生矿体的位置）的剖面示意。在每张图中，膨胀脉体的主轴方向（长轴方向）与页面垂直。

一旦我们明确或者排除与次生矿化有关的断层类型，我们就可以利用以下主要原则来预测断裂带中或其附近高品位富矿体可能的产状。

（1）在正断层中，膨胀带（富矿体）的长轴趋向于亚水平，而且在断层里面的矿体倾向比断层其余部分更陡峭，或者陡倾切过主断层或在主断层附近（Cox et al.，2001）。断层产状的局部弯曲被称为“张性齿”（McKinstry，1948）。对这种断裂，在最初见矿孔之后，应该沿着见矿孔走向布设新钻孔，以求在相同深度上穿透目标矿体。

（2）对逆掩断层，膨胀带的主延伸方向（长轴）趋向于亚水平，而且在断层里面的部分其倾向比主断层面更缓，或者缓倾切过主断层或在主断层附近（Cox et al.，2001；Sibson et al.，1988）。对这种断层，在见矿孔之后，新钻孔应沿其走向布设，控制相同深度。

（3）对走滑断层，膨胀带长轴趋向于陡倾。对左行走滑位移，单个膨胀带存在于断层地表形迹中的任何左阶弯曲。对右行走滑位移，单个膨胀带存在于断层走向形迹中的任何右阶弯曲（Cox et al.，2001）。在这两种情况下，见矿孔之后，新钻孔应布设在相同剖面上的更深位置。

5.4　钻探剖面

一旦矿化带（潜在矿体）被发现，且大致查明其形态和产状之后，那就需要后续的加密钻孔来详细圈定。每个钻孔提供一个穿透矿化体的一维（线性）样品。勘查地质学家要面对的问题是如何利用这种有限的数据来制造一个三维模型，并区分矿化体和围岩。我们的大脑并不十分善于构想复杂的三维形状及其关系（尽管优秀的采矿工程师和勘查地质学家在这方面比其他大多数人做得更好）。解决该困难的最好方法就是在一系列垂直剖面上集中布置钻孔[9]。因此，每个剖面上就会有相对较密集的数据以方便进一步解译。钻探剖面为横穿矿化体的二维切面，一系列平行的这种剖面可以组合成一个三维模型。以前，剖面解译图通常画在透明纸上，然后组合装进一个框架内，以得到一个整体性视图。如今，矿山软件可以数字化解译剖面并直接生成矿体和岩体的可视三维实体图，并且可以在显示器上以任何角度旋转视图。虽然这些软件能够极优地表达解译结果，但是这其中的关键解译步骤仍然是对二维钻探剖面的人工解译。

当实际的钻孔偏离钻探剖面时，采样和岩性信息可以正交投影到钻探剖面上（与剖面呈直角投影）。这种投影通常可以利用矿山/勘查软件程序来完成。在这些软件程序里可能要指定待投影数据的剖面“窗口”宽度。显然，如果钻孔并不垂直于成矿要素的走向，正交投影后就可能会扭曲真实剖面关系——这就进一步恶化了数据在剖面上的投影，剖面“窗口”会变宽。

9　如果在勘察区内钻孔不是成组布设在剖面上而是沿不同方向钻探，并且分布不规则的话，那么将这些数据点汇总起来组成一个有意义的整体就变得非常困难。

参考文献

[1] Anderson EM（1905）The dynamics of faulting. Trans Edinburgh Geol Soc, 8（3）:387.

[2] Anderson EM（1951）The dynamics of faulting. Oliver Boyd, Edinburgh, 206.

[3] Cox SF, Knackstedt MA, Braun J（2001）Principals of structural control on permeability and fluidflow in hydrothermal systems. Rev Econ Geol, 14:1–24.

[4] McKinstry HE（1948）Mining geology. Prentice-Hall, New York, NY, 680.

[5] Nelson EP（2006）Drill hole design for dilational ore shoot targets in fault fill veins. Econ Geol, 101:1079–1085.

[6] Ramsey J, Huber M（1983）The techniques of modern structural geology. Volume 1: Strain analysis. Academic Press, London, 307.

[7] Sibson RH（1996）Structural permeability of fluid driven fault fracture meshes. J Struct Geol, 18:1031–1042.

[8] Sibson RH, Robert H, Poulsen KH（1988）High-angle reverse faults,fluid pressure cycling and mesothermal gold-quartz deposits. Geology, 16:551–555.

第6章

回旋冲击钻探和螺旋钻探

6.1 回旋冲击钻探

在回旋冲击钻探中，有多种钻头或刀片（见图 5.2）安装在旋转的钻杆根部以切割岩石。冲击或撞击动作结合凿形钻头可用于穿透坚硬岩层。沿钻杆向钻头方向向下泵入高压空气，一方面润滑切割面，同时又将破碎的岩石（切割碎料）反吹到地表。切割碎料由破碎的岩石碎块组成，粒度从粉砂（“岩粉”）到直径 3cm 的岩屑。标准的冲击回旋钻探中，破碎岩屑沿着钻杆和钻孔壁之间的狭小空间到达地面。在矿产勘查项目中，全部岩屑到达地表后，被收集在一个被称为“气旋分离器”的大容器中。

小型回旋冲击钻探按照自身的标准采取率将岩屑回收地表，这种钻机被称为“旋转空气爆破钻探”（RAB 钻探）。市面上已出现一些非常轻便的电动冲击钻探，能够手持，并且能在十分偏远或交通不便的地方使用。

反循环（RC）钻探是回旋冲击钻探的一种，它将切割面处的破碎岩屑装入钻杆内独立的管道中运至地表（该系统被称为“双管反循环钻探”）。

6.1.1 反循环（RC）钻探

在双管反循环（RC）钻探中，压缩空气沿着内管外壁和钻杆内壁之间的环形空间向下传送至钻头，然后夹裹着切割岩屑沿内管返回地面。切割屑在钻头后面穿过一个被称为“转换接头”的特殊开口（图 5.2 中未显示）进入内管。由于这种技术在常规的“开放式”回旋冲击钻探（包括 RAB 钻探）中掉转空气行进方向，故称之为“反循环（RC）钻探”。反循环（RC）钻探流程避免了样品在上升过程中有钻孔侧壁的碎块物质混入而造成的污染，因此能够间接提供井下精确的原位样品。显然，这具有极高价值，特别是在金矿勘查区的钻探——少量的污染就可能造成巨大错误的结果。

在给定进尺内要尽可能多地收集岩屑样品，这十分重要。为此，钻工要做到以下三个方面。第一，孔口要密封防止泄漏，以确保空气携裹样品沿钻杆回返至钻杆内管顶部进入接收器。第二，钻工要在每个回次（通常 1～2m）之后，继续施加高压空气，待钻杆内管的全部岩屑清空之后，进入下一个回次，该步骤被称为“回吹”。第三，在钻机头部，全部切割岩屑进入一个大体积容器（气旋分离器）中，该容器要能够沉降绝大部分细小颗粒，否则这些样品颗粒就会被排放的空气吹走（见图 6.1）。

6.1.1.1 地质编录

一个钻探项目中的钻孔即便已经提前设计好，但是当把每个钻孔信息加入到地质解译中，这样做下来就可能需要依次调整钻孔设计深度，以及后续的钻探位置。为了高效地使用一台 RC 钻探设备，地质学家必须要在现场决策孔深和随后的孔位，而这只有在钻探的过程中实时进行地质编录和解译才可能做到。然而，对钻孔进行简单的编录通常是不够的，为充分理解其地质结果，应将钻孔信息投影到剖面图上，并在野外做出初步解译。RC 钻探与大多数 RAB 钻探不同，前者速度相对较慢，通常会有足够多的时间供地质人员进行编录和投影，并解析其结果。为方便起见，在钻探之前就应画好钻孔剖面图。该剖面在显示所实施钻孔外，还要包含其他所有与该剖面有关的地质、地球化学和地球物理信息，还要包括以往钻孔的结果。该步骤与下一章要讲的金刚石钻探岩心的编录十分类似。与金刚石钻探相比，尽管留给 RC 钻孔的编录时间相对较短，但是由于 RC 钻探是对切割岩屑进行编录，其信息量有限，因此 RC 钻探地质观察记录相对简单，不像金刚石钻探编录那么详细。

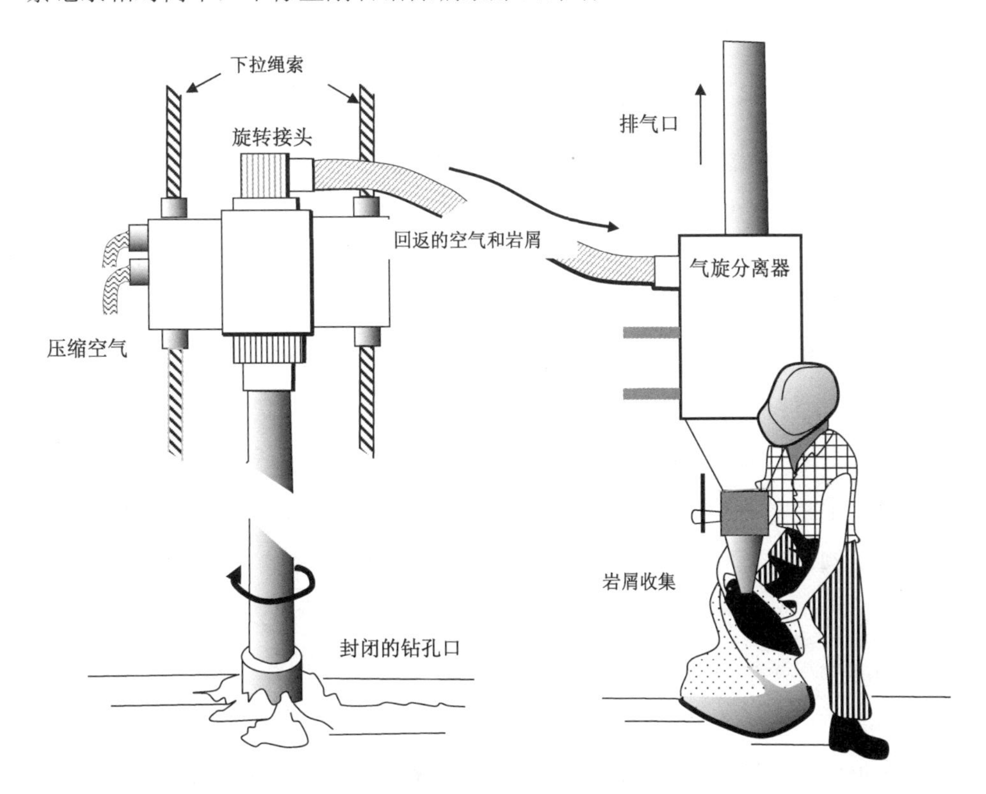

图 6.1 从反循环（RC）钻机中收集切割岩屑

观察记录和分析解译是交互进行的，它们二者相互依赖。对钻探岩屑编录的鉴别特征取决于演化的地质模型。对这些岩屑的观察记录，要特别留意那些能够连接相邻钻孔或钻孔和地表之间的地质特征。只有高度意识到那些细节特征的重要性，才能够从钻探岩屑中发现那些更加细微的特性和变化。

RC 钻探回收上来的破碎岩屑，其粒径从粉砂到数厘米的棱角状碎屑物都有。通过这些可以确立一个从上往下简单的钻孔岩性剖面。常用的方法是地质人员从每个回次（1～2m）的岩屑中取出一小撮，用一桶水和一个粗目的筛子

（孔径 2mm）清洗，分离出较大的颗粒[1]。之后，对这些洗净的岩屑进行鉴定、编录，填入编录表格，作为对这个回次的描述。这看起来简单，但在实际操作中，一些小岩石碎片是很难辨认的。此外，筛子上回收的较大岩石碎块可能只代表了该回次进尺的一部分，通常是该回次中较硬的岩层部分。

在岩石鉴定中使用放大镜是必要的。但为了充分识别，对细粒岩石样品可能需要使用反射双筒显微镜，其放大倍数至少要达到 50 倍。在野外车内配置一个简单的双筒显微镜对编录来说是非常有帮助的，因此强烈推荐地质学家配备。

由于编录是对切割岩屑按回次进行一米一米的描述，因此，只要有行、列的编录表格就可以记录数据，这种被称为分析型电子编录表格，其详细介绍见 7.8.3 节。"行"表示进尺截距，"列"表示所有对该项目有重要影响的特殊属性。最好能记录下岩屑的观察特征（如矿物组成、粒度、颜色、结构、构造等），而不是只简单地记录一个岩石名称，这种归纳性的描述（如变质玄武岩、斑岩、杂砂岩等）可以另起一列记录下来。

详细的岩石描述只局限于对钻孔中获得的较大碎块。由于这些碎块只代表钻探剖面中较坚硬的部分，因此需要有单独一列来记录淘洗后碎料和细小粉粒的估算比例，这是很重要的。因此，在淘洗一个回次后的粗料中有 50%的石英脉碎块，而全部回收的切割碎料中有 50%的细小粉粒，那么，实际上石英脉在这个回次进尺中只占 25%。

编录所用电子表格可以很方便地用标准软件程序（如 Excel）来制作。观察记录可以在钻探现场直接输入笔记本电脑或掌上电脑[2]。每个描述种类的全部可能观察内容可以事先按照一定的条形码打印到标准数据簿上。通过条形码阅读器输入数据既快又方便。每天结束，或者项目结束时，可以将编录数据从野外笔记本电脑下载到台式机上储存起来，然后再选择一款商业勘查数据软件来进行数据处理，并对其剖面投影。然而，需要强调的是，尽管通过这种电子化方式可以轻松记录数据，但仍需要地质人员在钻探的过程中用人工将该钻孔的地质信息投影到剖面图上，如前所述。

1 这应该由地质人员来做，而不是野外技工来做，因为淘洗样品的同时也可以估算出钻探切割岩屑中细小粉粒的百分比。

2 需要给掌上电脑套上十分实用的防水和防尘罩。

在钻探的过程中，RC 钻孔的方位和倾角都可能会出现较大的偏移。因此，对定位矿体的钻孔，当钻探深度超过 50m 时需要对其进行测斜，测斜方法见 7.9 节。

6.1.1.2　切割碎屑的陈列和储存

将筛洗过的钻探岩屑放入隔槽式塑料盒永久保存，以方便以后的检验工作（见图 6.2）。

除此之外，一个常用的好办法是在孔口旁边铺一张塑料席（或大样品袋），将整个钻孔淘洗后的碎块样品铺展其上（见图 6.3）。整个孔的岩性序列就可以一览无余，并能很容易地看出孔内的变化情况。在钻探项目中，按照这种方法陈列碎料样品，对比矿化交汇部位和建立相邻钻孔的相互关系就变得更加容易。

对地质环境具有代表性的特殊钻孔，淘洗的碎屑可以按照相应标签粘贴在一个合适的岩屑板上（见图 6.4）。用这种方法，可以很方便地将其带到现场，并作为随后编录的参照。岩屑板对钻探成果的交流也具有重要作用，可以帮助训练新来的地质人员，在项目中具有统一的地质描述。

图 6.2　将淘洗的钻探岩屑放入隔槽式碎料盒中永久保存

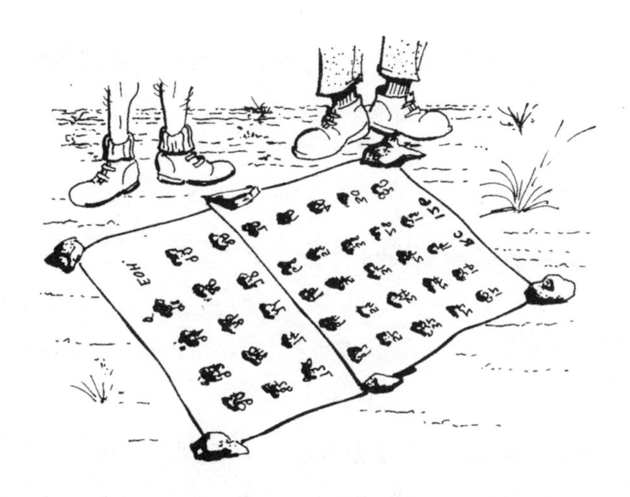

图 6.3　淘洗碎屑在野外临时展开铺好。在孔口附近将每个回次进尺的样品碎屑铺在塑料席（或样品袋）上。这有助于识别钻孔从上往下的变化情况，并在钻探项目过程中快速和方便地比较相邻钻孔的情况。

图 6.4　对淘洗岩屑的永久性展示。将典型钻孔或剖面的碎屑粘贴到一个适当的标签板上。该板可以作为以后编录的参照，以确保不同地质人员具有统一的地质描述，也可用于工作报告、交流。

6.1.1.3　采样

将每个回次的全部样品岩屑，利用气旋分离器收集到一个聚乙烯（或聚丙烯）材质的大袋子中（见图 6.1）。尽量小心谨慎，但通常不可能一点样品都不损失——比如细小粉尘或泥浆。

相反，在某些情况下，由于钻孔可能在地下局部崩落过多而导致一些回次采取的样品量大于预期。这种情况确实影响了该进尺段化验结果的有效性，然而这对预查钻探来说并没有太大影响。但显然，这种情况对任何矿化带的钻探来说都是一个严重的问题。在详细钻探中，当怀疑出现样品损失（或增加）时，应对每米进尺的总碎屑进行例行称重，并记录到编录表格中。对具有损失或显著增加的回次样品，其化验结果应格外注意。

每米进尺的岩屑重量通常为 25～30kg。野外应对岩屑进行有代表性的分离，以便采样化验。岩屑采样通常有两种方法（Barnes，1987），此外还需要采样核查，具体如下。

（1）管式采样法。将袋子转动、搅拌，使其中的岩屑经过充分混合。然后从袋中采集样品：用一根长约 80cm、内径约 6cm 的塑料管，一端切成锐角。将袋子向一侧倾斜，然后纵向插入塑料管并用力转动（注意不要将袋子戳穿）。如此，沿平行袋子长轴方向收集 3 管样品，再沿袋子对角线方向收集两管样品。然后将这五管样品合并为一个样品，送样化验。在采集一个完整的组合样品后，用抹布将管子内外彻底清理干净。

（2）分离器采样法。分离器，如图 6.5 所示，可以最高效地分离样品，但其流程比上述管式采样法更费时费工一些。同时，在收集每个样品之后有效地清理多级分离器也是一件很枯燥的工作，特别是当样品比较潮湿的时候。最高效的方法是用高压气枪来清理每次采样之后的分离器（如果可以从钻机上获得的话）。对矿化带的精确采样，特别是对可能存在颗粒金效应的金矿区，必须使用分离器采样[3]。

3 某些钻探公司提供多级分样器，与气旋分离器直接相连，可以分出样品的 1/8 供化验，剩余的 7/8 为保留切割碎料。这种分离器内置振动器和压缩空气软管，清洁时快速、简单。该装置可方便地进行快速采样，但需要即时检查清洁过程的有效性。

（3）采样核查：为有效地对采样和化验误差/错误进行定量分析，建议使用例行的重复样和标准样。送化验室的每 20 个样品中，至少要有 1 个重复样和 1 个标准样（其金属含量是已知的，品位在一定的规定范围内）。这种针对不同元素具有多种化验范围的标准样品，在市场上可以购买到。

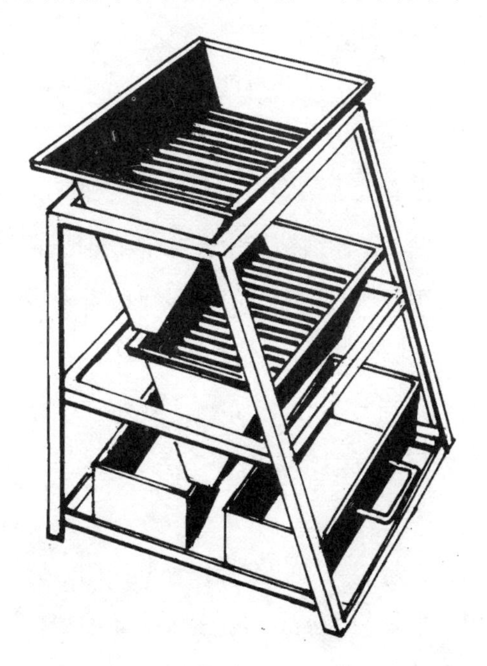

图 6.5　二级样品分离器。这种模型可以将大体积 RC 钻探切割样品按照 3∶1 分离出来。小份的送去化验，大份的装袋留存以便以后的检查化验。

6.1.1.4　地下水位以下的采样

RC 钻探的钻杆可以在地下水位以下收集样品，但是水位不能太高。当然，也无法避免地对样品有一定的污染，因此，在这种情况下，当涉及详细钻探计算储量时不应使用 RC 钻探。

对地下水位以下的钻探，需要使用大型设备配以更高的空压系统，并且需要密封且使用“正面采样钻头”[4]。由于采取的样品是湿的，所以通常无法立即

4 利用“正面采样钻头”时，切割碎料通过钻孔正面的孔洞进入内管。利用普通钻头时（如图 5.2 所示），切割碎料通过钻头后边的开口（叫作“转换短接口”）进入内管。

分离送样化验。建议将样品收集在一个大的棉质袋或聚丙烯编织袋中（尺寸如 80cm×50cm），敞口放置。待干燥三四天后，绝大部分水分通过编织袋蒸发掉，然后就可以利用管式采样法进行采样。在存在较多水分的情况下，可能就需要将回收的泥浆样品装入较大的塑料桶中（可以用 1001 型垃圾桶）放置。可以通过添加絮凝剂来加速细颗粒的沉淀。毫无疑问，这一步骤是十分枯燥的，但是，为了能够采集到样品，在这种情况下，除非用金刚石钻探来代替，所以是否采用 RC 钻探有时候需要全面考虑。

为评估地下水位以下的矿化情况，一个可取的方法是利用金刚石钻探，比如在 RC 钻孔的底部改用金刚石钻探继续钻进。

6.1.1.5　钻孔封口和做好标记

钻探项目结束时，需要将所有钻孔进行密封并做好永久性标记。特别是对大口径 RC 钻孔来说，密封格外重要。密封的目的是避免杂物和碎石滚入孔中（因为以后可能还会回来继续钻探），并避免动物陷入而受伤。设立显眼的永久性标记可以方便以后找到和识别，这种标记即便是许多年后也应该依然醒目。RC 钻孔的封孔及标记方法与金刚石钻孔相同（详细介绍见 7.12 节和图 7.25）。

6.1.2　空气岩心钻探

空气岩心钻探是一种特殊的 RC 钻探方法，它是用一个较小的环形钻头来切割出完整的岩心，多用于相对较软或易破碎的岩石。将钻头切割出的短的岩心段收集起来，并与破碎岩屑一起进入钻杆，按照标准 RC 钻探方式回收。该系统通常能够穿透柔软的黏土层并获得岩心，而普通钻头刃可能会受阻于这种黏土层。

6.1.3 回旋空气爆破（RAB）钻探

6.1.3.1 钻探技术

RAB 钻探是一种轻便的回旋冲击钻，能够用卡车运载。RAB 钻探向钻杆中心往下泵入压缩空气将切割岩屑运至地表回收。岩屑到达地表从钻杆溢出，通常用带有凹槽的托盘收集，当然也可以和一般的 RC 设备一样用气旋分离器来收集样品。该设备作为一款地球化学采样工具，可用于对风化岩层快速浅孔钻探（深度可达 60m）。

为获得高质量的地球化学样品，同时尽可能减小对环境的影响，推荐采用以下基本规程：

- 钻探人员应确保所用空气压力刚好能够将岩屑运上来又不至于将其吹到空气中；
- 所用空气需要加湿，以降低粉尘；
- 钻探人员应该在每个样品采集完成后立即清理钻杆中的岩屑，可对每段钻杆用反吹的方法清理；
- 所有钻孔需要在结束时进行封孔，将塑料密封套插入钻孔，然后盖上泥土，夯实，市面上可以买到这种装置[5]。

6.1.3.2 地质编录

从 RAB 钻探切割岩屑中可以获取一定量的地质信息，因此需要例行对其编录。由于钻探速度有时会发生变化（当钻进浅孔且钻孔间距较小时，一天超过 1000m 也并不少见），通常也无法编录得很详细。但是，记录下每个钻孔的风化剖面情况也很重要，可以帮助理解其地球化学意义；同时，对基岩的岩相

5 当然，你可以按照你自己的方式来：可用塑料花盆作为模具，做成一个楔形的水泥。一小截浇水软管或黑色聚类管插入未固结的水泥中作为把手。在勘查项目中无法避免的“平静”时期（没事可干时），如钻杆坏了或雨季来临时，技术助理人员制作这种塞子是一件既有趣又有用的工作。

学鉴定有助于建立地下地质图。因此，至少应该例行记录下每个孔的风化壳垂直剖面和孔底基岩的岩性情况。

对其他类型的钻探，地质人员的编录应尽量跟上钻探进度，尽管可能有时在钻探过程中没有足够的时间来将编录结果投影到平面图或剖面图上，但在钻进过程中及时注意并查明地质情况依然是十分重要的。在某些情况下，在切割岩屑中发现特殊的地质信息，可能会导致钻探项目计划变更或催生一些新的想法。

RAB 钻探观察记录与 RC 钻探编录类似。编录表格制作成“行”表示进尺米数，“列”代表各种需要记录的性质属性。当描绘垂直剖面穿过风化层时，应着重记录切割碎料的颜色、粒度和结构构造。使用 Munsell®土壤—岩石颜色对照表[6]来科学地表述颜色用语，避免使用主观词汇，诸如“巧克力棕色”、“砖红色”、“卡其色”等（毕竟，巧克力、砖块、卡其涵盖较大颜色区间）。

切割岩屑的许多属性可以利用简写系统，或者代码和字母来记录。岩屑的定名（若可以做出的话）应单独一列表示。

编录表格的行和列为空白表格，可以用标准电子空白表格软件自动生成。编录可以在钻探所在地直接输入具有适当防护的笔记本电脑或掌上电脑。数据可利用键盘输入或条形码阅读器输入（见 6.1.1 节）。当将这些数据下载到较大 PC 存储器后，就可以从众多勘查数据软件中挑选一种来对这些数据进行处理和投影了。

孔底的清洗样品应储存在塑料切割碎料盒中（见图 6.2）。如同在 RC 钻探那节所介绍的，在钻孔附近将孔中代表性切割料铺展在塑料席上，或将其粘在切割碎料展示板上（见图 6.4），可以极大地方便建立不同孔之间的相应关系。若需要的话，可以随后从储存样品处对切割岩屑进行更详细的编录。

6.1.3.3　采样

过去，通常的采样方法是在贯穿基岩的同时抓取碎屑样品。该方法的弊端

6 Munsell®土壤和岩石图表是一款可重复使用的、商业的、客观的科学颜色描述系统，根据三种属性——明暗度（明亮/黑暗）、色彩（颜色）和色品度（强度）来表示。该图表涵盖一般的土壤和岩石颜色系列，在实际应用中可以根据样品的颜色在图表中找出与之相匹配的颜色。

是，从孔底收集的样品可能成矿元素含量很低（真正含矿的漏掉了）。但是，对每个进尺都采样往往昂贵得无法承受。因此，对强风化地区的金矿预查钻探采样，推荐对整个孔进行组合采样。组合采样法充分利用了现代化验方法具有很低金检测限的优点，来检测可能存在于风化剖面不同部位上的金和相关指示元素的加强富集。

组合样可以通过捡块采样或管式采样来进行。

在捡块采样中，将每个回次（通常每个回次钻进深度为 2m）的切割岩屑依次堆放在地表，然后用一把小泥铲对每个切割屑堆进行采样。将数个回次岩屑堆的样品合并组成一个组合样。该方法的主要优点是采样迅速且相对便宜，切割碎料可以直接堆放在地上而不必使用样品袋。捡块采样的主要缺点是，这些岩屑堆要快速地合并和散开，如果碰到下雨，往往很难或无法对该孔进行后续更详细的采样工作。另外，用该方法采样很容易把地表物质混入样品，易造成对钻孔样品的污染。当然，钻孔的切割屑也容易造成对地表样品的污染。考虑到环境因素，一般要确保地表物质不被钻孔样品污染。

另外一种采样方法是把每个回次的切割碎料都装入袋中，然后用管式采样法（6.1.1 节有详细介绍）进行采样。采集 RAB 钻探切割碎料的组合样品时，将样品管沿对角线方向插入每个切割岩屑袋中，以确保组合样具有最大体积，比如按这个方法从 5 个切割碎屑袋（每个袋子代表一个回次）中采集的组合样的重量为 4～5kg。用这种方式采集组合样，只需要在每个组合样之后清理采样管。管式采样十分迅速，一个训练有素的野外技术人员可以很轻松地跟上 RAB 钻探进度进行采样。

由于组合样的目的是检测风化层岩石中元素的轻微富集情况，因此必须对组合样的化验元素指定较低的检测限［例如，金应在 ppb（十亿分之一）量级］。组合样中检测到的任何异常，不管有多低，都应该立即进行分离核查采样，即从储存的切割岩屑塑料袋或地上切割岩屑堆中对应的每个回次段（2m）进行重新采样。

当利用 RAB 钻探来验证已知的矿化或已经明确的异常时，通常钻探穿过矿化带的每个回次进尺（2m）都应该装袋，进行单独采样化验。

为有效地对采样和化验过程中错误/误差进行定量评价，应该例行进行重复样和标准样控制。实际中，送往化验室的每批次 20 个样品中应至少包含 1 个重复样和 1 个标准样。

6.2　螺旋钻探

这种钻探系统利用旋转钻杆根部搭载的简单切刃钻头来切割和破碎岩石。随着钻探的进行，可在钻杆顶端不断添加额外的钻杆。破碎岩石的收集可以采用两种方式。一种被称为短管螺旋钻，其原理是将切割碎屑收集到钻头后边的一个小桶中，当装满时就把它提上来倒空。手持式螺旋钻就是一种小型的短管螺旋钻。另外一种被称为麻花螺旋钻，其原理是通过横贯钻索的螺旋起子将破碎岩石运至地表（见图 5.1）。

动力型螺旋钻探是一种简单的汽油引擎驱动的麻花螺旋钻探，其根部为切刃钻头，整体用小的拖车或卡车运载。由阿基米德（Archimedean）螺旋式起子沿着钻杆将样品提升至地面。一些小型动力螺旋钻也可以手持。矿产勘查所用到的机器很多，从简单的桩穴挖掘机到矿产勘查的专用钻机，它们能够在风化或松散岩层中钻进几米到几十米。

麻花螺旋钻探过程中收集的岩土碎屑物可直接溢出地表，或装入放置于孔口的环形样品收集盒（内有凹槽放置样品）。切割碎屑可能被孔壁的物质所污染，而且也很难弄清楚所观察到的特定地质现象或所获得的地球化学样品的精确程度。每个回次之后让机器空转几分钟以清理钻杆然后再开始下一回次，这样获得的样品比较纯一点，但是依然可能存在一些污染。当提升钻杆时，钻头及最低螺旋叶片附近的孔底样品就可以收集起来。孔底的切割岩屑相对来说是没有污染的，因此可以作为地球化学样品进行化验。

螺旋钻探是一种快捷、价格便宜、可从浅覆盖区或地表可能被污染的情况下（如矿山尾矿库的下风区）收集地化样品的有效手段，但它不能穿透坚硬固结岩层。手持式螺旋钻探适用于在偏远地区查明水系沉积物地球化学异常的源头，特别对崎岖不平地带或偏远地区山脊和山坡的地球化学采样非常有效。

手持式螺旋钻方便可携带，能够采集顶层数米的未固结地表物质。手持螺旋钻探将样品收集在较低叶片上的小桶，然后直接将其提升至地表（见图 5.1），因此样品是无污染的，可作为潜在的有效地球化学样品。手持式螺旋钻探只适用于柔软、固结较差的物质，一旦遇到任何岩石碎块或较多黏土时就要立即停止。

手持式螺旋钻探广泛用于地球化学采样，对于采集浅覆盖层之下的 C 层土壤样品，特别是采集崎岖山地、交通不便或雨林地区的土壤样品非常有效。如果 C 层土壤太深，手持螺旋钻探无法够到，那么，力所能及，至少可以采集地表腐殖质层之下的风化基岩。手持螺旋钻探也广泛用于重砂矿物勘查中的预查阶段。

参考文献

[1] Barnes JFH（1987）Practical methods of drill hole sampling. Bulletin/Australian Institute of Geoscientists, 7: Meaningful sampling in gold exploration. Papers presented at Seminar, No.5, Perth, Sydney, 26 October 1987.

第7章

金刚石钻探

7.1 引言

金刚石钻探的原理是，将一个镀有金刚石的环形切割工具（称为钻头）接在空心钻杆旋转套索的根部，随着钻头的钻进将岩石切割成一固态圆柱体（岩心）进入钻杆（见图5.3）。钻头用水润滑（有时候用特殊的水/泥浆混合体），沿着钻杆往下向切割面泵入水/泥浆，水/泥浆沿着钻杆和孔壁之间的缝隙返回地表，之后收集在一个池子里，使其中悬浮的细小颗粒能够沉降下来，然后可以循环用于钻头润滑。

标准的岩心直径[1]为27～85mm。钻头根部连接钻杆外管，在钻进过程中，岩心进入钻杆外管里面的内管（岩心管）。在提取岩心过程中，为了避免切割的岩心脱落，可利用一楔形的套管（称为岩心卡取器）接在岩心管的底部。通常岩心管能装6m长的岩心，能装岩心的长度取决于钻机的型号。当岩心管装满时，暂停钻进，利用一种被称为套管打捞器的特殊装置，一端接上钢丝索，放入钻孔内管。打捞器将岩心管的顶部锁住，钢丝索的拉力可以使岩心卡取器

1 通常使用的绳索式钻探标准岩心直径为：AQ，27mm；BQ，36.5mm；NQ，47.6mm；HQ，63.5mm；PQ，85 mm。

变紧并将钻探根部的岩心抓入岩心管，同时将岩心折断。于是，岩心就随着岩心管，一起被钻杆内管的绳索拉上地表[2]。到达地表后，将岩心从岩心管中取出并放入岩心盒/箱。最好使用对开式岩心管，这种岩心管可以纵向分裂成两半，方便取出岩心，这对较软或破碎严重的岩心特别适合。清空之后，岩心管可放回钻孔，并自动锁在钻头后方，之后可继续钻进。

如在第 1 章所述，对一个勘查区的金刚石钻探通常包括两个阶段，两个阶段所获取的地质信息是不同的。第一阶段包括初步勘查钻探——确立靶区和靶区钻探勘查阶段（见 1.5.1 节和 1.5.2 节）。在该阶段，钻探的首要目的是弄清楚勘查区的基本地质情况并对矿化的潜力进行评价，这是普查钻探中最重要的环节。该阶段的地质编录通常也是比较困难的，会碰到许多不熟悉的岩石，也很难从观察到的大量岩心信息特征中确定哪些重要，并且也很难在不同钻孔中找出对应关系。但是这些是弄清矿化情况的关键所在，如果没弄清楚成矿机理就有可能会漏掉矿体。因此，对任何普查项目中，钻探的最初几个钻孔，应尽可能多地获取地质信息，地质信息的观察、记录越详细越好。作为一个一般性规定，当编录矿化岩心时，地质人员每小时对岩心的平均编录不应超过 5m，并随时做好反复对每段岩心核查、推敲的准备。

第二阶段的钻探在确定具有存在矿体的巨大潜力之后进行，称为资源量圈定和估算钻探，其主要目的是确立矿床的经济指标（如品位、矿石量）和工程参数。若一个项目到达这一阶段（通常大多数项目是达不到的），那么主要的地质问题应该已经解决了，地质人员也就跨过了“学习曲线”上最陡的部分。在资源量估算钻探中，通常岩心的测量费用会有所增加，此时要求快速、准确地收集和记录大量的标准化数据。

---

2 这里所说的系统被称为绳索式钻探，是由美国长年公司（US Longyear Company）1958 年发明的，到 20 世纪 60 年代后期使用非常普遍。在绳索式钻探发明之前，每个钻探回次后，整个一串钻杆都要被拉出来，以取出岩心。

7.2　一些术语定义

非垂直孔（通常称为“斜孔”）的方位角是指钻探的水平投影方向，通常用罗盘的指向方位表示（见图 7.1）。

钻孔的倾角是指钻孔与水平面之间的夹角，需要在垂直剖面上测量。如果钻孔是从水平面往下打，倾角为负数；反之，如果钻孔是从水平面往上打，则倾角为正数。由于地表钻孔的孔口几乎总是角度向下，所以负号通常被省略了[3]。但是，当进行坑道钻探时，就要加上正负号的前缀，这是很重要的，因为坑道钻孔的角度可上可下、灵活多变。

钻孔剖面图是反映施工钻孔的垂直剖面，尽管（勘探线上）所有的孔都设计在同一垂直剖面上，但实际钻探过程中有些钻孔可能会偏离该垂直剖面。

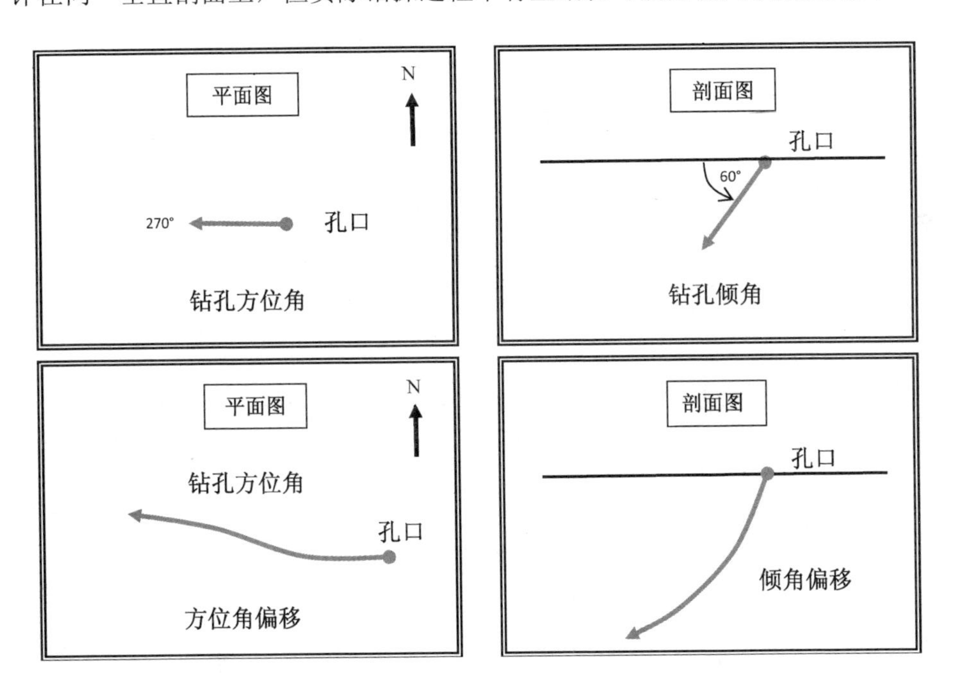

图 7.1　钻孔方向定位的术语定义

3 当然，将钻孔测量数据输入电脑程序的过程中可以加上正负号。

钻孔偏离是指在钻探过程中钻孔偏离最初的方位和倾角的程度（见 7.9.1 节）。钻探人员利用许多技术来控制钻孔的偏离方向和偏离程度。有关该过程的详细讨论——称为钻孔偏差控制——可以参考标准钻探手册，例如，Cumming and Wicklund（1985）、Hartley（1994）、澳大利亚钻探工业手册（1997）等。

岩心轴（CA），有时候称为岩心长轴（LCA），是横穿圆柱状岩心中心的假想轴线。钻孔定位是指在孔内一定位置点处进行孔下测量来确定岩心轴的准确方位和倾角。这种测量可以查明钻孔偏离初始方位和倾角的程度，一般超过 50m 深的钻孔都应进行这种测量。有关偏离和孔下测量的更多信息见 7.9.1 节。

孔下测量只能够部分定位从钻孔中采取的岩心。在确定岩心轴的产状之后，从钻孔取出的岩心可能会发生一些不可测的旋转。因此，对一小段岩心进行完全定位，需要弄清楚所采取岩心上某点的原始产状。为此，在地下的岩心未折断拉升至地表以前，需要通过某种方式在岩心上记录一个相对岩心轴已知点的位置，这种测量称为岩心定位测量。如果测量成功，就可获得定位的岩心。这种岩心定位测量方法、处理定位岩心的特定步骤及定位岩心中构造的测量在附录 B 中有详细介绍。

7.3 钻探开始前的准备工作

在对一勘查区进行任何第一阶段钻探之前，需要进行以下步骤。

（1）在钻探开始之前对钻孔周边的地表露头进行地质填图，比例尺越大、越详细越好（1∶1000 或者更大）。在理想情况下，钻孔岩心编录和地表填图的比例尺要能够对应起来，但是由于在地表获得的地质信息的密度相对较低，这就意味着地表地质图的比例尺通常会小一点。

（2）沿设计钻孔画一张地质剖面图。若地表地形起伏较大，那要想在剖面图上应显示出来，其高程精度[4]至少为 1m。如果已有的地形数据精度不够，那

4 该位置的地表三维特征应与钻探岩心的位置特征具有相当的精度。即便此处没有地表露头，该剖面的地形轮廓通常也能够反映出地下地质情况的影响，可以为解译钻探剖面提供更多的有用线索。

需要为该剖面线进行专门的地形测量。

（3）将设计钻孔的迹线（包括该剖面上的已有钻孔迹线），与该剖面有关的全部的已知地表地质信息、地球物理和地球化学数据，全部标注到剖面图上。如果需要，可以将这些数据沿走向投影，这样全部数据就都落到该剖面上了。

（4）从剖面图上预测出钻孔中出现重要地质信息的预期部位。

（5）这些预测，应作为该钻孔的设计目的声明记录下来。这种做法可以迫使项目地质师不断思考一些重要的问题："我为什么要打这个孔？""我的预期是什么？"除此之外，这种钻孔设计声明能够使地质人员在实际钻孔结果出来以后保持其诚实、公正。

7.4　金刚石钻探钻孔的布设

在布设金刚石钻探钻孔时，建议最重要的是要将钻机布置在指定位置，并调整好精确的方位角和倾角。建议按照以下步骤来确保钻孔布设的成功完成。

- 在孔口的大概位置布一个桩或插上彩旗。
- 用推土机（需要的话）平整机台，并挖一个泥浆池（供泥浆循环使用）。机台场地应整出一个平坦的、边长至少15～20m的四方形平台。
- 若早先布的孔口桩标已经毁坏，那就用一个新桩来重新标示孔口。此时1m范围内钻孔的具体位置并不十分重要，重要的是在钻孔打完之后，要按照指定的精度测量出钻孔的准确位置。
- 在该桩上标注孔号及设计的方位角、倾角。
- 在设计孔两侧沿其方位20～50m范围内布设前视桩和后视桩。钻探人员将按照这些桩标来摆放钻机，确保他们明白哪边是前视桩、哪边是后视桩。
- 在钻机摆放好后、在开钻之前，分别用罗盘和测斜器核查其方位角和倾角。

7.5 地质观察记录

在理想情况下，观察岩心应在明亮的自然光下进行。太阳光线太强时，编录可以在遮阴布下进行。如果在室外编录时天气太冷或太潮湿，可以考虑在室内编录，最好找一个有大的、向阳窗户的房间，若没有这种条件，可以在头顶安装强光灯来代替。编录时将岩心箱（盒）放在适当高度的架子上，从钻孔中提取岩心时要把上边的全部油污、泥土清洗干净。岩心上的特征有些打湿了观察更方便，而有些干的时候观察比较方便。在水管上接上可拆卸的喷头可以很方便地打湿岩心，若没有自来水管，可以用喷壶或水桶配刷子来打湿岩心。在编录过程中，手头要备有足够的吸水抹布用来擦手，因为手经常要反复拿起、放下又湿又脏的岩心，同时还要将数据填入编录表格或通过键盘输入电脑。

做好岩心编录的准备工作之后，观察岩心通常所碰到的第一个问题就是，观察到的细节信息太多，很难将其中的主要特征和接触界限勾画出来。换句话说，就是很难区分树木和森林。为此，一个好办法是在钻探的过程中对整个孔的岩心做一个最初的整体性概要编录。这种对岩心的整体“扫描”可以即时弄清楚一些根本性问题，比如是否存在矿化，若有，应立即标注位置以便采样化验[5]。同时，概要编录应分出其中的主要界限和主要构造，以为后续的详细编录做好准备。

大多数地质学家都喜欢将详细的岩性、构造、矿化、蚀变等信息分开来编录（这样更容易一些），而不是同时进行所有这些不同特征的观察记录。如果将编录过程流程化，例如，测量岩心采取率、每米岩心段的标注及复原岩心定位标记的工作由经验丰富的野外技工来完成，那么地质人员的工作就会更加容易一些。

在钻探过程中，不时要做出重要决策，例如，加深或终止钻孔、布置下一

5 如 W. C. Peters 在他 1987 年的著作《勘查及矿山地质学》中所说，“此刻的编录应尽可能快速，只为其主要目标。此时的主要目标是发现或勾勒矿体，而不是编录岩心本身。”

个钻孔位置等。因此，岩心编录应越详细越好，并随时将编录投到钻孔剖面上，并作为评估钻探进度的重要日常依据。如果时间允许的话，编录应尽可能详细。在某些时候，比如有新的思路、要弄清两个孔之间的对应关系时，需要对岩心翻来覆去编录很多次。毫无疑问，在钻孔之外仍然有许多矿体等着我们去发现[6]。

7.6　岩心中构造的识别和解译

7.6.1　问题的提出

对较大的构造，将岩心盒扫一遍就可以观察到，但对那些比较细小的构造，就必须把岩心从岩心盒中取出，对着光线倾斜旋转才能识别。在观察构造时，要把岩心放在手里进行大致的定向，之后才能把该构造的产状做一个定性判断。

地质学家对那些出露到（相对）较平的表面——诸如露头、地质图、剖面图或构造地质学教科书上的示意图——上的岩石构造很熟悉，但是相同的构造出现在钻探岩心的圆柱体表面却往往很难识别。钻探岩心的另外一个根本性问题是尺度，当面对只有数厘米跨度的岩心时，是很难看出大构造来的，即便构造只有一两米，也是很难看出来的。

7.6.2　面状构造

面状构造的轨迹（如层理面、解理、节理或矿脉）在钻探岩心的圆柱状表面上会呈现出椭圆形轮廓，这被称为交汇椭圆。任何椭圆都可以用相互垂直的长轴和短轴来表达。在岩心表面将交汇椭圆的长轴端点，即椭圆拐点（最大曲率点）标示出来。如果是一组紧密排列的平行面，比如规则层理或穿透性解理被交切，那可以沿着岩心长度方向将每个面的拐点连接成一条线，该直线被称为该组平面的回曲线。交汇椭圆长轴和岩心轴的精确夹角被称为 α 角（见图 7.2）。与岩心的交汇面越倾斜，交汇椭圆就越扁，而且更容易确定岩心表面椭圆长轴端点（椭圆拐点）。这里有两个例外情况。第一种情况，

6 Roy Woodall，西方矿业公司（Western Mining Corporation）前勘探部主管说道，“我们对 Kambalda Area（West Australian Ni/Au Camp）的钻探岩心进行了三次重新编录，每重新编录一次，我们就发现一个新矿体。”

当岩心与构造面成直角（α=90°）相交时，构造面与岩心的切面为圆形，无法确定方向轴。第二种情况，当岩心与构造面平行时（α=0°），二者的交切面顺着岩心长度方向延伸，理论上无限延伸，但实际上只延伸到这种特定的几何学关系发生变化为止。在第二种情况下，交汇椭圆的长轴为无限长，岩心表面不存在拐点。以上三种情况（正常情况和两种例外情况）的示意如图 7.3 所示。

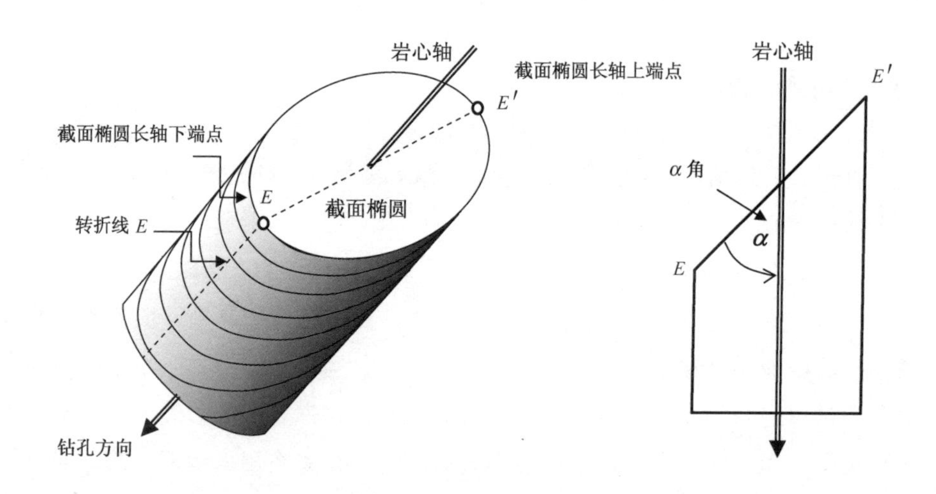

图 7.2　面状构造与钻探岩心交汇面的几何形态

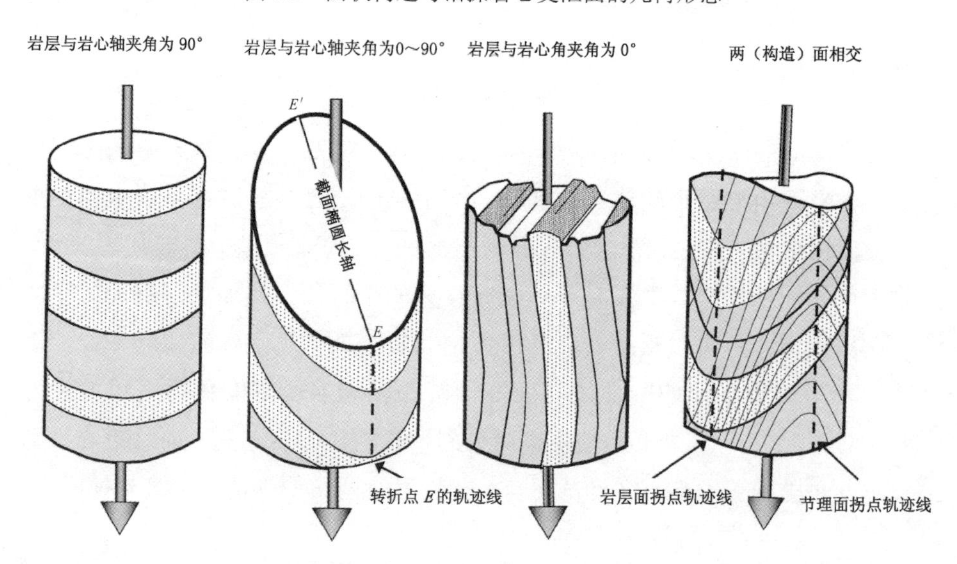

图 7.3　岩心中面状构造的形态

7.6.3 断层

小型断层（微型断层）通常在岩心中出露较好。在图 7.4（a）中，断层高角度切割早期构造，断层两侧的位移可以很清楚地观察到。在编录中通常要忽略这种次级断层，因为这种构造及位移量是微不足道的。当然，频繁出现的次级断层又会反映出其附近可能存在主要断层。由于从钻探岩心中很少能够直接确定主断层的位移矢量，因此，与构造有关的所有数据都可能有用，应做好充分记录。

大的脆性断层［见图 7.4（b）］在岩心中一般以破碎（岩石、黏土）带出现，通常伴有较大岩心缺失。一般不把它们视为主断层，除非里面有较大矿化脉。大的破碎断裂带往往含有大量水体，可能显示深部异常体的表生矿化蚀变效应。从岩心一般无法直接测量大型脆性断层的产状，但断层两侧的位移通常可以根据观察相关次级构造的位移来推断出来（如前述）。另外一种推测断层位移量的方法是对照两个相邻钻孔的迹线，找出断层线两侧同一岩性序列的错断位移量。

小型韧性断层在岩心中通常表现为非常明显扁平状的强蚀变和高形变带［见图 7.4（c）］。脆性断裂带通常具有一定的内部结构，可用来确定断裂的位移运动量[7]。然而，脆性断裂带可以非常宽，有时延伸几千米长，断裂带的边界呈渐变过渡。只根据一个钻孔（且不管该钻孔的岩心有多大）来识别这种形变带的准确特征是很困难的。利用小型韧性断层中的内部结构是确定断层运动方向的最常用的方法。在图 7.4 的例子中，不对称线理揭示出断层的上部块体向右移动。然而，只有岩心在准确定位的情况下，以上描述才有绝对意义。Hanmer and Passchier（1991）对断层运动指示标志有详细讨论。

7　但这只是在岩心定向的情况下。

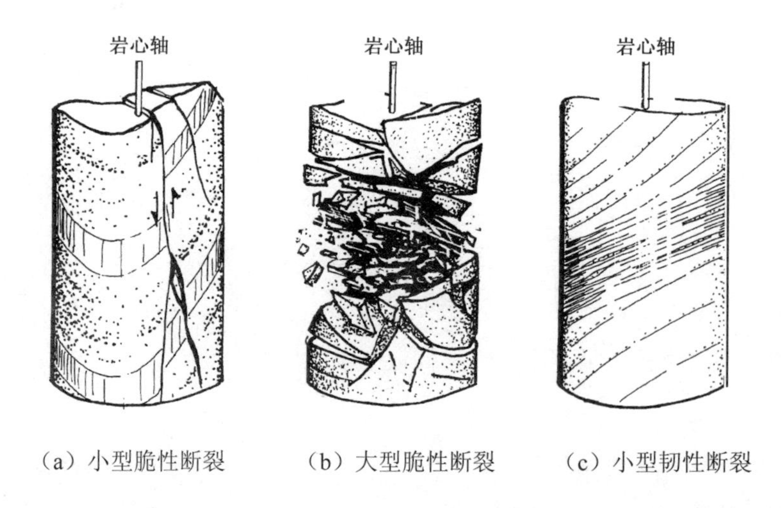

（a）小型脆性断裂　（b）大型脆性断裂　（c）小型韧性断裂

图 7.4　岩心中断层构造的形态。图（a）为小型脆性断层；图（b）为大型脆性断层，表现为破碎的非定向岩心，其产状一般无法直接测量；图（c）为小型韧性断层。通过这些典型构造，我们能够从其产状获得有用的地质信息，若运气好碰到岩心定向排列的话，我们还可以发现断层中的位移。

7.6.4　线状构造

根据岩石的结构构造，岩心中线状构造具有不同的表现形式。一般有四种情况（Cloos, 1946）。

（1）线状构造可以是两个面的交线，例如，层理面和解理面的交线，如图 7.5（b）所示。如果岩心中岩石沿其中一个面裂开，那另外一个面就会在该破裂面上表现出线性迹线。然而，一般情况下，交汇线无法在岩心中直接观察到，只能通过观察两个面的迹线推断出来。可以通过分别测量两个面的产状来确定其交汇线的产状，即把两个面作为两个大圆弧投影到立体投影网（吴氏网）中，连接两个大圆弧的交点成一条直线，该直线的产状即为两面交线的产状。

（2）岩石受拉张变形后椭球体的拉长轴如图 7.5（a）所示。这种构造可以包括变形的碎屑、孤立的石香肠或变质矿物集合体。它们为不连续的线性构造。尽管这些线性体具有恒定的产状，但它们在岩心上会有不同的交切面，这是由于它们的长轴方向与柱状岩心表面的交线方向不一致。高角度相交时是圆形或扁椭圆形，而低角度相交时则表现为拉长形。

（3）贯穿岩心中拉长矿物的定向排列即为贯穿性矿物线理［见图 7.5（c）、图 7.5（d）］。这种线理与柱状岩心的交线方向一直在变，这是由于矿物线理和岩心表面的角度一直在变化。存在这种构造时，沿岩心长度方向其表面会呈现出明显不同的颜色、结构或矿物光泽的条带——代表了岩心表面与线理交角的变化范围。那些与岩心面具有最短交线的线理表示线理穿过岩心轴并与岩心面的交角最大。这种交线在岩心面上往往较粗糙，光泽较暗，表现为暗色条带。相反，与岩心面交角较小的线理通常在岩心面上表现为较光滑的亮色条带。当贯穿性线理不发育，或者矿物颗粒细小或不太明显时，通常可以在亮光下将视线与岩心表面缓缓倾斜，如此往复地观察（见图 7.6）。当移动岩心时，长轴与岩心面平行的矿物颗粒的晶面通常会出现反射光的闪光，这样就可以确定其大体的方向[8]。

（4）圆柱状褶皱是一种特殊类型的非贯穿性线性构造。考虑到褶皱的重要性，其在岩心中的表现形式将在另一节讨论。

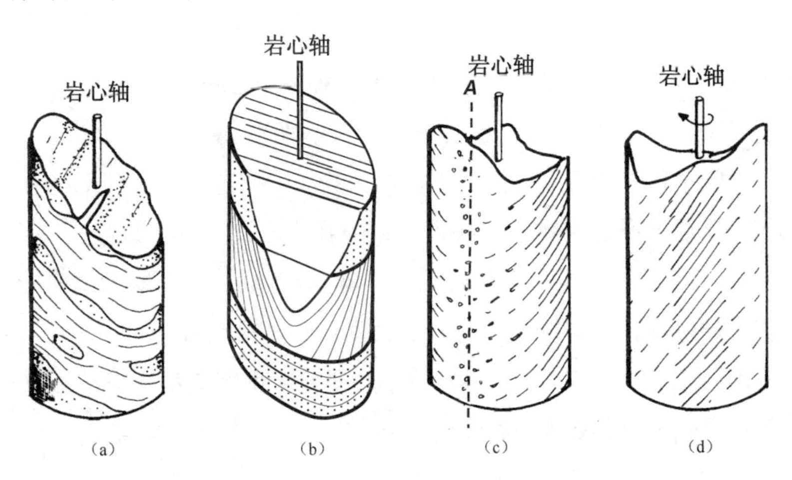

图 7.5　岩心上线状构造的类型。（a）为构造的压扁—伸展作用形成顺层的杆状（窗棂）构造体；（b）为层理面和解理面的交线，显露在切割岩石层理的破裂面上；（c）和（d）为小的、具有贯穿性的变质矿物线理，注意在岩心沿其长轴转动时线理的不同表现形式。

8 相同的方法也可以用于鉴定任何手标本中的难鉴定矿物。

图 7.6　在岩心中寻找细小颗粒的贯穿性矿物线理。对着强直射光将岩心慢慢倾斜时，与岩心面平行的拉长矿物的晶面通常会有一下的闪光，如此就可以确定其大体的定位方向（可参见 Laing 于 1991 年著作的《矿产勘查与开采的构造地质学》，未出版）。

7.6.5　褶皱

褶皱面上曲率最大点的连线（回曲线）即褶皱轴（Huddlestone, 1972）。当钻孔与褶皱相交时，岩心面上会出现褶皱的两个拐点：褶皱轴进出岩心的交点。如上所述，褶皱的每个侧翼也由两个拐点——与岩心面交汇椭圆的长轴端点——来限定。通过所有这些拐点，褶皱在岩心面上的形迹显得非常复杂，因此在识别褶皱轴的位置和方向时应小心谨慎。

最简单的情况，褶皱轴方向与岩心轴垂直时，褶皱两翼的回曲线（或存在的任何轴面节理）将全部重合，并与岩心轴垂直（见图 7.7）。从岩心面的正面观察，可以看到褶皱的真实剖面形态。

更一般的情况，当褶皱轴与岩心轴不正交时，褶皱两翼的回曲线和轴面节理不再重合，在岩心面上出现复杂的非对称褶皱形状（见图 7.8）。为了将褶皱两翼的拐点和褶皱轴区分开来，需要慢慢旋转岩心细致找寻褶曲的层面。虽然在岩心上看不到褶皱的真实剖面，但沿着褶皱轴观察，采用前缩透视法，仍然可以获得真实剖面形态的一些信息。

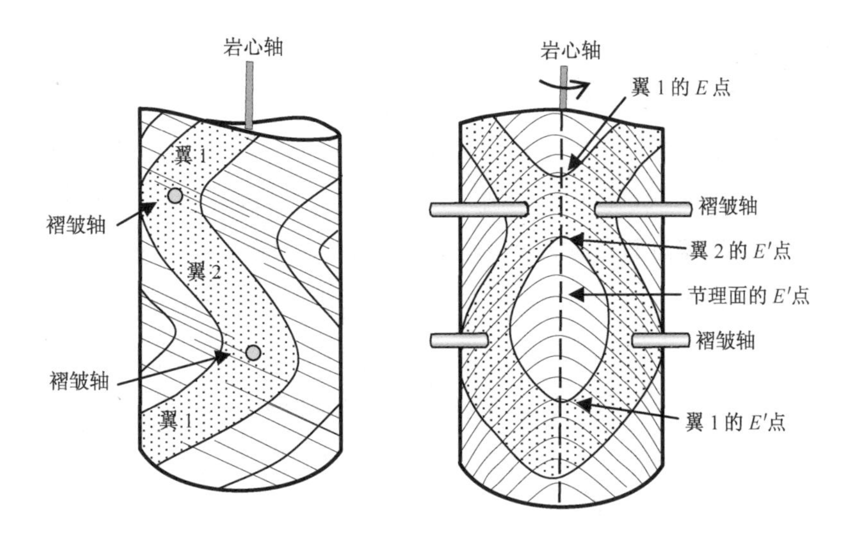

图 7.7　褶皱轴与岩心轴垂直时的褶皱形态。图中，一个层理序列表示了一个小型褶皱对，一组强穿透性褶皱面节理平分褶皱两翼，褶皱两翼的回曲线和轴面劈理重合，并沿褶皱轴呈对称形态。

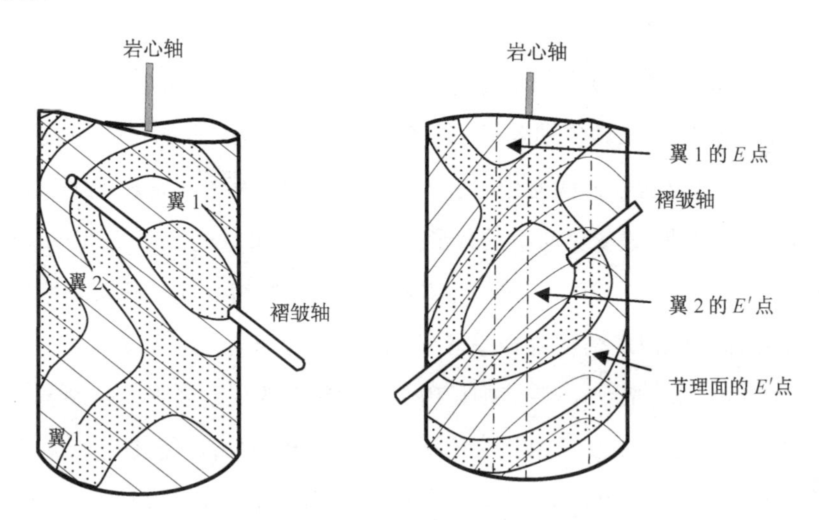

图 7.8　褶皱轴与岩心轴不垂直时的褶皱形态。假设通过与图 7.7 中同样的褶皱对时，钻孔与褶皱轴斜交，岩心面上出现的复杂的层理形态。褶皱两翼的回曲线与轴面劈理不再重合，并与褶皱轴为非对称形态。

7.6.6 尺度问题

在一小段岩心里，通常很容易发现小的或紧密排列的构造，但对那些比岩心直径大得多的构造就很难去识别。例如，岩心中可能有一组极发育的轴面劈理，但这可能掩盖与劈理成高角度相交的褶皱面（见图 7.9）。在露头上，解决这个问题的方法是往回走，跳出先前视觉中心，将视野扩大至更大的露头范围。在岩心中，这样做并不容易，但只要地质人员意识到这个问题，就可以尝试找到解决问题的方法。一种方法是观察岩心中变形较弱的部分中的构造，检查其向变形较强的部分过渡过程中特征变化情况。另一种方法是，如同在露头上那样，距离岩心远一点，看是否存在较大的构造。有时候只有对整个钻孔进行详细的编录，将其投影到钻孔剖面上，并与相邻钻孔进行比较，才能发现构造。当怀疑存在褶皱构造时，对岩心进行详细的核查通常可以发现细小的间接证据，而在之前的编录中这些可能被漏掉。

小型构造常常可以揭示与之相关的大型构造的类型和产状。这种相互关系（在“次级构造”中有过介绍）即是地质学家熟知的“庞式定律（Pumpelly's Rule），该定律由美国地质调查局（USGS）的地质学家 Raphael Pumpelly[9]首先阐明。这种关系目前被公认为是许多非线性系统中的基本特征，比如“尺度效应的自组织相似性”，或更简单的分形关系（由“分形维度”而来；Blenkinsop，1994；Mandelbrot，1983）。不管叫什么名字，这种相互关系确实能够提供非常有用的线索来解决从钻孔岩心或露头上的小构造识别大构造的问题。

作为一个一般性准则，该准则运用于一切类型的观察之中，识别岩石中细微特征的最好方法就是要意识到这种特征存在于该岩石的可能性，然后主动去找寻它。19 世纪著名的法国科学家路易・巴斯德（Louis Pasteur）在 1854 年如此说：“当进行观察时，机遇偏向于有准备的头脑。”具有好的视力并不等于就有好的观察力。

9 在他之后，用他的名字命名了一种矿物——绿纤石（Pumpellyite）。

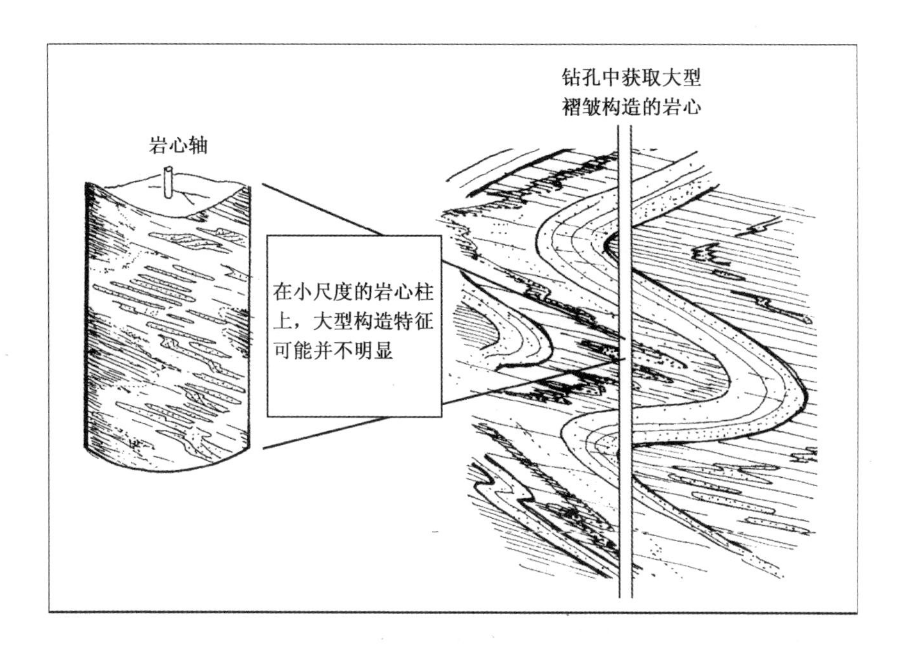

图 7.9 由于钻探岩心本身的尺度局限，识别大构造是很困难的。图中显示了在一小块岩心上，沿褶皱枢纽发育的强劈理替换了早先的层理面。只有仔细观察较长跨度岩心中的渐进变化才能判断出褶皱的真实构造情况。

7.6.7 构造趋异性

构造趋异性是指大型褶皱轴中对称性的小型构造的系统性变化[10]。在露头或钻孔岩心中识别并记录构造的非对称性能够帮助推测更大一级构造的大致位置和几何形态。可以从如下构造中获得构造趋异性信息：褶皱组（S 形或左行；Z 形或右行）或层理与节理间的角度关系（同样也有右行或左行）。请注意，习惯上，术语右行和左行是指从上往下看构造的角度关系。若从下往上看，其不对称性的感觉就完全相反。例如，一个左行（S 形）的褶皱，若从下方观察，就会变成为右行（Z 形）。这就是说，构造趋异性关系只有在定向的岩心上观察才有效。

岩心定向之后，很容易观察岩心上构造的趋异性关系，可以为确定较大一级褶皱的类型、位置和几何形态提供有用信息。即便岩心没有定向，某些趋异

10 构造地质学中有关利用构造趋异性的详细讨论和解释，读者可以参考任何一本好的构造地质学教材成文献，比如 Wilson（1961）或 Hobbs et al.（1976）。

性关系的变化仍然可以说明主褶皱轴被切穿过。例如，节理面（轴面劈理）与层理高角度相交，表明是在褶皱枢纽部位；节理与层理角度较小，说明是在褶皱翼的部位。然而，如果岩心被定向，则这些趋异性观察还可以用来判定这个被切过的褶皱是背形还是向形，并为褶皱本身的几何形态提供数据(见图 7.10)。

一旦确定构造趋异性，就可以将其记录在编录表格或钻孔剖面上，用一个向量（箭头）向上或向下指向邻近的较大背形构造。在钻孔轨迹上，若箭头指向相向而行，表明此处为背形轴部。若箭头指向相背而行，表明此处为向形轴部[11]。

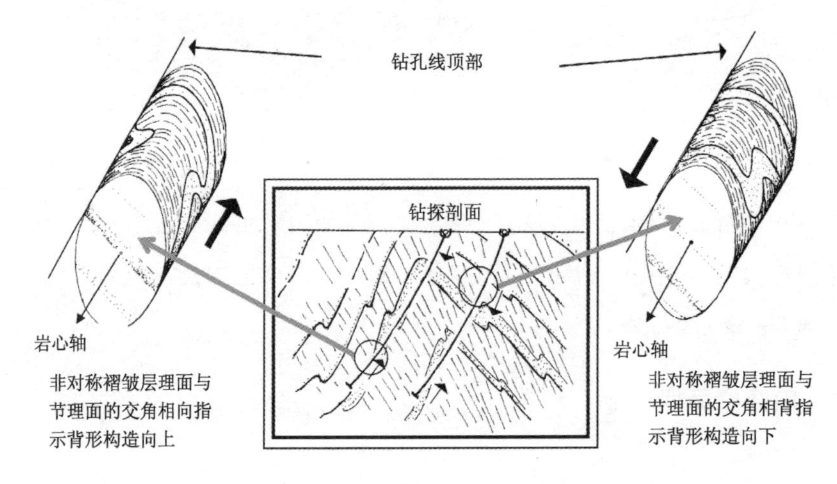

图 7.10　利用定向钻探岩心中层理与节理间的角度关系（构造趋异性）确定较大的、具有勘查规模的背形或向形褶皱。在剖面的钻孔轨迹旁标注一个小箭头，箭头方向指向邻近背形构造；反向箭头表明钻孔中褶皱轴已被切穿。

7.7　岩心中构造的测量和记录

钻孔的定向性测量记录了钻探过程中钻孔与初始方位和倾角的偏离情况（见 7.2 节）。然而，通过钻孔定向测量从钻孔中采取的固体岩心棒（有时候并

---

11 背斜是指所有向上闭合（向下敞开）的褶皱形态，向斜是指向下闭合（向上敞开）的褶皱形态。背斜和向斜，只有在初始地层顺序已知的情况下严格地表述褶皱沉积序列时下才能使用。因此，背斜中从两侧到中心层位变老；向斜中从中心到两侧层位变老。

不十分坚固）并非完全定向。尽管岩心轴的方位和倾角是已知的，但还有另外一个变动的参数，就是岩心可以随着岩心长轴发生旋转。当然，这并不影响对岩心的岩相学编录（岩心上任意点的钻孔深度是可以测量的），也不影响测量岩层的真实厚度（见图 7.14），但却无法直接确定构造的原始产状。但是我们可以做到对岩心完全定向。

很多时候，岩石具有的穿透性面状构造——如层理面或节理面——可以通过地表填图获知其产状方向。此时，如果该面状构造可以在岩心中鉴别出来，并假设它们的产状保持不变，就可以用地表信息来定向岩心。节理面比层理面更好，因为节理面的产状一般比层理面更加稳定（Annels and Hellewell, 1988）。将岩心按照这种方式定向之后，就可以直接测量所存在的其他构造了。如何来做，附录 B 中有详细介绍。

一个常见的情况是，当钻孔垂直面状构造的走向时，其倾向要么未知，要么随着钻孔深度而变化，也许是由于褶皱的原因。该情形通常发现于钻探验证地表地球化学或地球物理异常时。此时能够测量的是α角——该构造面与岩心长轴的夹角。由于在这种情况下，其走向是已知的或可以估计的，于是该平面在钻探剖面上投影就只有两种可能性，即两条与钻孔迹线成α角的对称线（见图 7.11）。很多时候，通过简单的考察反映测量面产状的两条可能的几何线，就可以判断其中的一条是不太可能的，可以把它删掉。

一般情况下，岩心中构造面的走向是无法假设的，此时构造面与岩心轴的夹角（α）是指该平面绕岩心轴旋转所得圆锥顶角的一半。如图 7.12 所示，构造面沿岩心轴旋转所产生的不同的可能产状。此时，绝对测量该构造面的产状是不可能的，但仍然可以将圆锥边界线投在钻探剖面上，来限定该平面真实产状的范围。

一个特殊情况，岩心中平面与岩心轴精确垂直。此时，旋转岩心轴，对层理来说并无明显变化。因此可以将平面直接投影到钻探剖面上，用一条与钻孔迹线垂直的短线表示（见图 7.13）。但是，要注意，此时岩心仍然是非定向的，因为其他面状或线状构造（可能与岩心轴不正交）的产状仍然是不能测量的。

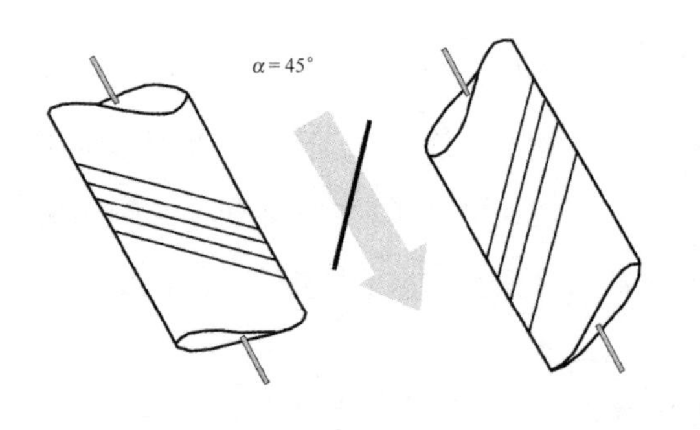

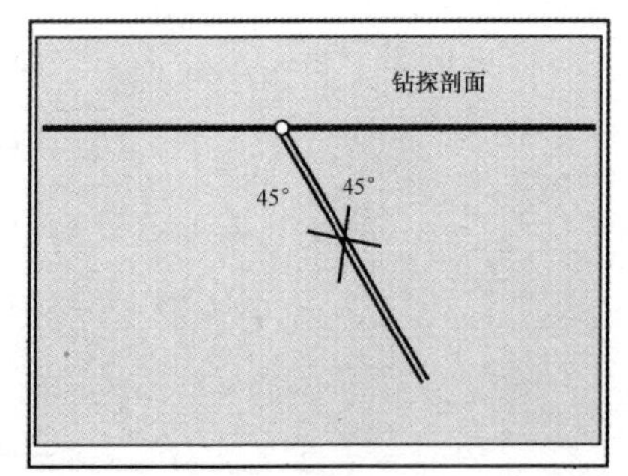

图 7.11　如何将非定向岩心的（层理）面状产状投到剖面上，已知层理的走向，但倾向未知（假设钻孔方位与岩层走向垂直）。对两条可能的投影线，其中的一条是不大可能的，通常会被删除。

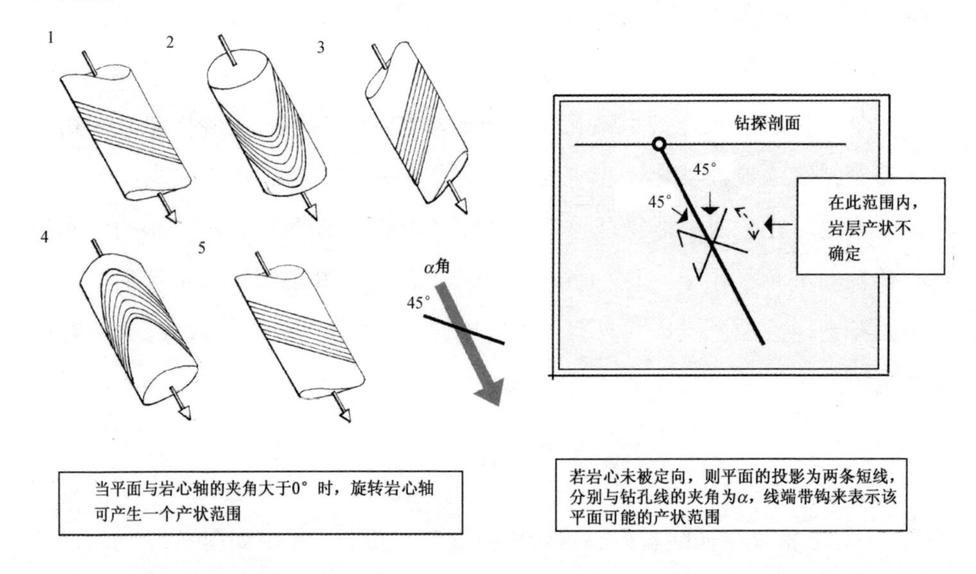

图 7.12　当走向和倾向都不清楚时，构造面产状的投影方法。在剖面钻孔迹线上，用标记 α 角的两条线来表示该平面可能的产状范围。

一般情况下，岩心中构造的产状并不确定，因此只有在利用岩心定向装置将岩心定向之后才能准确测量其中的构造产状。有关岩心定向的操作和测量的特定流程在附录 B 中有详细介绍。

即便对非定向岩心，也是可以获得大量有用的构造描述和测量的，包括：

- 对构造的类型和特征的定性描述；
- 构造的相对年龄及其与岩性、脉体和蚀变之间的关系。

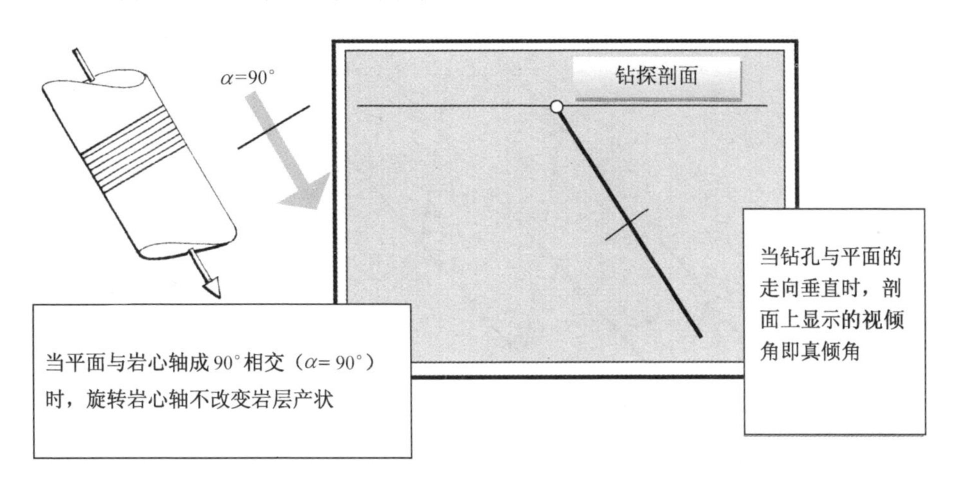

图 7.13　在非定向岩心中，当平面与岩心轴成 90° 相交（$\alpha = 90°$ ）时，投影其产状示例。此时，钻孔与平面的走向垂直，因此，剖面上显示的倾角即为真倾角。但是，此时岩心仍然是不完全定向的，因为任何与岩心轴不成 90° 相交的平面，其产状仍然不能确定。

对单一钻孔的非定向岩心，唯一可以获得的定量构造数据就是测量α角。对面状构造测量和记录α角是十分快捷和容易的，应在所有的岩心编录中作为例行条目。通过α角可以用简单的三角函数计算任何被岩心截获的面状层或脉体。计算方法的说明如图 7.14 所示。

如果一个特定层位被至少三个钻孔截获，那么每个截距的坐标位置（东经、北纬及高程数据）就可以用来计算该平面的走向和倾向、倾角。钻探项目中经常会遇到这种情况，即所谓的三点问题。其详细的解决方法介绍见附录 C。

当临近钻孔中没有单一特征层位时，有时候可以将岩心中截获的一组平行面（如层理面、节理面或脉体）作为特征面，然后通过至少三个不平行钻孔来确定其方向（Mead，1921；Bucher，1943）。这种方法甚至可用于单一钻孔，前提是该钻孔在不同方向上具有足够的进尺（同一钻孔往不同方向的钻探，其实是一种复合孔），如此就可以当作三个独立的钻孔来考虑了。该方法涉及一个精致的立体网格程序，附录 C 里对此有详细介绍。

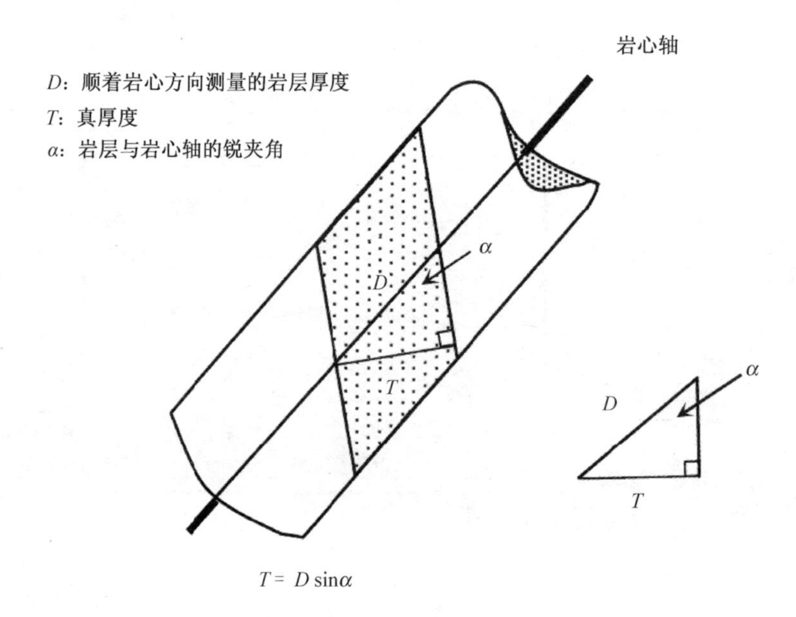

图 7.14　岩心中真厚度的计算方法。只需α角即可，并不需要将岩心定向，也不需要知道钻孔方位和倾角。

7.8　岩心编录系统

记录数据的方式对所观察数据的种类和数量都具有重要影响[12]。因此，利用最优秀的系统来记录钻探岩心的地质描述是十分重要的。尽管在行业内有大量不同的编录表格（几乎每个勘查项目组都有他们自己设计的表格），但对钻探岩心或切割岩屑的描述记录只有三种基本方法。所有的单个编录系统都是这些基本方法单体或者组合体。这三种编录方式分别是：文字描述型编录、图示比例型编录、分析表格型编录。

7.8.1　文字描述型编录

在文字描述型编录中，截距部分（层位）用钻孔深度来限定，然后用文字详细描述。这种编录的示例如图 7.15 所示。

12 这很好地说明了如下格言——媒介本身就是信息——由 Marshall McCluhan 于 1964 年所写。

文字是总结结论的强有力工具，短文更是可以很好地用来罗列论据、提供解释或进行讨论。然而，对于观察到的岩石特征的复杂空间关系的描述，长篇大论则显得既费工夫又效率低下。另外，任何两个地质学家对同一块岩石的描述都不太可能使用相同的文字。这就意味着从文字描述型编录中提炼出准确的、客观的信息，并由此构建钻探剖面或解释所看到的地质关系，是非常困难和耗时的。作为一般性原则，文字描述应为编写报告做准备，并不作为日常岩心描述的方法。因此，建议这种类型的编录（如果需要的话）只作为一个特殊的“备注”列入，以提供简短的文字注解，添加到其他两种编录中去。

深　度	岩性描述
123.45～136.9m	砂岩，钙质胶结，浅棕色，中粒结构，坚硬。在 124.34m、126.58m 和 132.12m 处有薄层页岩穿插，在 128.4m 处出现砾石条带。岩层与岩心轴整体成 45° 相交，在钻孔底部变缓。见大量石英细脉，并伴有斑点状黄铁矿，其边界十分醒目（看起来跟上一个孔很像）。某些部位可见微弱节理，但整体不发育

图 7.15　用文字描述的形式记录对岩心或切割岩屑的地质观察的描述案例。将不同层位用钻孔进尺深度来精确限定，然后用文字详细描述。一般很难从这种编录中提炼出精确的客观信息，而且读起来比较枯燥。这种形式不提倡。

7.8.2　图示比例型编录

钻探的初始阶段需要编录体系允许并支持详细的观察描述，用以方便地表达并作译这些信息。最好、最优的编录方式就是图示比例型编录。在这种编录中，从上往下的带状图形代表一定比例尺下的钻孔岩心，如 1∶100。可以按照岩心中构造的产状将其直接画在编录图上。例如，一条宽 50cm 的脉，与岩心成 45° 相交，就可以在岩心图上（比例尺 1∶100）画成宽 5mm、与岩心迹线成 45° 相交。图示编录中不同的纵栏（不同的专业性图件）代表岩心中不同类型的特征，例如，可以分成不同纵栏分别表示岩性、蚀变、脉体及构造。图 7.16 为该种形式编录的案例，其中，所有的纵栏都在水平上对应相同深度，每张页面以普通垂直向下（代表钻孔从上往下）的方式进行。通过这种编录，不同的特征可以在钻孔不同的深度范围表达出来，同时也可以用简单的图形方式来表示渐变接触带。用于这种类型编录的更多图示方法说明如图 7.17 所示。图示比例编录的案例（如火山岩层序的编录）可以在文献 McPhie et al.（1993）中找到。

显然，并不是所有对岩心的描述和测量都适合用图形来显示，因此图示编录簿上也应该加上额外的纵栏来填入记录到的电子数据、文字标注、描述或评论。一些构造特征频率的相关数据（如每米的节理数量或每米的石英脉含量）可以用从上往下的柱状图来表达。如果岩心是定向的，单个构造测量数据，如走向/倾向/倾角，就可以直接记录到表中的纵栏中。如果岩心未定向，α 角（见 7.7 节）可以在作图栏用图示（模拟记录）表示出来，但同时也在另一栏中用数字格式记录。一些构造或构造关系上的重要细节，因为太小可能无法在岩心图示上表现出来，可以在其他备注栏里画上素描。

图示编录表格，包含数个作图栏和额外的电子数据登记栏、素描栏、文字备注栏等，可以根据实际钻探勘查区的数量而发生变化。然而，所有这些编录的重要特点就是它们将许多不同类型的地质描述都组合到一张表上。因此，所有的重要地质关系，特别是空间位置关系就可以一览无余。以上所描述的图示刻度编录作为一个强大的工具，可以帮助地质学家弄清楚实际的地质情况和不同孔之间的相关构造情况。当然，毫无疑问，这种编录准备起来速度慢，而且单调乏味，它们不适合用于已有相当进展的勘查项目中较紧张的钻探工程。大概弄清楚一个勘查区的地质情况之后（可以是 1～2 个钻孔或 10～20 个钻孔之后，取决于地质复杂程度和最初的地质数据），就更适合采用简单的、更客观的、更具有针对性的编录方法，即分析表格型编录体系。

使用图示刻度编录表的更多信息及图 7.16 的详细解释，见附录 A。

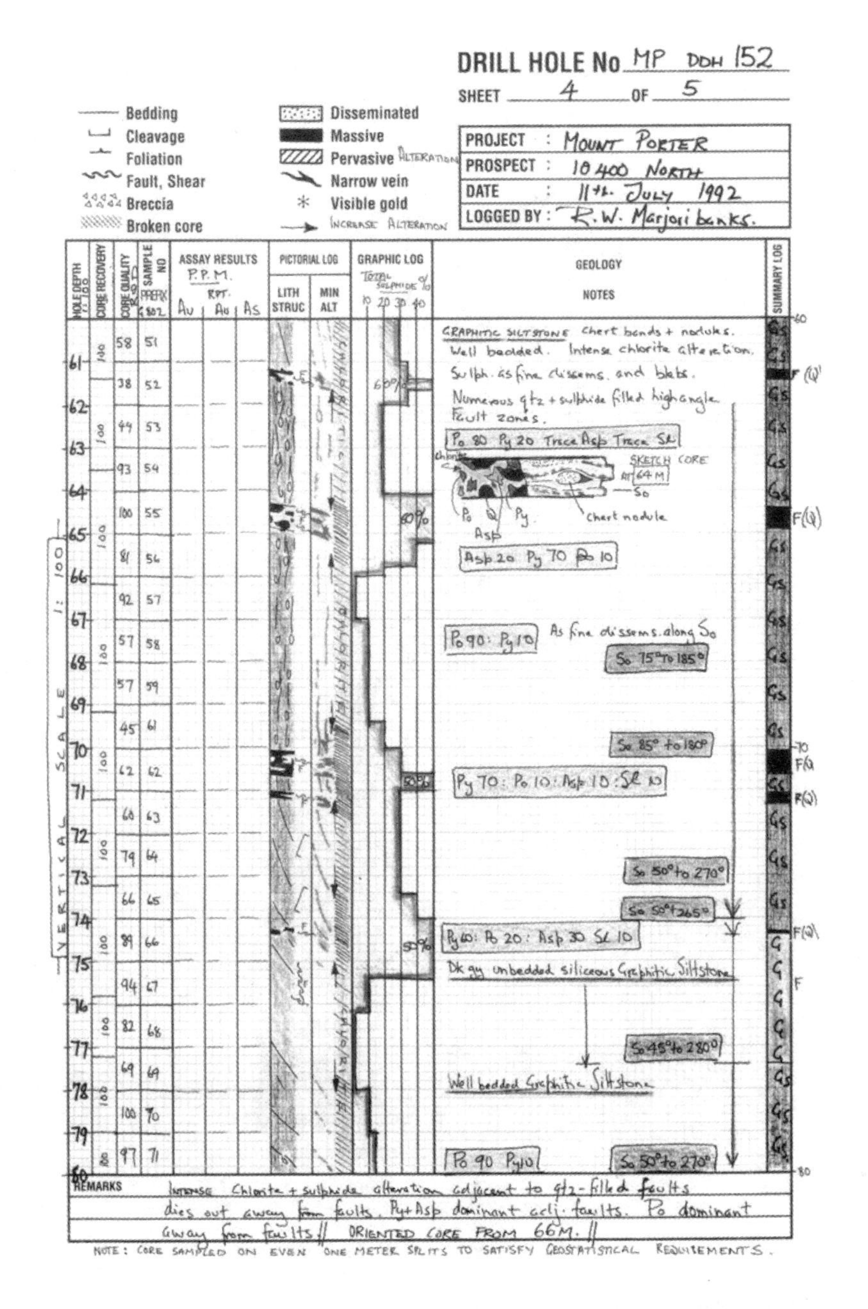

图 7.16　利用图示比例法编录岩心的案例。观察描述以图示和数字的形式在编录表上从上往下表达出来。图中用颜色极大地增强了信息的内容。图示编录功能强大且十分灵活，能够支持详细的观察描述，因此推荐用于所有初始阶段的勘查钻探。该编录表的详细描述见附件 A（参见彩色图版——本书最后一页彩插）。

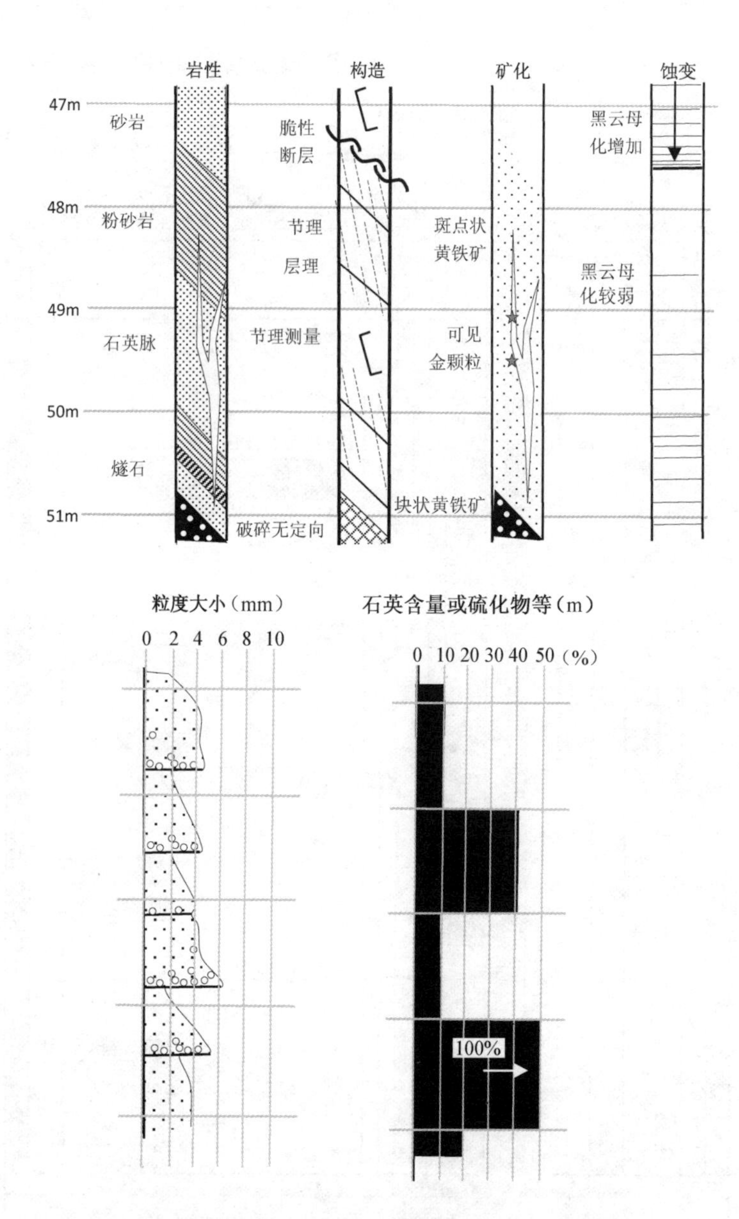

图 7.17　用于图示刻度编录的图标示例

7.8.3　分析表格型编录

分析表格型编录用于钻探项目中的第二阶段（资源量的圈定和估算），在与矿体相关的主要地质问题解决之后，地质编录的目的是例行记录海量可再生数据。该方法也是记录从冲击回转（RAB 和 RC）钻机切割岩屑所获得的地质信息的理想手段，在这些钻孔中，观察描述之前岩屑已经被分隔成每段 1～3m，因此能够观察到的地质现象的范围是有限的。

在分析表格型编录中[13]，对岩石特征的描述用许多精确的、限定好的类别来表达，如颜色、粒度、矿物含量、脉体数量及种类、蚀变类型、蚀变强度等。以描述为目的，岩石因此被归纳为（分析成）一些单个的要素来表示。这些描述性参数作为表格中每一列的标题，而每个分层的深度进尺（分层）的岩石描述就构成了表格中的行。为保持编录表格的紧凑和精确，应尽可能地利用符号、标准简写和数字来记录地质信息，这就是所谓的地质编码。建立地质编码图标符号系统，将地质观察描述输入可供检索的地质数据库，是一门重要学科，这将在 10.2 节中进一步讨论。

分析表格型编录有点类似于图 7.18 中的案例。这是一个简化的例子，实际的编录大部分都包含更多的列，以方便更多更详细的观察描述。

这种编录方式的巨大优点就是精确地限定了所记录数据的类型，并将它们用一种标准化且方便使用的格式表达出来。因此，所有地质学家对同一段岩心的编录都应该是基本相同的。此外，表格编录便于将观察描述的数据直接输入电脑，并与电子化数据存储和地质作图软件相兼容。编录表格中每一列中全部可能的观察描述都可以按照一定的条形码，事先打印出来装订成册。在编录过程中，将这些编码簿拿在手里，遇到特定的现象即可找到对应的条码，用一个条形码阅读器简单地一扫描，就可以立即将数据输入笔记本或掌上电脑。

尽管有这些优点，表格式编录的问题可能也是极其严重的。首先，它将可能的观察描述限定了范围，这就导致在编录之前就存在明显的、潜在的风险，因为限定了观察种类和每个种类的范围。其次，这种格式无法真正记录不同观察描述种类之间的相互关系。此外，编录表格上的水平行只允许记录特定深度界限之内所观察到的特征描述，而实际上，岩石中的许多性质是渐变过渡的，而且所要描述的不同特征可能变化的方式不同，或者具有不同的深度范围。

在编录表格上，对构造的描述通常使用标准代号来表示构造的特征或年代（例如，S0、V1、F2 等分别代表层理面、第一代的脉体、第二代的褶皱等）。

---

13 这种编录方式是指使用α数字编码的固定编录格式。该术语用于此处，是为了更好地说明该体系中的方法论。

将测量到的构造内岩心角（α、β——见 7.7 节和附录 B）进行数字化记录，然后将构造代码一起并入该列。

	Logged by: R.MARJORIBANKS	Date: 14/10/96	Sheet: 1 Of: 1	Hole No: HID 228

LITHOLOGY									TEXTURE	GRAIN SIZE		ALTRTN	OXIDATION	STRUCTURE SYMBOLS (Graphic Log)	
Ab Metabasalt	Gb Melagabbro	Pf Feld Porphy	Pg Pegmatite	H Hornblende	A Amphibole	Q Quartz			m- massive	p- pegmatitic	f- fine	1 weak	Ox - complete	lithological contact	schistosity
Am Metal-Mg basalt	Pq Quartz Porphyry	L Lode	D Dolerite	B Biotite	E Epidote	Gn Garnet			s- schistose	c- coarse	a aphanitic	2- moderate	Tr - partial	ductile shear	brittle fracture zone
Ag Garnetiferous Ab	Ph hornblende Porph.	Gr : Granite	S Saprolite	S Sericite	Fd Feldspar	C Carbonate			b- banded	m- medium		3 intense	F - fresh	breccia	broken core

Metres		Recov	Oxid	Lithology	Texture	Grain	Alteration		Mineralisation		CLEAVAGE		Comments	SUMMARY
From	To	ery	ation			Size	Biotite	Sericite	% S	% Q vein	Analog	α		LOG
0	65												PRE COLLAR	
65	74		Tr	Ab		f-m					\	35		Ab
74	78		F	BS-SB	s	F-m	3	3			\	35		Ab(alt)
78	80		↓	Ab	s,b	f	2	2	–	–	\	30	black "spots" to 10mm Possible CORDIERITE	Ab(alt)
80	90			Ab	m-s	f	1-2	–	–	–	\	30		Ab
90	92			L	s,b	f	3	3	30	10	\			L
92	102			Ab	s,b	f	3	3	5	–	\	40		Ab(alt)
102	117.5			L	s,b	f	3	3	5-30	10	\	40		L
117.5	125			Ab	s,b	f-m	1-3	1	–	–	\	35		Ab
125	148			Ab	m	f	0-1	–	–	–	\	35		Ab
148	153			L	b,s	m	1	3	20	5	\	40		L
153	156			SB	s	f	–	3	–	5	\	45		SB
156	180			Ab	m-s	f	1-2	0-2	–	–	\	35		Ab.
	EOH													

Prospect / Mine :	Collar: 9800 (T)N; 5025(T)E	Inclined 60°	To: T(GRID) WEST	General:

图 7.18　分析表格式编录的简单案例。将岩心或切割岩屑的观察描述分解成许多个客观的、事先定义好的种类（每列）。在给定深度进尺（每行）将这些种类记录下来。根据事先弄好的地质编码系统，通过数字、缩写及代号来表示。编录的目的是提供客观的、可再生的、方便使用的信息，并直接输入电脑。该系统适用于冲击回转钻探、矿山钻探及勘查项目中后续钻探阶段的钻孔编录。

7.9　孔内测量

7.9.1　流程

钻孔的方向是通过方位角和倾角来确定的（见 7.2 节）。方位角、倾角，以及孔口坐标和高程（相对高差）是一个钻孔的初始参数。但是，由于钻杆的绳索是非刚性的，在钻进的过程中钻孔的方向会发生变化，这种现象被称为钻探偏离。在绝大多数情况下，钻孔的倾角变缓（由于向下的钻探压力）并向右偏转（由于钻杆的旋转方向为顺时针），但也不都是如此。一般钻孔会倾向于和岩石中的主要线理（通常为层理或解理）成高角度偏移，除非钻孔与线理的夹角已经很小，在这种情况下钻孔就倾向于顺着线理方向偏移。只有对一个特定地区有了钻探经验之后，地质学家才能做出准确预测。

尽管这种偏移每一百米至多有几米而已，但它是会累积的，进而一个深孔的底部可能会与理想的直线路径偏离几十米，这当然是不允许的。当设计钻孔在　定深度打到特定靶区时，需要考虑允许的预期偏移量。

一般来说，深度超过 50m 的钻孔就需要测斜来确定其偏移量。测斜使用的仪器是一种特殊设计的孔内测量照相机。将一个单点照相测斜仪——相机——装进一个特殊的铜质或铝质盒子中，将盒子挂在钢丝绳的一端沿着钻孔下放至设定深度。一段预定时间之后，用一个定时装置启动相机，对内置小型罗盘和测斜仪进行照相。处理之后，就可以获得钻孔在一定深度下方向的影像记录。通过连拍钻孔相机，可以将装置设置成在多次预定时间之后进行多次读数，将测斜仪取出该孔后就可以获得不同深度上的方向测量数据。一个定位的钻孔需要进行整个钻孔的测斜，就是要确定钻孔中一系列深度处岩心轴的准确方位角和倾角。

孔内照相机的结果一般是很准确的，但还是得注意以下几点。

- 测斜仪器应与铁质钻杆隔离开来，避免后者影响罗盘磁针。测斜时应提升钻杆和钻头，使之脱离钻孔底部，确保外扣铜质或铝质盒子的孔内照相机拍照时与钻具至少有 3m 以上的距离。

- 具有磁性的岩石可能会影响测斜仪上的磁针。如果方位角的读数与测斜仪两侧不协调（影像不对称），那就说明存在这种干扰，这样的读数就不能使用，应舍弃。
- 如果钻孔中有很长一段为磁性体，那么受该磁场的影响，孔内测斜照相机无法准确测定钻孔方位角。此时可以通过岩心与岩石中已知的面状构造——如层理或节理——的夹角来估算钻孔的产状。若这行不通，可以采用陀螺定位仪来定位钻孔，但这种设备并不常见，而且通常比较昂贵。
- 测斜仪上不要使用有铁皮包裹的电池，因为这种电池具有磁性，会影响测斜仪的磁针。

当在一个新地方打钻时，起初，钻孔进尺每 30～50m 就应测斜一次，但如果实际的经验表明并不存在较大的偏离，那后面的测斜间距就可以适当变大一点。钻探人员应按照地质人员的指令要求实施测斜工作。

获得测斜数据之后，就可以利用这些数据制作钻孔剖面图或平面图（见 7.9.2 节）。由此，就可以监测钻孔的进尺和效果是否达到设计的目标。如果遇到很大的偏离，钻探人员要能够及时察觉并采取必要的修正措施。

7.9.2 利用测斜数据来制作剖面图和平面图

如今，测斜数据输入电脑之后，就可以从众多矿山/勘查软件程序中选出一款，来进行将钻孔投影到剖面或平面上的工作。但是，在勘查钻探的最初阶段，每天都要进行地质观察记录的投影工作，这通常就意味着地质人员实时制作的剖面图必须用手工投影。

倾角和方位角的变化反映了钻孔向下的弯曲，这会在钻孔平面图和剖面图上显示成曲线（见图 7.19）。平面图上钻孔的弯曲迹线表明这些数据必须要先进行水平投影再反映到钻孔剖面上。然而，在勘查钻探的初始阶段，钻孔在空间上的精确位置（如附近几米范围内）并不特别重要，通常方位上的变化可以忽略，只需要在剖面图上反映出倾角的变化。这样画出的剖面图既快速又方便，只要方位上的变化不是太大，对大多数初步投影和地质解译来说已经足够了。

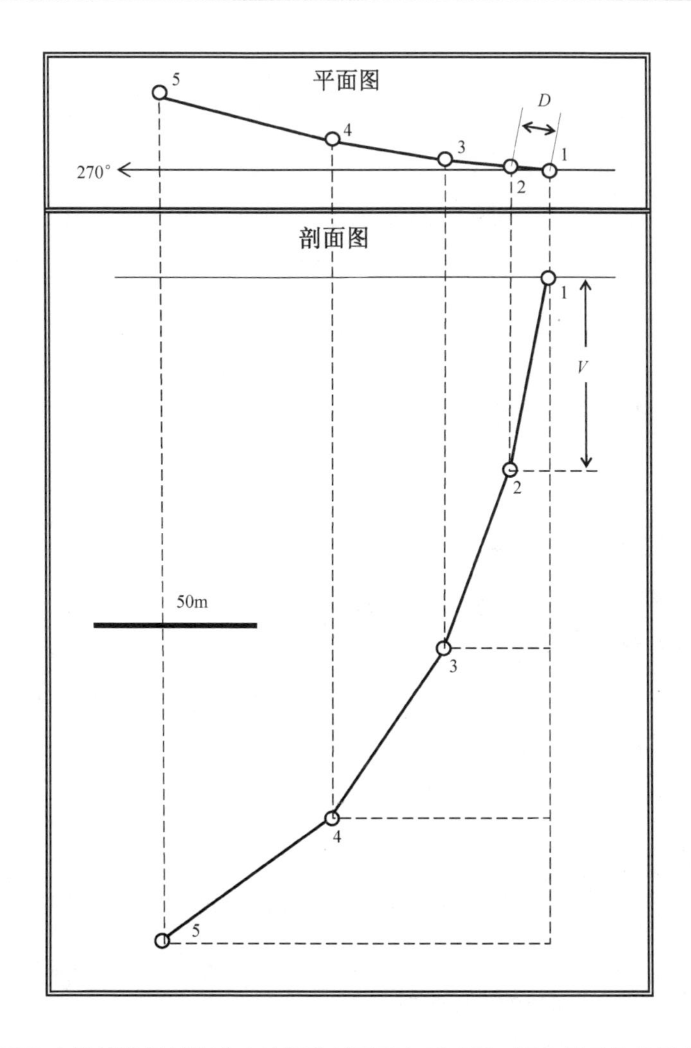

图 7.19　利用孔内测斜数据制作准确的钻孔剖面图和平面图。图中显示的投影根据表 6.1 中的测斜数据绘制。

偏离效应是会不断增加的，因此，对于深孔（如孔深超过 300m），特别是当遇到较大的方位偏离（每 100m 偏离超过 5°）时，这种简单的钻孔剖面图的准确度就会随深度不断下降，此时的投影就需要同时考虑倾角和方位角的变化情况。如果需要将钻孔迹线垂直投影到一个与标准钻探剖面成一定角度的剖面上，那就需要使用比较复杂的方法。利用表 7.1 中的测斜数据，我们分别介绍使用简单（但粗略一点）方法和相对复杂（但准确）方法来制作钻孔剖面图和平面图。

表 7.1　孔内测斜数据

测量点	深　度（m）	倾　角（°）	方位角（°）
1	0	70	270
2	52	66	280
3	106	64	288
4	160	62	290
5	205	58	296

7.9.2.1　粗略剖面的投影

（1）从地表（测点 1）到测点 2——孔深 52m 处，钻孔倾角从 70° 变为 66°，因此，该部分的平均倾角为 68°。

（2）选择适当的比例尺，在起始点（孔口）与水平线成 68° 方向上的 52m 处画一点代表测点 2 的位置。

（3）按照类似方式，孔深 106m 处的测点 3，就是在测点 2 处沿 65° 方向上的 54m（106 - 52 = 54）处；而测点 4 就是在测点 3 处沿 63° 方向上的 54m 处，依此类推，直到孔底。

（4）案例中忽略了方位角的变化，这意味着所画出的剖面上的钻探位置中存在累积误差，到钻孔底部其误差量约为 5m（1∶500 比例尺的图上为 10mm）。

7.9.2.2　精确平面和剖面的投影

（1）在同一张图上，在孔口处，将钻孔的平面和剖面纵向的排列到一起，即为该钻孔的平面和剖面视图（见图 7.19）。此时可以任意角度画剖面来表示该孔的迹线，图 7.19 中所显示的剖面选择平行于钻孔的初始方位。

（2）从测点 1（孔口）到测点 2，孔深 52m，平均方位角 275°（起始方位和终了方位的平均值），平均倾角 68°。

（3）利用三角函数，计算测点 1 和测点 2 之间水平方向的距离（D）和垂直方向的距离（V）：

$$D = 52 \times \cos 68° = 19.48\ (\mathrm{m})$$

$$V = 52 \times \sin 68° = 48.2\ (\mathrm{m})$$

（4）选择合适的比例尺，在平面图上，在测点 1 处沿 275° 方向 19.48m 处投影出测点 2。

（5）在平面图上的测点 2 处向下画垂线，使之与预设的剖面线成 90° 相交，再从交点往下画垂线，横穿剖面。

（6）在该垂线上，在交点处垂直往下 48.2m 处即为测点 2。平面图和剖面图选取相同的比例尺。

（7）用同样的方法对后续的测点进行投影，然后用一根平滑曲线连接所有投影点，如此就在平面图和剖面图上完成了一个准确的钻孔迹线。

7.10　岩心定向

在该书出版第 1 版时，定向岩心的工作步骤并不普及，因此定向构造的大量有用信息被忽略了。如今，花费大量时间和金钱的岩心定向已成为常规的工作，甚至有时候根本就不需要这个程序。因此，有必要弄清楚在什么情况下才需要进行岩心定向。

当钻探地区露头出露情况很好，且岩石具有简单的、产状稳定的、方向已知的贯穿性构造时，通常是不需要对钻探岩心进行定向的。岩心中已知构造的产状（如规则的层理或节理面）能够用来定向岩心，由此就能够确定其他产状未知的地质体的方向了（如矿脉）。如何进行岩心定向参见附录 B。

当钻探地区露头出露较差或根本没有露头时，最初的几个钻孔都需要进行定向以确立主要构造的方向，在这之后，就不再需要进行钻孔定向了。然而，若构造情况比较复杂且方向变化时，就需要对该地区所有的钻孔岩心进行定向。

岩心定向可以在每个钻进回次或岩心管中进行。若采取的岩心相对完整，损失率较小，而且每块岩心的端部都可以匹配很好，几个岩心管可以组合在一起，这时就只需要对每两三个岩心回次定向一次。如果岩心破碎严重，损失率较大且很难得到好的定向标志，那就需要对每个岩心管进行定向。然而，由于在岩心被拉出地面之前就要决定是否对其进行定向，而岩心的真实情况一般只有在它被取上来之后才能弄清楚，因此，保险的做法是尽可能多地对其进行定向。在最初几个钻孔之后，依据对岩心情况的了解就可以决定对后续钻孔岩心需要进行定向的频率。

定向岩心时需要对岩心进行特殊的操作和标记，之后地质人员才能够对构造进行测量。这种操作流程的详细介绍见附录 B。

7.11 采样及化验

在勘查的早期阶段，对金刚石钻探岩心的采样化验有两个目的。第一，确定是否存在可供开采的品位。第二，弄清可盈利的成矿元素在系统中的分布情况，进一步确立对矿体展布的控制。这种认识对布置新的钻孔是十分必要的。

在勘查钻探的第一阶段，应根据实际的地质情况来确定采样位置。采样位置由地质人员进行决策，并在编录时把采样信息标记在岩心上。采样边界应尽量符合矿化界限，采样边界由地质人员通过实际观察或推测做出判断。采样的关键的原则是：所采集的每个样品都要能回答地质人员对岩心的一个具体问题。只有当采样工作相对比较统一时，规则采样长度才能事先被确定。

当岩心有缺失时，要注意，所采样品截距无法包括缺失的岩心部分。当采样样品为混合样品时，例如，将一个 60%采取率样品变成 100%采取率样品，就会对好的样品数据造成污染。另外，通过比较采取率较好的岩性样品和采取率较差的类似样品的化验结果，就可以获得潜在的数据信息。这只有把它们分开进行才能完成。

选择 1/2、1/4 或 100%的岩心进行采样化验，这取决于多大的样品才能够充分克服任何颗粒金效应。通常，对金矿勘查区进行采样，样品越大越好。然而，全岩心采样应放在最后阶段，因为这种采样拿走了该段的全部岩心，今后无法再进行重新编录或者进行核查[14]。一般情况下，将岩心沿长轴方向劈开，对其中 1/2 的岩心采样化验。

---

14 1995—1997 年，在印度尼西亚的布桑金矿勘查区，加拿大的初级勘查公司 Bre-X 的一些职员制造了矿业历史上最大的一起造假事件。在送样化验之前，大规模地将全部岩屑破碎，加入额外的金粉，然后送样化验。Bre-X 的股票价格从最初的几美分每股一下飙升到超过 285 美元每股。在偏远的丛林地带，少数几个正直的勘查学家由于无法获得初始岩心并与造假的化验结果做对比，因而无法识别出这种欺诈（具体参见参考文献 Gould and Willis，1997；Hutchison，1998）。

根据岩心的实际情况选择合适的采样方法，具体如下。

（1）刀—叉采样法。当遇到湿润黏土时，可以采样这种方法。此时岩心通常很软，只能用小刀沿着岩心长度方向切开，将其中的一半进行采样。

（2）勺子采样法。如果岩心破碎十分严重，那唯一可行的方法就是用一个勺子或小铲子在每个样品段中采集具有代表性的岩心碎屑。用一把宽口的泥铲将破碎的岩心沿长度方向分成两半，将其中的一半装入样品袋。

（3）磨屑采样法。如果不太需要将岩心切割成两半，但又想核实一下化验结果，或是想进行一个地球化学扫描，那就可以选择用岩心研磨机进行采样（见图 7.20）。利用研磨机沿岩心长度方向在岩心上切磨出一条浅槽，将研磨的碎屑收集采样。与用金刚石锯将岩心切割成两半进行采样相比，这种采样方法要快捷和便宜很多。

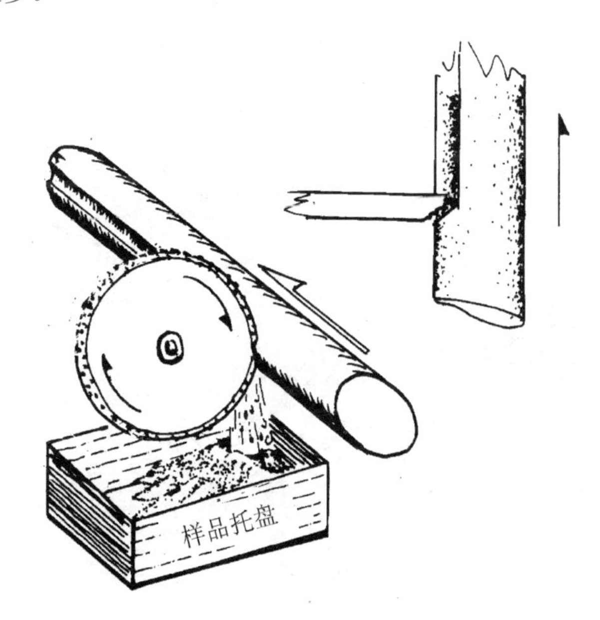

图 7.20　利用岩心研磨机对金刚石钻探岩心进行采样。这种方法能够快速、便宜地获得连续的岩心样品，可用于地球化学扫描。

（4）凿劈采样法。对比较均质的结晶质岩石，如火山岩或块状变质沉积岩（如角岩），通常可以用凿子沿岩心长度方向将其劈开。也可以购买这种特殊的岩性劈样机用来劈开样品。这种方法采样快速，可以在偏远地区（没有电源使用岩心切割机时）使用。但是，对那些存在强烈构造变形的岩石来说，这种方法无法将岩心劈成符合要求的样品。

（5）金刚石锯采样法。该方法是坚固岩心进行采样的标准和首选方法。利用镀金刚石电锯将岩心沿长度方向切割成两半（见图 7.21）。该方法采样较慢，而且相对昂贵，但除了可以使用劈样机的情况之外，该方法是唯一可以准确切开坚固岩心的方法。

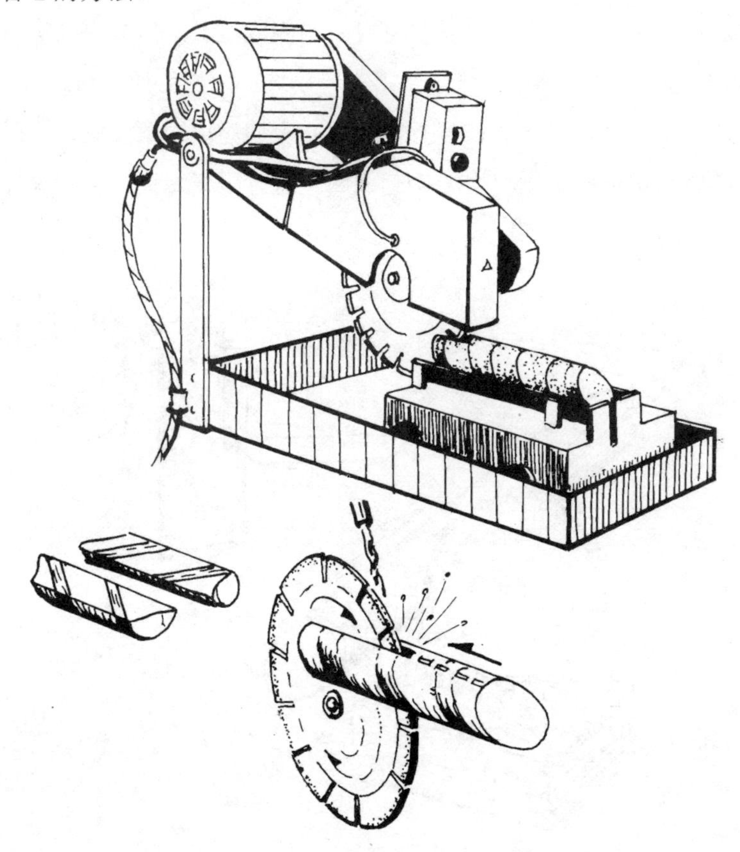

图 7.21　利用镀金刚石岩心锯对岩心进行采样。沿长度方向将岩心切割成两半，一半采集样品，另一半放回岩心盒。所用锯子通常由一个锯砖机改装而成，在托盘中弄一个特殊槽模，使其能卡住岩心又能自由滑动。

（6）淤泥采样法。钻探过程中产生的细小的岩石粉末会随着冲洗泥水到达地表孔口。当钻探采取率很差时——可能是由于碎屑物质无法被岩心提取器捕获，或者因为高压钻探泥水带走了渗透性岩石中的黏土或粉砂质成分，那淤泥就代表了缺失岩心中的一部分物质。由于较差采取率通常发生在矿化蚀变带（特别是对浅成低温矿床），因此在这种情况下，为了获得有关缺失部分的信息，一个好的法子就是采集一些淤泥进行化验。在钻探机的孔口会有一个渠道，将回返的钻探泥水导入泥浆池。采集淤泥样品时，在渠道的中间挖一个小坑，深度要能放下一个 101 号的塑料桶。桶里收集的粉砂物质就提供了该回次钻探的样品。这种淤泥样品可以储存在一个敞开的编织袋中，变干之后，将其送到实验室进行化验。注意，这种化验结果只具有品位的指示意义，因为淤泥在钻孔内部的准确位置是无法精确弄清楚的。此外，水体的运动可以使得淤泥中的不同组分按照其轻重进行分选，这可能导致样品本身具有偏斜性。

7.12　对岩心的相关操作

日常的岩心操作由一位合适的、经过训练并有一定经验的野外技能人员承担，岩心操作要在地质学家的监督和指导下进行。如果该技能人员的工作做得很好，那地质学家就可以更好地集中精力于岩心的观察描述记录。野外技工的工作任务如下。

（1）孔内方向测量。

（2）岩心采取率测量。

（3）RQD[15]测量（如果有要求的话）。

（4）监督钻工对岩心的操作流程，确保岩心正确地放入岩心箱（例如，不要挤得太紧或太松，不要将岩心段方向放反了或者与其他岩心段放错位等）。

（5）确保钻工在每个钻进回次末端正确放置岩心牌，上面标注孔深及回次信息，字迹要清晰，不易擦掉（见图 7.22）。当岩心牌错位时（运输岩心的过程中很容易发生的事情），可以通过岩心提取器在每次岩心管的根部留下的平行凹槽来找出岩心牌的正确位置。

15 RQD，也称为岩石质量指标，是指钻探中所采取的岩心的百分比，只计算长度大于 100mm 的未动完整岩心。

（6）测量每个岩心箱首尾部的深度，做好记录。

（7）在每个岩心箱上标注孔深、孔号及岩心箱号（见图 7.23）。

（8）在岩心上均匀地标注每一米的位置，这样有助于随后的编录和采样。可以用钢卷尺从就近的岩心牌处起量。当然，唯一精确的做法是将每个回次的岩心重新组合，一截一截地、小心细致地将破碎的岩心首尾拼在一起，放入一个 V 形管槽中。通过这种方式摆放岩心，并确保在没有岩心缺失的情况下，测量回次深度，或顺着岩心画一条线表示计划的采样切割线，这样既方便又准确。这种方法的说明如图 B.4 所示。当需要对岩心定向时，或需要弄清楚复杂的构造关系时，按照这种方式来重组岩心就显得十分重要。尽管这项工作有些费时，但我们仍然强烈推荐这种方法，即便是对无须定向的岩心也应如此。

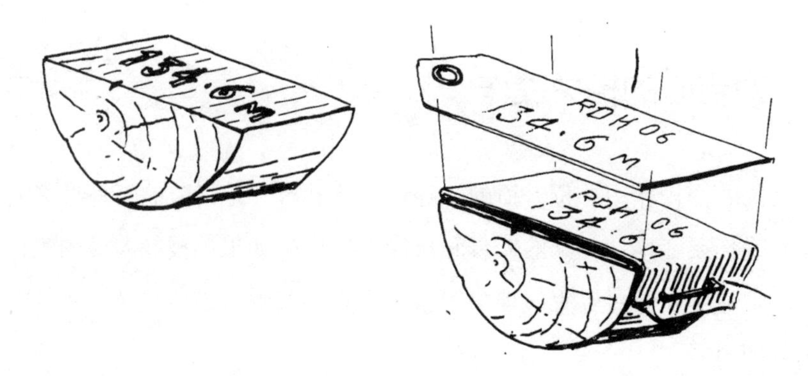

图 7.22　对钻探岩心的永久性标记之一。岩心是昂贵且值得保存的，但只有对其进行很好的标记（记录每个回次的始末深度）之后，一切才有意义。图中所示的这种岩心牌应是永久性的标签。在该例子中，孔号和深度信息印刻在铝质标签片上，并将其订在木质岩心牌上。

（9）沿岩心画一条直线，作为随后切割岩心的参照线。这条线的位置应由地质学家亲自来决定。对非定向的岩心，这条切割线的位置应与岩石中任何主要面状构造成高角度相交。对定向的岩心来说，切割线就是钻孔底部线（BOH 线）——铅垂面或钻探剖面与岩心的交线（见附录 B.2 中对 BOH 线的介绍）。当沿岩心画线时，应尽可能使其统一定向，顺着整个钻孔长度的方向。

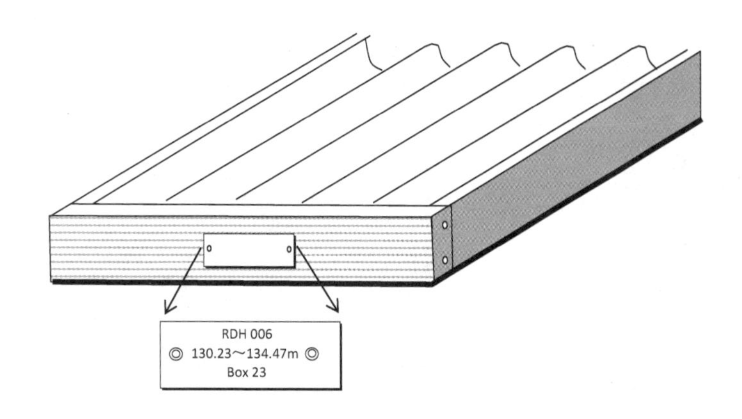

图 7.23　对钻探岩心的永久性标记之二。在每个岩心箱的侧面都应做好永久性的标签，上面注明孔号、岩心箱的始末深度及岩心箱号。图中，这些信息被印刻或压膜到一个铝片或锌片做的标签上，然后将该标签钉在岩心箱的侧面。

（10）岩心被切割之后，一半被采样，另一半保留，这应由地质人员来决定。在每块岩心上用一个小箭头或一个方向指示线标在切割线的一侧。箭头方向指向孔底，并作为每块岩心的方向矢量。

（11）每个采样截距岩心的切割或劈开工作，以及样品的采集工作，都应由地质人员亲自任命。

（12）在岩心切割之后，重要的是将相同的一半岩心（从上到下同一侧的岩心）作为样品采集起来。这样做的原因有两方面。第一，如果采样技工非连续地将其中的一半岩心进行采样化验，而用于保存用的另一半岩心块可能就无法互相匹配，并且还有可能无法将岩心还原到岩心箱中去。第二，更重要的是，在留存的相匹配的岩心切割面上，要保留一个统一的构造视野，这对地质解译将有极大的帮助。如果岩心被定向，那么切割岩心应沿着与钻探剖面相对应的孔底线进行。这样，在切开的一半岩心上就可以显示出该剖面上构造情况的标准视图了，这一半岩心应保存起来（而另一半可供采样用）。例如，东西向剖面一般是从南向北视图，那么采样之后，北侧的一半岩心应用作保存（见图 7.24）。

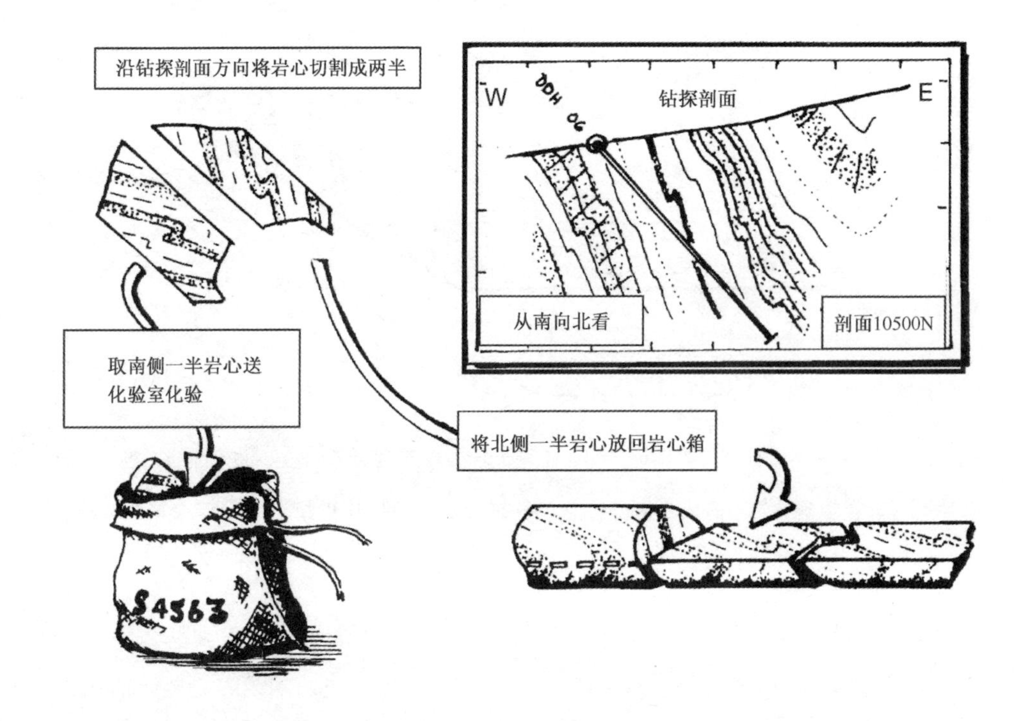

图 7.24　将一半的岩心进行采样化验时，切割线应沿着最初的铅垂面或钻探剖面方向。所保留岩心的切割面应符合钻探剖面正视线方向。图中钻孔的钻探方向由西向东，岩心切割之后，产生北侧的一半岩心和南侧的一半岩心，将北侧的一半岩心保留。

（13）在岩心盒的采样部位应标记采样号码。为此，可以使用与采样记录簿上具有相同号码的黏性样签来完成。

（14）对孔口进行密封，并设置永久性标记（见图 7.25）。这是很有必要的，不光是因为开着的孔口比较危险，而且因为通常可能在若干年之后，需要对孔口进行再次定位测量，也可能需要再次进入一个老孔，进行加深钻探或进行孔内地球物理测量。出于以上这些原因，必须确保避免杂物进入钻孔。

（15）需要的话，测定岩心的比重（SG）（见图 7.26）。测量 SG 是必要的，由此可以计算一定体积的岩石的重量（吨位），同时它也是解译重力测量结果的一个重要参数。可以利用如下公式很方便地进行计算：SG = 空气中的重量/（空气中的重量 − 水中的重量）。

图 7.25　封孔并在孔口设置永久性标记。这样，甚至是许多年后，还可以很容易地再次定位和识别钻孔。确保避免碎石和杂物进入，并避免动物陷入孔中受伤等。

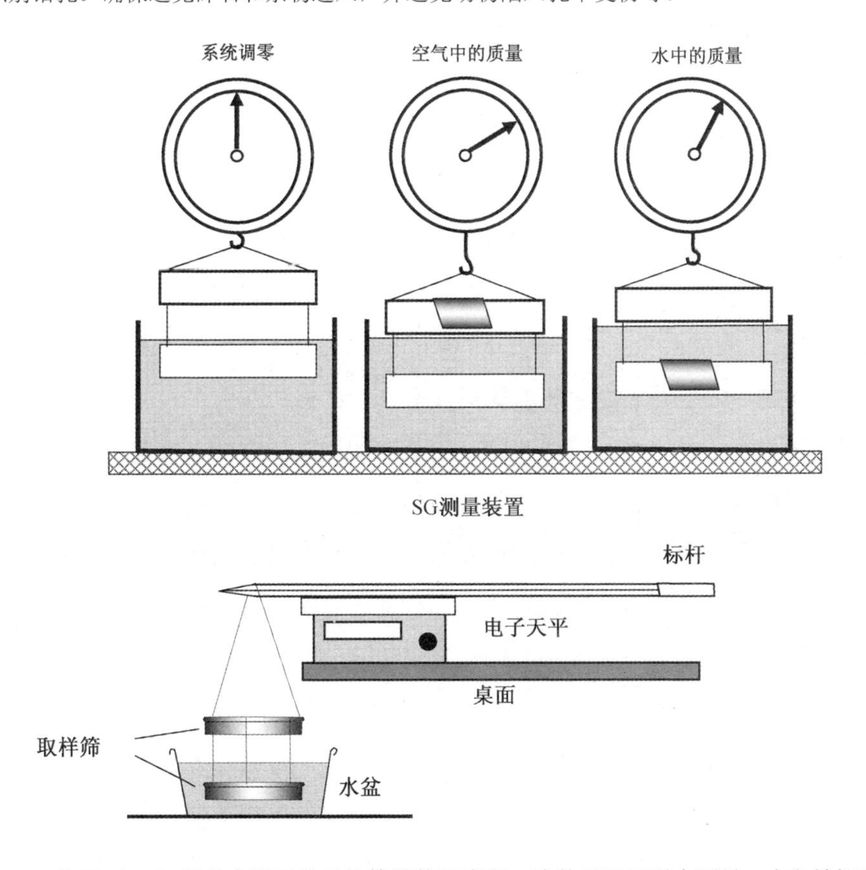

图 7.26　比重（SG）测量中用于称重的简易装置流程。该装置可以用来测量一小段钻探岩心或任何其他小块岩石标本的比重（SG）。

7.13 岩心照相

许多公司喜欢对整个岩心箱进行照相，以作为他们所钻探岩心外观的永久性记录。对岩心箱整体照相，一般很难显示岩心的细节信息，但可以记录下岩石的大概外观，包括颜色、主要构造、破裂程度等特征。如果发生不可预见性的事故灾难，出于某种原因岩心发生缺失或者被毁，那么这些岩心的彩色照片就可以辅助地质编录，以确保不是所有的信息都损失。要查找过去岩心里有什么信息，相比从岩心库中搬出实体岩心来说，查找岩心的照片记录会更加方便。至少，通过查阅照片记录，可以缩小所要查找实体岩心箱号码的范围。

对岩心箱照相是很容易的，利用一个质量好的手持式数码相机就能很好完成。当然，将相机垂直固定在岩心上方的一个特制架子上，能够拍出最佳效果的照片。拍照应在明亮的自然光下进行，若没有条件，可以将人工光源安置在照相架子周围。通常，每两个岩心箱挨着放一起照相，上边加一个小粉笔画板或小黑板，上面写上矿区名称、钻孔号码、拍照的钻孔深度，作为岩心照相的标准格式。

对切割后的岩心表面照相要比对没有切割的岩心的弧形表面照出来的效果更好。如果岩心需要切割，那照相就应该在切割之后进行。某些时候，把岩心打湿之后再照相，其岩石特征会更加明显，但也不总是如此，因此对不同类型的岩心，应区别对待找到最佳的拍照方式。当打湿岩心照相时，应格外注意确保没有强的反射光。为获得岩心的全部特性，有时候可能需要拍摄两组照片，一组为打湿的岩心，一组为干的岩心。

除了上述的对整个钻孔岩心的拍照记录，对单个岩心块上重要部分拍摄特写照片，是展示其详细特征的绝佳方法。这种照片可以输入到图表编录中去，对快速比较不同钻孔十分有用。通常，一个手持相机加上一个特写镜头拍出的效果就能够满足要求，最好是能够找到切割后的平面进行照相。

许多情况下，利用普通的复印机可以将切割岩心面生成优质的单色或彩色图片。当岩心具有好的颜色对比度时，这种方法的效果较好。在编录的地方若能很方便获得复印机的话（需要承认，复印机不是所有的地方都有），这将是快速记录岩石中结构构造特征的绝佳手段。数码扫描仪也可以对小块的切割岩心获得数字影像，这些图片可以很好地用在以后的报告里。

参考文献

[1] Annels AE, Hellewell EG（1988）The orientation of bedding, veins and joints in core; A new method and case history. Int J Min Geol Eng, 5（3）:307–320.

[2] Blenkinsop TG（1994）The fractal distribution of gold deposits. In: Kruhl JH（ed）Fractals and dynamic systems in geosciences. Springer, Berlin, 247–258.

[3] Bucher WH（1943）Dip and strike for three not parallel drill holes lacking key beds. Econ Geol, 38:648–657.

[4] Cloos E（1946）Lineation: A critical review and annotated bibliography. Geol Soc Am Mem, 18:1–122.

[5] Cumming JD, Wicklund AP（1985）Diamond drill handbook, 3rd edn. J. K. Smit and Sons, Canada, 541.

[6] Gould D, Willis A（1997）The Bre-X fraud. McClelland & Stewart, Toronto.

[7] Hanmer S, Passchier C（1991）Shear sense indicators: A review. Geological Survey of Canada, Paper 90–17, 72.

[8] Hartley JS（1994）Drilling: Tools and programme management. A. A. Balkeema, Rotterdam, 150.

[9] Hobbs B, Means W, Williams P（1976）An outline of structural geology. Wiley, New York, NY, 571.

[10] Huddlestone PJ（1972）Fold morphology and some geometrical implications of the theories of fold development. Tectonophysics, 16:1–46.

[11] Hutchison B（1998）Fools gold: The making of a modern market fraud. Alfred A. Knopf, Toronto.

[12] Liang WP（1977）Structural interpretation of drill core from folded and cleaved rocks. Econ

Geol, 72:671–685.

[13] Mandelbrot BB（1983）The fractal geometry of nature.W. H. Freeman & Co., New York, NY, 486.

[14] McCluhan M（1964）Understanding media: The extensions of man. McGraw Hill, New York, NY.

[15] McPhie J, Doyle M, Allen R（1993）Volcanic textures. Centre for ore deposit and exploration studies, University of Tasmania, 196.

[16] Mead WJ（1921）Determination of the attitude of concealed bedding formations by diamond drilling. Econ Geol, 21:37–47.

[17] Pasteur L（1854）Address given on the inauguration of the Faculty of Science, University of Lille. Translation by The Oxford Dictionary of Quotations, 3rd edition, 1979.

[18] Peters WC（1987）Exploration and mining geology, 2nd edition. Wiley, New York, NY, 685.

[19] Pumpelly R, Wolff JE, Dale TN（1894）Geology of the green mountains. USGS Mem, 23:157.

[20] Wilson G（1961）The tectonic significance of small scale structures and their importance to the geologist in the field. Ann Soc Geol Belg, 84:423–548.

第 8 章

卫星遥感

8.1 一般性讨论

本章介绍地球观测卫星如何在日光下记录地球表面反射的电磁辐射。本书出版时（2010 年），可通过商业获得其资源的卫星名称及其详细信息如表 8.1 所示。本章概括了卫星影像的能力及勘查学家如何使用它们。然而，由于这是一个技术日新月异的领域，几乎每年都有旧卫星退役和新卫星发射，因此，读者若想弄得十分清楚，应该去查找最新的资料。如想初步了解可以参考网站 www.geoimage.com.au，这是一个卫星影像服务供应商的网站，提供全部可获得产品的详细资料，并对有关应用做了详细讨论。其他还有单个卫星运营商的网站，也值得去查看一下，诸如 digitalglobe.com、geoeye.com、spotimage.com、asterweb.jpl.nasa.gov 或 landsat.org 等。

从 20 世纪 70 年代末卫星观测陆地数据第一次开放以来，卫星影像就为勘查学家提供了一系列强大的新工具。卫星数据主要有三种用途。

（1）用作精准的地质参照图。由于卫星可以覆盖全球任何地方，并具有不同级别的分辨率，所以可以用于野外导航和定位，也可以作为底图，将任何比例尺下的地面观测信息投影其上。

（2）用作地貌的整体全景视图。一些大的地质特征可以据此直接识别。对卫星影像可以进行地质学解译，其原理与航空照片完全相同。

（3）对特定反射光束进行计算机分析及处理，可以增强一些矿物（如某些黏土矿物）的反射信号，而这些信号可能与矿床有关。通过这种方式，卫星提供的反射数据可作为一种强大而完善的地球物理测量方法，该过程有人称之为“光谱地质学”。

表8.1　2010年商业及观测卫星概览

卫星名称	公司/单位	发射时间（年）	传感器	频段数	分辨率（m）	最佳效果比例尺（X分之一）	立体影像
LANDSAT 5	美国政府	1984	多普段	7	30	100000	
SPOT 2, 4	法国政府	1990	全色普段	1	10	30000	是
			多普段	3～4	20	60000	
LANDSAT 7	美国政府	1999	全色普段	1	15	50000	
			多普段	6	30	100000	
ASTER	美国及日本政府	1999	VNIR[1]	3	15	50000	是
			SWIR[2]	6	30	100000	
			TIR[3]	5	90	250000	
IKONOS	GeoEye（美国公司）	1999	全色普段（最低点）	1	0.82	4000	是
			多普段	4	3.28	15000	
QUICKBIRD	Digital Globe（美国公司）	2001	全色普段（最低点）	1	0.6	2500	
			多普段	4	2.4	7500	
SPOT 5	法国政府	2002	全色普段	1	2.5	7500	是
			多普段	4	10	30000	
ALOS	日本政府	2006	全色普段	1	2.5	7500	是
			多普段	4	10	30000	
WORLDVIEW 1	Digital Globe（美国公司）	2007	全色普段（最低点）	1	0.5	2500	
GeoEye 1	GeoEye（美国公司）	2008	全色普段（最低点）	1	0.41	2000	
			多普段	4	1.64	5000	
WORLDVIEW 2	Digital Globe（美国公司）	2009	全色普段（最低点）	1	0.46	2000	
			多普段	8	1.8	5000	

8.2　地球观测卫星工作原理

地球影像卫星沿着极地轨道运行，高度为 300～600km，它们扫过地球是与太阳同步的，大体上与地球表面保持不变的“早—中午”太阳高度角，因为一天中这个时刻是大气中云雾污染程度最轻、可视性最好的时候。

卫星一般并非采用照片摄像机来抓拍影像，地球表面反射的电磁辐射将被聚焦到卫星搭载的 CCD（Charged Couple Devices）成像装置的电子记录阵列上（Bedell，2004）。这些阵列可以解析来自地面的反射光，范围从 0.4～100m^2，这取决于 CCD 的排列密度和卫星设备的扫描行距。每个 CCD 装置就是一个单一的数据点，即所谓的“像素”，每个像素记录下它所代表的一块地面反射光的平均亮度。因此，可被记录的地面特征的最小尺寸同时取决于该地块的亮度和大小两个方面。反射率很高的地表，比如水（当太阳高度角是直角、直射地面时）或白色的水（有溪水快速流过的岩石露头）或雪，都是主要的反射特征，即使它们本身的像素相对来说可能很小。

在到达接收传感器之前，宽波长范围的光谱通过一系列的过滤器（栅格），会被屏蔽掉绝大部分，剩余若干很窄范围波长的光线可以通过，这种光线被称为“频段”（Bands）。不同的卫星可以选择不同的波段，一般选择位于或接近可见光谱的波段，或者选择在卫星通过该地上空时，可以增强地表特定反射特征的波段[1]。在这些波段上，反射的电磁波被作为“多光谱波段”（Multispectral Bands）测量和记录下来。除了这些多光谱波段外，大多数卫星也可以记录黑白（光照强度或全色）影像图。对于给定的卫星，全色光带一般比多光谱波段具有更高的分辨率（像素更小）。对每一个像素，需要记录预先确定波段的一系列辐射强度数据。

当卫星穿过某地上空时，在形成的狭窄路径上，星载扫描系统保证对于每个像素在每个波长频段上的光强都被测量和记录，同时也记录对应的经纬度和 UTM 坐标系。当影像在显示器或打印纸上显示出来时，每个数据点即为影像的

1 可见光是电磁波长为 0.4～0.7μm 的部分，近红外线的波长为 0.7～1.5μm，短波红外（SWIR）的波长为 1.5～2.5μm（μm 为微米或 10^{-6}m）。

一个像素。像素的大小决定了图像的最高分辨率，因此，在最高分辨率下，可观察到最精细的图像。当然，可以将影像放大到任何比例，但是，当单个像素尺寸超过 0.2～0.5mm 时，就会出现模糊，即所谓的“像素化效应”。因此，对一个 50m 分辨率的影像，当其比例尺大于 1:100000 时，就会出现“像素化效应”。相反，对一个很高分辨率（VHR），如 50cm 的卫星影像，在出现“像素化效应”之前，可以达到 1:2500 的比例尺。

经设计的卫星轨道可以逐次通过地球上方，以实现对地表的全覆盖。每过几天，卫星轨道就回到其起始点，重复扫描过程。

8.3 卫星影像的显示

卫星影像的显示有许多不同的方式。若将三原色（红、黄、蓝）中的一种合理组合与多光谱带相对应，则这三个谱带可以叠加显示，呈现出彩色图像，与相同场景下广谱摄影彩色图片类似。通过这种方式处理的影像被称为假彩色合成影像（False Colour Composite）。在一般地质影像解译中，假彩色合成影像通常是最有用的产品。将假彩色合成影像在显示器或纸张上沿着高分辨率全色数据显示出来，可以提高假彩色合成影像的分辨率，这一过程称为全色加强融合法（Pan-Sharpening）。

在显示之前，一般要对影像进行计算机处理，以消除轻微的比例失调（正交化过程），增强颜色或对比度，或是增强边界。可以增加标准坐标系统，例如，经纬度和/或 UTM[2]，来创建大家所熟知的地理坐标参照系下的正交影像地图。

8.4 地质解译

在 2.2 节中详细讨论过的有关对航空照片进行地质解译的方法，同样也适

2 Universal Transverse Mecator（UTM）——见 10.5 节中有关地图坐标和基点的详细讨论。

用于卫星影像的地质解译。一些卫星（Spot2, 4 & 5、Ikonos、Alos、Aster）越过地面时，对同一场景可以获得两张在不同角度拍摄的影像图。因此这种双影像可以作为立体影像视图，这与立体航空照片组差不多。即使在那些卫星只能获取一次图像的地方，利用该地点的数字高程[3]来对影像进行处理，也可创建双影像组，用立体镜观看就能再呈现出三维效果，这一过程被称为伪立体化技术（Pseudo-Stereometry）。具体过程如下。原始场景形成影像对中的右侧（Right Hand）影像，该影像的每个像素都是有地理坐标参考的，所以可以对其进行标注；利用 DEM 数据对影像中每个像素赋高程值之后，利用电脑软件，将每个像素向西移动一定距离（与其高程成一定比例），即可创建新的左侧（Left Hand）影像；用立体镜同时观察左侧（LH）和右侧（RH）影像（见图 2.6），就会产生 3-D 效果。然而，对绝大多数地区来说，使用极高分辨率（VHS）卫星图片库，可用的高程数据分辨率要比二维图像的分辨率低得多。

卫星影像在以下几个方面比航空照片更具有优越性。首先，绝大多数卫星能够达到对同一地球表面的全部覆盖，由于轨道卫星每隔几天可以重复通过扫描区内的每一点，因此通常可以获得场景没有云彩时的影像，即使在很少万里无云的热带地区也能够做到。低分辨率卫星，如 Landsat 系列卫星就是如此，自 1997 年以来，Landast 系列卫星提供了大量历史场景数据，很容易搜索到，价格也不贵。法国的长生 SPOT 系列卫星也是这样。近年来发射的极高分辨率（Very High Resolution，VHR）卫星，如 Quickbird、Ikonos、Geoeye 及 Worldview，可以收集的数据量更是庞大，以至于它们一般只针对客户需求收集某一特定区域的数据。因此，针对需求收集的高分辨率卫星影像就昂贵许多，特别是有时需要重复多次取得无云时的影像。然而，即使有了这些产品，也总是需要检查它们已经存档的数据是否可用。一般的规律是，对于给定区域和分辨率，购买卫星影像要比实施一次新的航拍测量要便宜得多[4]（随着无人机的广泛应用，航拍的成本迅速降低，很可能将来反而更便宜。——译者注）。其次，在提供正

3 这称为数字高程模型（DEM）。在本书写作时（2010 年），DEM 数据可以从 NASA 的 SRTM（航天雷达地形任务）获得高程数据。SRTM 能够提供一个全球的 DEM，分辨率为 90m（在美国分辨率为 30m），精度±5m（Rabus et al.，2003）。

4 然而，航空照片通常可以从“货架上”直接买到，其费用只有重新测量费用的零头。

交地理坐标参照系影像能力方面，卫星影像也具有强大优势，因为它在地质解译上没有比例失调，所以可以直接用作底图；而对航空照片来说，虽然也能够像卫星影像那样扫描成数字化格式，设置好地理坐标参照系及正交化，但其成本要高得多。

在本书写作之时，通过 Google Earth（www.googleearth.com）网络就可以免费获得覆盖全球的卫星影像。Google Earth 的覆盖面由不同卫星在不同时期所拍摄的众多场景通过“马赛克”式拼接组合，像素分辨率从 50m 到几厘米不等[5]。首都、第一世界国家的人口密集区、著名旅游区、成熟的矿产勘查区等一般都有最高的分辨率。在 Google Earth 上，全球任何地区的影像都能够快速定位，有经纬度坐标参照系、自适应比例尺，可以屏幕显示或打印成图纸。在屏幕上，影像可以倾斜，产生三维地形效果。笔者曾经利用从 Google Earth 上获得的影像（比例尺 1:5000～1:2000）作为底图，很好地用于西澳大利亚 Yilgarn 省金矿采坑地质填图和印度尼西亚浅成热液金矿勘查区地质填图中。

8.5 反射数据的分析

不同的地表物质（水体、潮湿土壤、植被、蚀变黏土等）在不同谱段上对辐射的反射强度不同。每种地表物质都有其自身的反射特征，称为反射标志。通过对卫星收集到的不同反射谱段进行计算机处理，可以产生专门的影像，用来增强或覆盖特定地表物质的反射信号。在矿产勘查中，这对找寻大规模地表蚀变系统中黏土蚀变的集中区域（伊利石、高岭石、叶蜡石）具有特殊意义（Sabbins and Oliver，2004；Rajesh，2004）。对这些矿物而言，最显著的反射特征/标志是其谱线中短红外部分（SWIR），Landsat 7 Thematic Mapper（TM）和 ASTER 卫星携带设备能接收 SWIR 波段，使得它们的影像产品十分适合做这种分析。这种技术最适合于干旱或半干旱气候地区，因为那里地表具有广泛的岩层裸露，植被覆盖很少。而在潮湿地区，通常植被或黏土（农田）的反射特征掩盖了来自基岩的任何信号。

5 对那些公众高度关注的地区，比如大都市或知名风景区，Google Earth 采用了非常高分辨率的航空照片。

参考文献

[1] Bedell R（2004）Remote sensing in mineral exploration. Soc Econ Geologists newsletter, 58:8–14.

[2] Rajesh HM（2004）Application of remote sensing and GIS in mineral resource mapping—An overview. J Mineral Petrol Sci, 99:83–103.

[3] Rabus B, Eineder M, Roth A, Bamler R（2003）The shuttle radar topography mission—A newclass of digital elevation models acquired by space bourne radar. ISPRS J Photogramm Remote Sens, 57:241–262.

[4] Sabbins FF, Oliver S（2004）Remote sensing for mineral exploration. Ore Geol Rev, 14:157–183.

第9章

地球物理和地球化学方法（物化探）

9.1 一般性讨论

对那些露头难觅的勘查区，或经过很长阶段勘查工作的地区（一般被称为“成熟”勘查区），传统方法只能勘查较薄盖层下的信息，勘查学家们越来越多地利用地球物理和地球化学的手段来探究更广阔的区域。其中一些地球物理和地球化学方法也能够对那些从地面很难接近的区域进行快速的评价，比如雨林地区或基础设施较差的第三世界国家。

地球物理和地球化学技术通常测量某种程度上所有岩石都具有的客观特征，测量结果以收集到大量数字化的地理数据表达出来。勘查学家可以利用两种不同的测量方法获得信息：一种是为了确定区域地质的测量方式，另一种是为了直接定位矿体的测量方式。在某些情况下，这两种方式同时运用。

第一种地球物理和地球化学方法用于测量一种特定岩石或土壤的特征在该区域的分布情况，例如，它可以是岩石、土壤或水系沉积物的电磁反射率、磁阻、电导率，或者是元素富集/比例等。这类测量与定位矿体没有任何直接或间接的关系。将这些数据与地质学家直接在地表观察绘制的有关“基岩—风化壳”填图资料相结合，就可以制作三维地质解译图，再通过地质模型就可以预测有利的成矿部位并指导后续的找矿工作。这种高质量的地质解译过程最好由一个团队共同完成。团队中专业的地球物理学家或地球化学家理解数据表达的特征和局限性，而地质学家则通常拥有对该地区最全面的地质认识，从而帮助理解区域内的潜在地质成矿过程的模式和规模。当然，这两个领域的技能和知识也可以集中于一个人身上，但这种情况比较少见。

在确保数据质量的技术工作或者纯粹的数值分析结束之后，这种调查结果的地质解译最重要的步骤是将数据填入一个有助于定性解译的表格。该步骤通常是将数字、数据填入方便地质学家使用的模拟表格。有关创建 2D 和 3D 模拟图件、地质剖面图及从繁杂数字数据生成表面图的技术，将在下一章讲述。

第二种地球物理和地球化学测量方法的目的是测量岩石的不同寻常的或非典型的特征，直接反映出与其空间位置关系较接近的经济矿藏。由于在绝大多数情况下，矿体相对于地壳来说要小得多，所以这种测量必须是精细的、小间距测量，而且通常是比较昂贵的。矿体的定位测量应是在确立勘查区之后，或至少是在有勘查潜力的有限区域确定之后进行。分析矿体定位测量的关键步骤是选定测量结果范围作为“异常区”，随后分析确定异常区的性质、大小、位置和形状，并通过详细勘探工作，用钻探来进行验证。

圈定（确立）异常区并非易事。例如，如果在一个地球化学测量中选择 Au 20ppb（十亿分之一）作为圈定异常的边界值，那么很难说清楚这个 20ppb 的边界值（在异常范围内）和 19ppb（在异常范围外）之间到底有多大差别。如果设定 19ppb 为边界值，那 18ppb 呢？依此类推，所有涉及数字数据的分析都会面临这种问题。数据等级的划分不能简单地根据其大小来定——选择的数值越大，其结果并不一定就越好。仔细想想：一个低值可以反映一个离采样点/测量点很远的大异常源；而一个高值可能只是从离采样点很近的小异常源而来。距离采样点的远近只是影响（加强或减弱）特定测量值的因素之一。

实际情况往往是，在充分采样之后，结果显示环境本身很少出现明显的天然界限值，其数据通常是呈连续的或模糊分布的。科学中的模糊逻辑可应用于这种系统：任何事情都只是在特定条件下的对与错，黑与白只是连续灰色条带上的两个特殊位置而已。人类的大脑就是按照模糊逻辑工作的，但这与计算机的二元逻辑南辕北辙。因此，当前的计算机并不能够从一个数据集中建模选择出全部重要异常数值，只有人（专家）才可以做出有希望成功的尝试。计算机处理地球化学和地球物理数据的作用在于：方便人们的判断决策过程，并将这些数据表达出来。

通常可以通过以下途径部分解决确定异常值的问题：在数据集合中找寻自然形成的组合及模式，并假设这些数组能够反映包括成矿过程在内的基本地质作用。有时，这种自然形成的突变很明显，用眼睛瞄瞄打印出的原始数据就能发现。而更多的时候，数据中微妙的转折或者趋势中的突变则需要通过图表或统计分析方法来界定。许多商业软件具有突出这种特征的功能。这些程序功能强大、适用性强，今天已成为绝大多数地球物理和地球化学测量数据分析的核心部分。

不管这种天然界限值存在的形式如何，如果一个数据集代表了对一个区域的充分采样，不管其自然形成的模式如何，任何初步的数据分析都会将数据划分为三个基本组。

第一组（几乎也是最多的一组数据）为测量数据中确定无异常的部分，即所谓的背景值，这些数据至少在目前的测量结果条件下可以安全地排除掉，不用考虑。第二组（若存在的话，很可能是最少的一组），是测量中那些与背景值截然不同，不能被忽视，需要通过某些途径对其进行解释的数值，一般这类数值就可以确定为“异常值”。第三组是宽泛的一类，可以“模糊”地定义为“可能的”数值，它包含了所有测量数值中不符合以上两类数组的剩余部分。它们比背景值略高，或正好是背景值的上限，但又很容易被排除在成矿异常之外。然而，它们也可能是矿体表达出的微弱信息。由于可能没有足够多的时间和财力来对这第三组“可能的”数据进行彻底检验，所以必须从既有测量之外获得其他信息，包括其他类型的地球物理和地球化学测量结果或该区域的地质矿化信息，从而对其进行分析决策。在这一点上，需要由经验丰富的勘查学家来完成，而没有任何软件程序可以替他/她来决策。

这就是为什么没有任何勘查技术可以独立实施的主要原因。最强大的勘查项目组通常综合利用几个合理实施的地质、地球物理、地球化学调查数据。最终，一旦所有的处理及报告步骤完成，揭示所有地球物理和地球化学测量结果的关键点就在于对该区域地质及成矿过程的理解。

可以将相同比例尺的不同类型的图层数据叠加到一张图纸上，过去这是一个比较复杂的过程，但现在可以在计算机上利用数字化的数据集及地理信息系统（GIS，将在下一章全面介绍）很容易地实现。

本章简要介绍矿产勘查中最常见的地球物理和地球化学测量方法。对勘查学家用到的全部地球物理和地球化学测量技术的详细描述超出了本书的范围。并且，由于这些技术受科技发展的驱动，实施细节可能变更频繁，所有这类详细介绍很快就会过时，而对这些技术在理论和野外应用方面的详细讨论，读者可以参考附录 F 中所列出的参考文献。但是，本章所讲述的对地球物理和地球化学勘查本质的整体概览表明：在矿产勘查中，一种综合多学科并平衡彼此的方法对取得成功来说是多么的重要！

9.2　磁法测量

用于磁法测量的仪器称为磁力仪。磁力仪记录下受磁感应岩石干扰后的地球磁场。在某种程度上讲，所有的岩石都具有磁阻，所以一张地表磁场变化图（也称为全磁场强度或 TMI 图）可作为当地岩性分布图，在某种程度上可以反映岩石的三维分布状态而不受地表覆盖层的影响。磁场图对勘查学家来说十分有用，不管是在区域填图中作为重要的辅助工具，还是利用其独特的磁性特征来直接定位矿体，它都算是地球物理技术中最容易操作和应用最广泛的方法。

区域磁场图通常利用悬挂磁力仪进行低空平行地面飞行扫描而获得。如今，采用 DGPS 系统可以对飞机进行精确定位（见 2.1.7 节）。数据记录为数字化格式，可以显示为等值线图或者像素图（见 10.3 节）。低空飞行和减小飞行测量路径的间距，可以提高测量的灵敏度。极高精度的航磁测量可以使用在低空直升机上，其分辨率可以与地面磁测相媲美。

对于地面磁测，磁力仪的探头安装在一根杆子的顶端，使其不受附近“磁噪声”的干扰。横穿测区设有一系列测线，测量员通常沿测线每隔一小段距离读一次数。以往磁测读数和位置坐标需要分别记录在本子上，但如今似乎所有读数都可以直接储存在仪器的电子存储器中。现代化的仪器还可以连接 DGPS，坐标数据可以自动地随相应的磁测数据一起记录下来。在一个固定的基地站点进行有规律的重复读数，以进行“日变”校正（在现代化的仪器系统中，这一步可以自动完成，只需要每日结束时将固定在测站的磁力仪和沿测线实地移动的磁力仪的时间—坐标数据下载到野外计算机中即可）。

在编辑、修正和调成水平之后，对航磁测量数据进行处理，一般包括对全磁强度数据进行大量的普通强化工作和表达技术。对区域磁测来说，用计算机程序化地来剔除区域磁场梯度部分是一个重要的校正步骤，而这在详细的局部测量时一般可以忽略。

如果地球磁场在任何地方都是垂直地表的话，那么磁异常的形状就反映了下覆异常体的形态。一个对称的物体会在其正上方产生出对称的异常。然而，只有在磁极处磁场才是指向地面的（垂直 90°），随着离磁极距离的增加，磁场与地面的夹角会越来越小，而在赤道处，磁场就平行于地面了，这就意味着所有的磁异常在某种程度上都是不对称的。这就造成异常由 N—S 方向上的一对高—低磁组成。在北半球，低异常位于高异常的北部；而在南半球则正好相反，低异常位于高异常的南部。测量越接近赤道，这种不对称型表现得越突出。结果，在低纬度地区进行磁测几乎毫无意义，除非运用一种恰当的数学方法对数据进行校正。这种校正过程将磁异常转化为看起来像是在磁极处的异常一样，所以称该过程为“极化校正”。

其他转化一般包括垂直导数计算法和向上延拓法。一阶导数和二阶导数用来加强高频率信号、帮助解决近距离趋向问题、确定断裂和域边界的位置。向上延拓，即抑制高频率信号特征，可以用来识别大范围内不同磁场强度背景。

图像处理包括：分配太阳角度和颜色，将磁性图像添加到其他类型的数据中等。太阳角通常用于通过试验、误差以突出对单个图像中特殊趋势进行特定定位。配色通常通过直方图或查阅性数据表将测量区域内期望岩石种类的磁性强度，并分配不同颜色进行限定。在某些场合，灰色图像可能比彩色图像更加实用，特别是垂直导数投影图。重力和磁性数据双投影图上通常是将灰色的垂直导数磁性图件叠加到彩色重力图之上。另外一个常用的综合图是将详细的 TMI 磁性等值线叠加到无太阳照射的 TMI 彩色图像背景上去。其他特殊目的的图像可能将磁性图像叠加到地球化学数据或钻孔平面图上，以突出其重要的化验信息。

通常一套图纸由地质局等机构完成，选择方便弄清某地区地质或成矿作用的图像对其进行系统的解译。解译可以直接在电脑上进行，或者先在桌面图纸上完成然后数字化输入电脑[1]。

基础解译工作涉及确定具有相似磁场背景和结构的范围，画出很可能是断层的线性广泛不协调特征，以及画出不同区块的趋势线。需要在早期对矿区做一个快速的穿越磁测，以确定离散的、高强度的磁场特征，不管是高磁或低磁，还是任何磁性脉体的聚集。晚期的岩体和岩脉中剩余的磁性中具有倒转磁极的情况是很少见的。在这个阶段，更多的细微特征可能是勘查的焦点，一般利用已有的地质图来帮助确定磁性特征的源头，以及任何有意思的期望构造和地质信息。

大多数磁性结构归因于磁铁矿丰度的差异。因此，磁性解译必须密切联系其他手段所确定的地质参数，但其他方面也能对其造成巨大影响。在一些单元中，如黑色（碳质）板岩及高级变质岩中，磁黄铁矿可能是一个重要的磁性源。蛇纹石化超基性岩具有强磁性，因为其中含有细小的磁铁矿颗粒，但是经过变质的超基性岩可能只有弱磁性。氧化的花岗岩具有强磁性，而经过还原作用的花岗岩磁性却很微弱。中性钙碱性火山岩可能具有强磁性，而由它们组成的沉积物也具有相似的强磁性。接触变质晕可能具有磁性，特别是在氧化的花岗岩周围。富集磁赤铁矿[2]的风化壳单元可能具有较强的磁信号，特别是在含有豆状磁赤铁矿卵石的河道里，可能具有十分显著的磁异常。与水热流体有关的热液蚀变，在有些时候可能会增强磁性，而在另外一些情况下可能会减弱磁性。区域性的交代作用可以使某些地区的磁性得到增强或者减弱。对比磁测结果和地

1 但要注意，实际中许多航磁影像的命运，要么是将其挂在墙上显摆给到访者和总公司管理层看，要么是复制下来作为投资者编写的公司年度报告的首页，几乎从不对它们进行系统的分析解译。

2 磁赤铁矿是磁铁矿系列中的一种强磁性的铁氧化矿物。它的晶体结构处于磁铁矿和赤铁矿之间，形成于磁铁矿氧化后的风化壳中。

质填图，常常可以提供一个好的指导方针：利用磁测数据可以推测覆盖区域之下的地质特征。对岩心或 RC 钻探岩屑的磁感应测量通常可以为我们提供丰富的信息，这些信息十分有用。

直接寻找与成矿有关的磁性靶区是一种重要的勘查技术，特别是在如下地区寻找铁矿：条带状铁建造、IOCG 矿化类型、强氧化斑岩（铜矿）侵入体、磁铁矿矽卡岩、含磁黄铁矿的块状硫化物。在以上这些地方，通过高精度低空航磁测量来圈定潜在异常区，然后利用地面磁力仪横穿及磁性建模来确立钻探靶区。磁法测量可以用来确立微小的勘查靶区，如在古老河流中的重砂矿物富集点、穿透风化层并控制优质蛋白石分布的断层，以及古河道中与磁赤铁矿砾石在一起的潜在铁矿和金矿矿体。这些发现矿体的例子，很大程度上是因为它们具有很强的磁性，近年来发现的最好案例莫过于澳大利亚的 IOCG 矿床[3]，如 Olympic Dam（Reeve et al.，1990）、Prominent Hill（Belperio et al.，2007）及 Ernest Henry（Ryan，1998）。其他的一些案例，如 Broken-Hill 类型、层控沉积物型、Cannington 地区发现的 Zn/Pd/Ag 矿床，也是通过对年轻且深厚的覆盖层下的航磁异常（由磁黄铁矿引起）进行钻探验证而发现的（Walters et al., 2002）。

对被覆盖层覆盖的地区进行地质勘查，可以首先从航磁数据估算地表到磁性基底的厚度。Naudy[4]技术（Naudy，1971）是一种常用方法。

综合航磁解译和区域重力及放射性数据（见 9.3 节、9.4 节），可以进一步获得地下潜伏岩石的地质解译。单一方法是不够的，特别是，不同的花岗岩组合可能具有截然不同的放射性比值。

在发达国家，区域性的、相对较小比例尺的航磁测量通常由政府完成。从政府测量机构处可以获得这些图件的电子版或者标准的图纸（以等值线或像素格式表达）。这些图件可能不是很详细，但一般足以提供一个区域的综合全貌。大型勘查队伍常常在他们的矿权范围内进行自己的、更大比例尺的航磁测量。在一些已建矿山地区，地球物理测量公司以盈利为目的，对较大范围进行详细

3 IOCG：铁氧化物型铜金矿床（见 Hitzman et al.，1992）。
4 见 Naudy 于 1971 年发表的文章。

的航磁测量，而矿业勘查公司可以从他们那里购买测量数据。

9.3 重力测量

重力测量即测量地下岩石密度的横向变化，所用的仪器被称为重力仪，是一个对重量极为灵敏的仪器。通过在一系列地表基站处对一标准质量进行称重，重力仪可以检测出由于地壳密度不同所引起重力上的细微差别。因此，对重力变化进行作图，可以用来判断地下岩石的构造分布情况，包括可能与隐伏矿体有关的异常密度分布情况。

为了便于使用，原始的重力测量数据需要进行校正。第一步校正（针对仪器本身的短时漂移问题）是在基站进行重复有规律的读数，类似磁法测量。第二步校正是补偿地球重力场的大范围内的变化，该校正只对区域重力测量比较重要。第三步校正也是最重要的一步，校正由于测量点高程的变化所导致的读数差异。为了校正这一点，测量点需要很精确地位于同一水准面上，对区域测量来说，精度应至少在 1m 以内，对局部详细测量（为直接定位矿体）来说，需要更高的精度，应控制在厘米量级。

由于在高精度重力测量中高程校正的成本居高不下，所以，以往重力测量一般局限于低密度、大范围、区域性测量使用。然而，现在差分 GPS（DGPS）的应用使得统一高程定点测量既快速又相对便宜，局部详细重力测量的成本与地面磁法的成本相当。

利用重力测量来帮助找寻矿体的一个典型的成功案例就是位于日本的高品位 Hishikari 浅成（低温）热液型金矿（Izawa et al., 1990）。在该矿体的发现过程中，地质学家利用详细重力测量在已知矿化区域内圈定出了隐伏的成矿构造带。本案例中利用该技术成功的关键是对矿区地质和矿化特征的深入认识和理解，并据此对重力测量进行了设计和解译。重力测量（配合区域航磁数据）还在发现澳大利亚南部特大型深埋藏 Olympic Dam（Rutter and Esdale，1985）矿床和 Prominent Hill IOCG 矿床（Belperio et al.，2007）过程中扮演了重要角色。

在将重力测量用来指导勘查工作之前，需要对重力反射信号进行建模，例如，靶体的大小、深度和 SG（比重）等一系列参数，具有重要的现实意义。在澳大利亚的某些风化地区背景下，风化壳中某些具有不确定几何形态的密度可变物质，可能产生模棱两可的重力测量结果和虚假的重力异常。

9.4　放射性测量

放射性测量是在地表测量由地壳岩石发射出的天然放射性射线。其数据的收集和表达与磁法测量数据类似。放射性测量通常由低空飞行器在进行航磁测量时完成。当然，放射性测量也有地面仪器，可以放置在地面基站或者钻孔中进行测量。放射性测量的仪器被称为“频谱仪”。

地壳中丰度最高的天然放射性元素是钾的同位素 ^{40}K，其大部分位于造岩矿物正长石的晶体中。其次（丰度次高）为钍元素，常见于独居石——作为一些花岗岩和伟晶岩体的副矿物存在。通常，勘查人员找寻的放射性元素——铀（U）——的丰度是很低的，但在一些特定岩石中，如高度分异的花岗岩和一些黑色页岩系中却存在一定程度的富集。频谱仪有不同的可选频道用来识别来自以上不同源的不同放射性。由于绝大部分天然放射性来自 K，所以对放射性的总量作图，对弄清碱性火山岩和由之而来的沉积物（如长石砂岩）的分布提供了一个很有效的方法。独居石由基岩风化，形成较重的抗风化碎屑矿物，通常聚集在河道或岸边。由于这个原因，放射性填图中通常显示出这种“Th 元素河道”特征。以不同河道中放射性测量数据的比值作图，如 U/Th 和 K/U 等，对区分不同岩石类型十分有用。不同的花岗岩组合可能具有明显不同的放射性比值。由于放射性图件只反映地表物质的信号，没有深度信息，所以它们对在风化壳图件上进行赋值十分有用。

9.5　电磁（EM）测量

电磁测量旨在测量岩石中的电导率。它既可以利用地壳中天然存在的电磁场，也可以在外部施加人工电磁场（一次场）以传输电流到地下导电岩石。将导线或线圈沿地表铺展或由飞机搭载从上空飞过，对地下岩石通入交流电，就会产生一次电磁场。流经导电岩石中的电流可以产生二次电磁场。一次电磁场和二次电磁场的相互作用（干涉效应）可以用来定位导电岩体的位置。

由于许多块状金属硫化物矿体具有很好的导电性，所以 EM 技术最广泛的用途是在找寻这种类型矿床中作为定位矿体靶区的工具。

EM 系统对于寻找地表以下 200m 范围内的矿体效果最好。尽管理论上讲，更大的一次电磁场及更宽的电极间距可以获得更大的穿透深度，但是，EM 测量结果的解译面临的问题随着穿透深度的增加呈指数级增长。

地面 EM 技术的应用相对较昂贵，它可以在已建立勘查区内或勘查程度较高的地区为找寻特定成矿类型的矿床圈定钻探靶区。EM 系统还可以应用于钻孔内，来测量电流流经钻孔和地表，以及两个相邻钻孔之间的电磁场效应。航空 EM 系统可用于指导确定矿体位置及为区域地质填图服务。

EM 测量解译出现问题是由于许多含矿母岩与矿化岩石本身具有十分相似的地球物理反射信号。充水的断裂带、石墨化页岩及磁铁矿富集带都能够导致虚假电导率异常。强风化或含盐地下水可以使得 EM 测量要么失效，要么解译十分困难。正因为如此，全球使用 EM 测量找矿最成功的地方就是那些在近地表存在新鲜的无氧化岩石的地区，比如近代冰雪地区，如北美、北欧及俄罗斯都符合这种条件。在那些航空 EM 技术在矿床发现中起主要作用的案例中，加拿大 Kidd Creek（Bleeker and Hester，1999）及美国 Crandon（Lambe and Rowe，1987）发现的块状硫化物矿床最为著名。

9.6　电法测量

所有的电法测量都是在地面进行的。其中最简单的电法测量是直接向地面通上电流，通过接收器接收信号来测量电流通过岩石的电阻率。因此，这种测量通常也被称为电阻率测量。一般情况下，电流在地下通过空隙流体中带电粒子的移动来传导。金属硫化物可以通过电子来传导电流，所以通常可被探测到低电阻的异常带。

IP（激发极化）法是一种特殊类型的电法测量，其原理是利用电流通过浸染状金属硫化物时所产生的电化学（电偶）效应。在硫化物颗粒边界处，当电流由离子流变为电子流时，或电流由电子流变为离子流时，电流会产生一个电化学电荷。这种岩石就被称为带电岩石。当关闭原电流，可以探测到二次电压（感应电流）的衰变，据此就可以测量带电体的大小和位置。事实上，IP（激发极化）法是在地面上唯一可以直接检测隐伏浸染状硫化物的方法。在磁法测量之后，IP 技术是用于矿产勘查中最古老的地球物理方法之一，其第一个专利（由法国人 Conrad Schlumberger 发明）应用于 1912 年（Mathews and Zonge，2003）。

IP 的测量结果通常以假剖面的方式表达。这种“剖面”只是为了方便表达电法测量结果的一种简便途径，其中的等值线反映出测量的几何形态[5]，而并非异常体的地质形态。这种“剖面”不能简单等同于真实的地质剖面，必须由专业的地球物理学家进行解译。然而，利用现代反演建模软件（见下一章）可以直接对其进行解译，使得 IP 的“假剖面”方法很可能成为历史。利用 IP 测量方法的一个成功案例是在爱尔兰发现的隐伏沉积物型 Pb/Zn 硫化物 Gortdrurn 矿床（Hitzman and Large，1986）。墨西哥的 San Nicolas VMS 型矿床的发现也是源于 IP 测量的结果（Johnson et al.，2000）。

电法测量需要一个能够获得高电压的发电机，并将电极直接插入地下以传送输入电流。接收器沿地面排列，以测量电阻率或荷电率。这种测量费用较高，并需要训练有素的工作团队。因此，在具有潜在浸染状金属硫化物矿化的勘查区内，通常将其作为直接定位矿体的工具。

在电法测量中，由于强风化地体中含盐的近地表地下水可能导致输入电流的短路效应，造成测量过程出现问题。在岩层中除了块状或浸染状硫化物之外，其他许多岩石具有的低电阻率或低荷电率，也对测量结果的解译造成困难。

电法测量，像电磁法一样，在浅地表的几百米范围内，比如近代抬升和剥蚀、冰川活动造成的近地表新鲜未经风化的岩石中应用效果最好。

5 异常表现为一个倒置“V”的形态特征，通俗地称为“裤腿”状异常。

9.7　电法和磁法混合测量

该方法将电流（原始电流）通过一个电极对直接导入地面，这与传统电法测量基本相同。然而，之后却不是测量由其他地面电极返回的电压，而是利用一个磁力仪来测量由原始电流和二次电流所激发的磁场强度。因为返回信号的测量可以在很远的地方进行，所以这在操作上，就比传统的 EM 和 IP 方法更快也更便宜。激发的磁场变化在空间和时间上都可以进行测量和分析。该技术可以在一次测量中同时获得磁性、电阻率和荷电率数据；还可以在那些有导电层覆盖的地区测量其返回信号，而通常导电盖层阻碍了用以获取下方有用信息的传统地面测量。

利用 MMR/MIP 技术（Howland Rose，1984），用原始电流激发的磁场来测量电流穿过地面的磁阻率（MMR）。以带电物质（如浸染状硫化物）接触边界处电化学效应所激发的二次磁场来计算返回电流路径的磁激发极化（MIP）。其结果通常用等值线或像素平面图来表示，使其解译得更像地质图，以推演任何异常体的形状、大小及成因。

亚音频磁技术[6]（SAM）（Cattach et al.，1993）是 MMR/MIP 演化/发展而来的新技术。SAM 利用现代精密电子设备和计算能力来提高野外测量的速度，并增加测量结果的清晰度和分辨率。SAM 测量具有极高的清晰度，它利用一个快速采集全磁场的磁力仪（可达每秒钟 200 个读数），当通过步行、车辆甚至直升机进行连续移动时，它可以获得亚米级的测量数据。单一 SAM 测量的产品包括：全场高精度磁性（TFHDM）、全场磁阻率（TFMMR）、全场磁激发极化（TFMIP）、全场电磁性（TFEM）。其中，TFMMR 可以探测磁阻率在发射电极走向上的变化情况。因此，在有地表导电层的区域，如古河道或强风化带，其信号可能掩盖了其下导电基岩或金属矿物的微弱信息，此时，TFMMR 是一个独特、有效的方法手段。

6 亚音频（Sub-audio）指的是输入电流信号的频率。尽管这个名称可能无法代表该技术最有特色的方面，但它确实是一个容易记忆的缩写称谓。

9.8 仪器设备和数据建模新进展

在过去的 10 年间（从本书第 1 版至今），地球物理勘查领域最重要的进展不是在理论或实践应用方面有多少进步，而是开发出了更加精致的仪器设备和更加强大的数据处理技术。

新的设备采用了体积更小、数据处理更快、存储空间更大、价格更便宜的电子芯片。如此，可以增加野外数据采集的精准度，并可以在数据采集的同时进行数据处理，因此可以提高所采集数据的信噪比。与 DGPS 测量控制配合使用，可以降低所有地球物理测量的成本和时间，同时能够提高数据中异常信号探测的灵敏度。微处理器技术的更新呈指数级增长[7]，没有丝毫减弱的迹象。

传统来讲，绝大多数地球物理数据显示成等值线、栅格图或剖面图的格式，以供地质学家或地球物理学家利用它们所代表的地质和成矿术语对其进行定性解译。过去十年间，随着计算机处理能力的增强，应用于分析和表达地球物理数据的新方法——不管是磁的、电的、重力的，还是地震学的——层出不穷，已经开始对解译过程造成革命性的影响。这些方法一般被称为数据反演（McGauchy，2007；Oldenberg and Pratt，2007）。反演技术利用复杂的计算机算法及勘查区内岩石和潜在矿床地球物理性质的相关信息，在数学上建立一个地质模型。该模型至少要能符合实际的地球物理测量结果，且测量结果将把测量岩体以 2D 或 3D 的地质模型表达出来。最终的成果可能十分戏剧化，而且可能导致对该测量地区的地质情况产生新的认识和解释。然而，要认识到，正如所有的计算机模型一样，只有在模型参数设置中选择合适的地质信息，并且在建模中所用的地球物理性质数据足够准确时，反演出的成果模型才能比较理想。地球物理反演模型并不唯一，可以通过构建许多不同的模型来反映野外测量到的地球物理数据模式。从不同的可能模型中做出合适的选择，需要深入了解该

7 该进程最早是由 Gordon E. Moore——Intel 公司的创建者之一——于 1965 年预测出来的，后来被称为 Moore 定律。该定律指明，在芯片上安装晶体管的数量每两年就会翻一倍。目前该定律被证明与发展趋势吻合，尽管任何指数趋势都不可能无限地延伸下去。

地区的地质情况，对该区地质理解得越深入，所反演的模型就越有用，并且也越能符合实际。如果一个模型在地质上不能成立，则必须舍弃并重新构建一个。项目地质师对该地区的地质情况最了解，最好由他/她来对反演模型进行审核，因为他/她需要参与到专业地球物理学家构建反演模型的过程中来。

值得留意的是 Kenneth Zonge 对有关构建计算机地质模型的告诫（Mathews and Zonge，2003）：

“请注意……我们必须十分努力地判定结果是否具有地质意义，因为计算机可以生成漂亮的、在数学逻辑上正确的、颜色鲜艳的剖面图，而这并不一定能准确地反映真正的地质或成矿过程。”

9.9　水系沉积物采样

水系及河道中活动的沉积物中可能含有少量上游矿化岩石经风化后的物质成分。这个简单的道理就是水系沉积物采样的依据，这种采样广泛应用于区域地球化学勘查。水系沉积物采样方法在许多矿床的发现过程中都起到了重要作用。一个很好的例子就是利用该方法在巴布亚新几内亚的 Bougainville 岛上发现了 Panguna 的斑岩型 Cu/Au 矿床（Baumer and Fraser，1975）。为了让该技术有最好的效果，理想的应用条件如下。

（1）该地区因遭受强烈侵蚀，形成深切水系样式。

（2）理想的采样点应设在具有相对较小上游范围的初级水系。因为即使是很大的异常，在二级或三级水系处也会迅速分散减弱。

（3）采样时应只采集水系中活动的沉积物。河堤物质可能来自附近局部，而无法代表整个水系收集范围。

（4）在没有进行定向测量来确定采样的理想颗粒大小的情况下，应默认采集水系沉积物中的粉砂部分（通常特指为小于 80 目[8]）。对流速很快的水系来

8 这被称为泰勒标准筛号，指的是每一英寸长度内筛眼的数量。显然，按照这种方式确定通过筛网的最大颗粒的大小还取决于制作筛网材料本身的直径大小，但是对标准的实验室用筛而言，80 目筛网的筛孔大小大约是 180μm 或 0.018mm（Weiss，1985）。有关筛孔大小的更详细讨论见澳大利亚矿冶研究所于 1991 年出版的《野外地质学家手册》（第 3 版）。

说，需要采集较大量的沉积物进行过筛，然后收集合适的样品重量进行化验（最少 50g，最好是 100g）。因此，应该在采样地过筛，最好是冲洗所采的沉积物，让其穿过筛孔，然后进行收集。野外使用的最结实、最好的筛子是不锈钢网制成的［见图 9.1（g）］。过筛后的样品通常装入一个小牛皮纸袋，并将袋子口折叠封好［见图 9.2（c）、图 9.2（d）］。

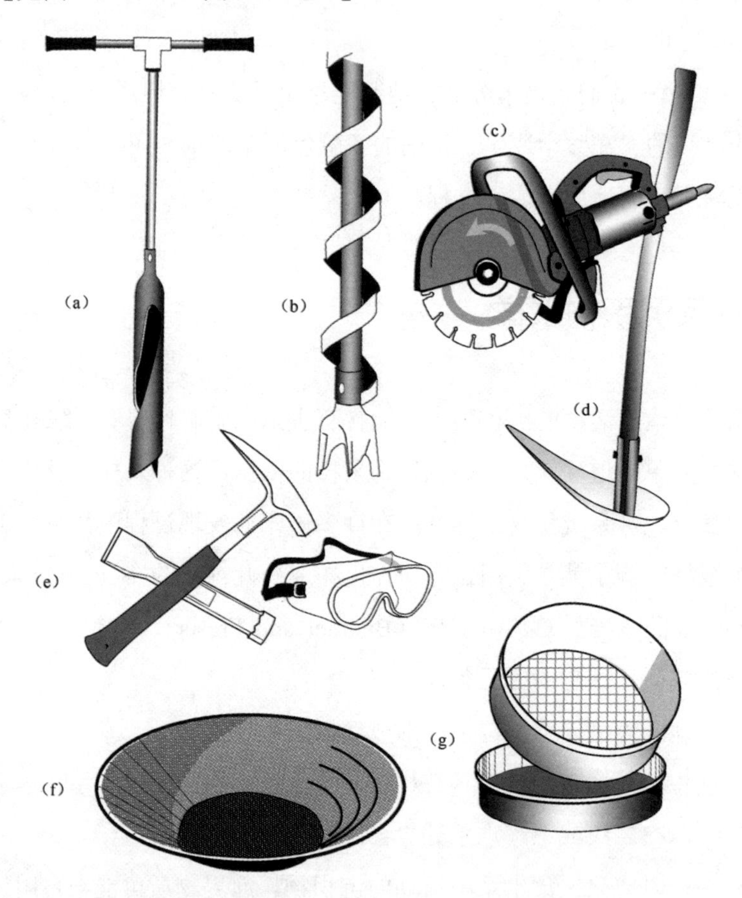

图 9.1　采集地球化学样品的一些工具。（a）手持螺旋钻。将钻杆旋转着钻入地下，提上来后将钻头部位的筒内的样品收集起来。钻杆可以自由伸缩。（b）螺旋钻或阿基米德螺旋钻及钻头。由一个小汽油机或柴油机引擎，切割碎屑沿着钻机旋转被带至地表。这种小钻机一般搭载在一个小型车辆上面。（c）手持电动岩石切割机，配有镀金刚石锯片，对露头岩石进行刻槽取样。（d）曲颈镐或锄头——用于地表土壤采样，无须弯腰就可以轻松地将样品滑入样品袋。（e）地质学家岩屑采样的标准装备。（f）淘洗盘，用于采集重砂矿物样品。（g）不锈钢筛和采集盘，用于水系沉积物采样，通常采用 80 目的筛网。

（5）采样时应做好记录，越详细越好。记录内容至少要包含以下信息：水系的宽度和流量、粗碎屑颗粒的特征、附近任何露头信息。这些信息对随后化验结果的分析及选择潜在异常值十分重要。

（6）水系沉积物采样通常采用溯源追踪法，即沿着水系往上游追溯，以确定具有异常的金属元素进入水系的位置。为进一步确定它的源头，可以在异常水系上部的山坡上实施土壤采样进行限定。

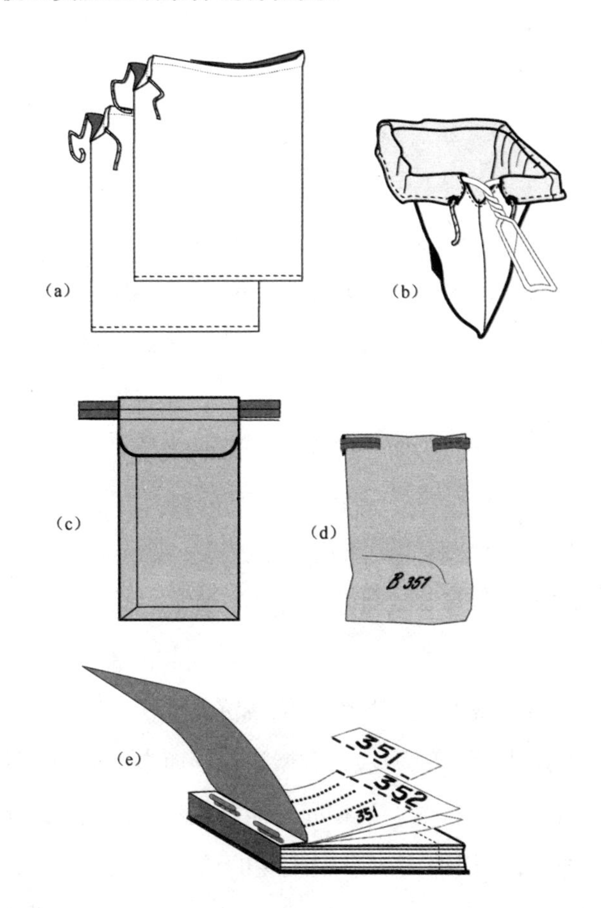

图 9.2　地球化学采样的诸多消耗品。(a）棉质样品袋，袋口配有绳索以便系住样品。(b）袋口处弄一个简单线框，方便露头岩屑采样时收集样品。(c）和（d）为牛皮纸袋（100mm×50mm），袋口可折叠，用于收集湿的过筛水系沉积物样品。（e）样品标签簿，其上印有样品编号。将标签的可撕条撕下随样品一起放入样品袋中，有关采样的详细信息（采样位置、样品类型、样品描述等）记录在标签的留存页上。

9.10 土壤采样

该方法的依据是：一般浅层的矿化岩石经风化后，其中的金属元素在矿床周围或附近会形成一个较宽的近地表的分散晕。通过化学分析可以检测到非常低的元素含量；通过在地表规则的等间距网格采样可以定位矿体在地表的“脚印”。出现的强烈异常可能就是我们要找的矿种元素或者是与要找的矿化类型相关的元素。

由于土壤采样的成本相对较高，通常运用于远景成矿带上或已确立的勘查区内部的详细勘查中，为了确立特定靶区以供随后的钻探工作。近来利用该方法一个很好的成功案例是：在澳大利亚 Queensland 的 Mount Isa District 发现了 Century 沉积型 Zn 矿床（Broadbent and Waltho，1998）。

供化验的土壤样品通常采集地表的细小粉砂或黏土物质，它们由下伏基岩风化而来，所以可能含有基岩的一些细小碎片。在收集样品之前，需要用粗孔筛子（-10目）筛过，去掉过大的粗颗粒。正常情况下，应采集表层含草根的有机质层之下的土壤，该过程需要一个小镐或鹤嘴锄。“曲颈镐”［见图 9.1（d）］是比较理想的，因为用它采样可以不用弯腰就可以很容易地将样品滑入样品袋。在某些地区（如雨林地区），可能会用到手持螺旋钻［见图 9.1（a）］来采集样品。通常将样品装入布质样品袋，袋口配有绳索扎紧。

并非所有的土壤都是风化基岩在原位残留的堆积。它们也可能，比如在重力、风或者雨水的作用下，从源头经过搬运迁移而来。这些土壤可能是经长期地质演化后地貌形态的一部分。这期间可能出现水平面变化及化学富集和分散的循环往复。为充分说明土壤地球化学测量的结果，有必要深入理解其中的“风化壳”概念[9]。风化壳可能具有很长且很复杂的演化历史，在设计土壤地球化学测量之前，需要对其进行地质填图和解译，以判断在这些地区是否适合进行这种类型的采样。

---

9 风化壳是指覆盖于基岩之上未固结的土壤和岩石碎块组成的表层物质。它可以直接从下伏岩石风化而来（残余风化壳），也可以经过地表载体，如风、水、下坡蠕动或者人类活动等的搬运作用之后，到达现在的位置。

对金矿勘查来说，采用全岩浸出提取金（BLEG）化验技术，可以检测出土壤样品中十分微弱的金属元素富集信息。这种方法需要采集的样品较大（2～5kg），粒度为粉砂级。将样品放入氰化钠溶液中数天，就可以将全部的金提取出来，然后对溶液进行化验。由于是把一个大件样品中的金全部提取出来，所以可以化验出原始样品中万亿分之一（ppt）的元素含量（检测限——试样中被测物能被检测出的最低量——可以达到很低）。

9.11　重矿物富集（HMC）采样

利用淘洗盘筛选水系沉积物中的重矿物组分，是十分古老的方法，但同时也仍然是非常行之有效的地球化学找矿方法。在采样地点可以通过识别和确定矿物含量（如金颗粒的数目）来检测出重矿物的富集程度（HMC）。若需要的话，可以将筛过的富集物装入牛皮纸袋以供化验。一旦在一个地方检测到有较好的结果，就可以立即溯源而上进行采样，直至找到异常源为止。

盘式淘洗法是指在水中将冲积物或崩积物搅动，使得具有不同密度的矿物分离开来，这需要用到一个广口的浅盘或浅锅，表面涂成深颜色。筛盘直径 30～40cm。实际找矿中最好用的是 30cm 的深绿色塑料盘，它轻便易携带，并且在盘里金颗粒和一般其他较深色的重矿物颗粒都很容易识别。如今设计的筛盘[见图 9.1（f）] 一侧铸有脊线（称为波痕），以方便固定重矿物的位置。

淘洗重矿物富集物样品的技巧，对一个勘查学家来说是很有用处的。以下简要介绍一些方法技巧。

（1）为最大限度地筛出重矿物富集物，关键在于第一步要在河床收集到最好的初始样品。其原理是利用水流的天然动力来分离出重矿物，并将其富集在河床的某些特殊位置。从河床底的天然凹槽中收集 2～10kg（视筛盘大小而定）的卵石和粉砂的混合物作为初始样品——你可能需要用到地质锤的尖头来采挖，掏出基岩裂隙、岩缝中捕获的岩屑物。这些沉积物是上游的天然岩石碎屑经过河床时，被石质河床底部（或一般是指河床基岩之上卵石层的基底部分）的一些小凹坑所捕获的物质。采样时要去掉所有的有机质或所有大于 2～3cm

的小石块，保留所有的黏土、粉砂（可能是最终的样品部分）及夹杂其中的小沙砾——在随后的淘洗过程中这些东西将被去掉。

（2）将以上收集的物质在筛盘中用水搅动，用手左右摇晃、打转搅拌等。在开始阶段，你可能需要用手指轻轻地搅动样品来洗掉其中的黏土和细粒粉砂部分，让其只剩下肉眼可以看见的岩石及矿物颗粒。充分搅动淘洗之后，样品中的重矿物就会沉入盘底。随着该过程的进行，一些较大的石块、粗粒砂砾及其中的较轻杂质会逐渐剔除。经过多次搅拌、淘洗、剔除之后，盘底的样品就只剩下少量的重矿物与残余沙砾的混合物。然后再加入清水旋转搅动，渐渐将残余的砂砾剔除出去，直到盘中只剩下重矿物，在盘中呈 V 形样式分布，其中最重的矿物位于 V 形的尖端部位。此时可以用放大镜来观察（并数出）样品中金黄色的颗粒金或者其他颜色的重矿物。

与实际观看一个淘洗高手现场操作相比，以上的介绍对如何进行淘洗重矿物样品所起的作用很有限。因此，可以在网上找到一些很好的有关淘洗技巧的视频（只要在 You-Tube 上搜索“gold panning”即可）。

尽管数出某种特定重矿物的数目可以立即得到重矿物淘洗的定量结果，但在矿产勘查中，更多的还是将全部重矿物富集样品（通常伴随少量石英砂）送去化验。

重矿物采样广泛地运用于找寻天然元素，如金[10]、铂、金刚石，以及抗风化的重矿物，如磁铁矿、锆石、钛铁矿、金红石、独居石和锡石。重矿物的辨别技术也广泛地应用于找寻金伯利岩筒的指示矿物中。

9.12 岩屑采样

对出露的基岩，可以利用地质锤或者岩凿直接取样化验。通常一个样品重量为 1～3kg 较合适。采样时一定要注意带上眼罩，特别是用凿子［见图 9.1（e）］取样时。

10 在筛盘的底部，一颗小的金颗粒——刚刚能够用肉眼看见——称为一个“色”。通过这种筛洗的方法，获得的一个样品中金粒的总数称为色数。有时候，如果幸运的话，也可以采集到较大的金块，称为狗头金。

对出露的矿化带采样时，需要对整个矿化带宽度全部采样作为一个矿化样，而相邻的非矿化岩石也应采样（作为控制样）。岩屑采样有如下两种方法。

（1）用锤子或/和凿子将露头敲碎，将许多小块的、大小均匀的岩石碎块收集起来，就成为一个敲击碎屑样。采样方向垂直于露头岩层的走向，并且要连续采样。对特别坚硬的岩石，可以利用便携式电动凿岩机帮助采样（见 4.4 节和图 4.4）。需要注意的是：采样时应力求均匀，不要采太多软而易碎的岩石，或采过多硅质的、硬而难破碎的岩石。收集样品装入布质样品袋[见图 9.2（a）]，用一根简易的电线框撑开袋子口，可以方便装样［见图 9.2（b）］。每一米的样品重量至少要采集够 1kg。单个样品最大重量为 3kg 左右，对较宽的露头，需要采集数个样品来控制采样质量。

（2）敲击碎屑采样速度快，但对露头的矿化含量只能提供大概的定性数据。尽管在多数情况下，这种样品信息对矿产勘查来说已经足够，但对矿山来说，通常需要更准确的锯槽取样，因为其数据可能会用于矿石储量计算中。为此，需要用岩石切割机对露头切出一条连续的样槽。这种锯通常为重型电动手持工具，搭配特殊的镀金刚石锯片［见图 9.1（c）］。一种方法是先在出露的岩石上切出两道平行的缝，间距 6～8cm，深度 3～5cm，然后用手锤和凿子将两条切缝之间的岩石取出。每一米锯槽样品大约重 5kg。另一种方法是用电锯切成斜角，切缝相交成 V 形，虽然这种方法更快捷，但用这种方法采获样品量较少，而且将岩石切割成斜角对操作员来说更加困难一些。

连续锯槽取样速度缓慢，特别是对坚硬的硅质岩石。然而它可为我们提供最好的、有代表性的连续样品，这个效果与金刚石钻探所获得的岩心样品的效果相当。岩石切割机的操作人员需要佩戴全套安全装备，包括眼罩、护耳、防尘面罩、手套及重型工作服。需要注意的是，采样之前需要对岩石表面彻底冲洗，以去掉表层可能残留的来自矿山的粉尘。

9.13　红土带采样

在一些复杂的、经过长期地质作用的风化剖面中，来自下伏原生矿化岩石中的金属元素可能在一些层位富集，而在另外一些层位亏损。这种风化过程可以形成红土地形，即在地表或近地表出现铁质聚集层，通常该层位会富集某些金属元素。在其他风化环境中，碳酸钙的沉积（钙质结砾岩）可能倾向于富集金属元素，如 Au 或 U。根据地质学家对红土剖面中金属元素分布的认识，需要对风化剖面中不同层位进行系统的地球化学采样（Smith，1987）。当后期的侵蚀旋回影响到古老的风化壳剖面时（这种情况经常发生，如西澳大利亚的 Archaean Yilgarn 省），铁质富集层可能会被剥蚀掉，而下伏的被浸出金属的亏损层位就会出露地表。对该层位的地表采样就不会出现任何有关下伏矿化的指示信号。剥蚀的含铁质砾石（残留砾石）为抗风化岩石，可能会在下坡堆积起来。如果它们能被识别和填图记录下来，并圈出它们的源头，那么滞后的铁质砾石就可以提供一个很有用的采样介质。

在红土地形中，设计一个有效的地球化学采样程序的关键是要有一个好质量的风化壳填图，并要了解微量金属元素在风化剖面中的运移和沉淀规律。

参考文献

[1] Baumer A, Fraser RB（1975）Panguna porphyry copper deposit, Papua New Guinea. In: CL Knight (ed) Economic geology of Australia and Papua New Guinea I–Metals. Australasian Institute of Mining and Metallurgy, Melbourne, 855–866.

[2] Belperio A, Flint R, Freeman H（2007）Prominent Hill: A hematite dominated iron oxide copper–gold system. Econ Geol, 102:1499–1510.

[3] Bleeker W, Hester B（1999）Discovery of the Kidd Creek massive sulphide orebody: A historical perspective. In: Hannington MD, Barrie CT (eds) The giant Kidd Creek volcanogenic massive sulfide deposit, Vol 10. Economic Geology Monograph, Western Abitibi Province, Canada.

[4] Broadbent GC, Waltho AE（1998）Century zinc–lead–silver deposit. In: Berkman DA, Mackenzie DH (eds) Geology of Australia and Papua New Guinean mineral deposits. Australasian Institute of Mining and Metallurgy, Melbourne, 729–736.

[5] Cattach MK, Stanley GM, Lee SJ, Boyd GW（1993）Sub audio magnetics (SAM) –A high resolution technique for simultaneously mapping electrical and magnetic properties. Explor Geophys, 24:387–400.

[6] Hitzman MW, Large D（1986）A review and classification of the Irish carbonate-hosted base metal deposits. In: Andrews CJ, Crowe RWA, Finlay S, Pennell WM, Pyne JF (eds) The Irish minerals industry 1980–1990. Irish Association for Economic Geology, Dublin, 217–238.

[7] Hitzman MW, Oreskes N, Einaudi MT（1992）Geological characteristics and tectonic setting of Proterozoic iron oxide (Cu–U–Au–REE) deposits. Precambrian Res, 58:241–287.

[8] Howland Rose AW（1984）The use of RRMIP as a regional mapping tool with examples from the eastern goldfields of Western Australia. In: Doyle HA (ed) Geophysical exploration for Precambrian gold deposits, Vol 10. University of Western Australia Extension Service, Nedlands, WA, 139–164.

[9] Izawa E, Urashima Y, Ibaraki K, et al.（1990）The Hishikari gold deposit: High grade epithermal veins in quaternary volcanics of southern Kyushu, Japan. J Geochem Explor, 36:1–56.

[10] Johnson BJ, Montante-Martinez A, Canela-Barboza M, Danielson TJ（2000）Geology of the San Nicolas deposit, Zacatecas, Mexico. In: Sherlock R, Logan MAV (eds) VMS Deposits of Latin America, Vol 2. Geological Association of Canada, Mineral Deposits Division, Special Publication, St. John's, NL, 71–86.

[11] Lambe RN, Rowe RG（1987）Volcanic history, mineralisation and alteration of the Crandonmassive sulphide deposit. Wisconsin. Econ Geol, 82:1204–1238.

[12] Mathews P, Zonge KL（2003）State of the art in IP and complex resistivity. KEGS anniversary symposium, mining and environmental geophysics–Past, present and future. Toronto, Canada. www.zonge.com/pdf-Papers/Sof A-IPCR.pdf. Accessed 26 Dec 2009.

[13] McGauchy J（2007）Geological models, rock properties and the 3D inversion of geophysical data. In: Milkereit B (ed) Proceedings of exploration '07: Fifth decennial international conference on mineral exploration, Toronto, Canada, 473–483.

[14] Moore GE（1965）Cramming more components onto integrated circuits. Electron Mag, 38（8）:114–117.

[15] Naudy H（1971）Automatic determination of depth on aeromagnetic profile. Geophysics, 36:717–722.

[16] Oldenberg DW, Pratt DA（2007）Geophysical inversion for mineral exploration: A decade of progress in theory and practice. In: Milkereit B (ed) Proceedings of exploration '07: Fifth decennial international conference on mineral exploration, Toronto, Canada, 61–95.

[17] Reeve JS, Cross KC, Smith RN, Oreskes N（1990）Olympic Dam copper–uranium–silver deposit.In: Hughes FE (ed) Geology of the mineral deposits of Australia and Papua New Guinea.Australasian Institute of Mining and Metallurgy, Melbourne, 1009–1035.

[18] Rutter H, Esdale DJ（1985）The geophysics of the Olympic Dam discovery. Bull Aust Soc Explor Geophys, 16:273–276.

[19] Ryan AJ（1998）Ernest Henry copper gold deposit. In: Berkman DA,Mackenzie DH (eds) Geology of Australian and Papua New Guinean mineral deposits. Australasian Institute of Mining and Metallurgy, Melbourne, 759–768.

[20] Smith RE（1987）Using lateritic surfaces to advantage in mineral exploration. Proceedings of exploration '87: Third decennial international conference on geophysical and geochemical exploration for minerals and groundwater. Ontario Geological Survey Special Volume, Toronto.

[21] Walters S, Skrzeczynski B, Whiting T, Bunting F, Arnold G（2002）Discovery and geology of the Cannington Ag–Pb–Zn deposit, Mount Isa Eastern Succession, Australia: Development and application of an exploration model for Broken Hill-type deposits. In: Goldfarb RJ, Neilsen RL (eds) Integrated methods for discovery: Global exploration in the twenty first century, vol 9. Economic Geology Special Publications, London, 95–118.

[22] Weiss NL (ed)（1985）Mineral processing handbook. Society of Mining Engineers of AIME, New York, NY.

第10章

地理信息系统（GIS）及勘查数据库

10.1 定义

地理数据包括所有类型的测量数据或观察数据，不管是模拟数据还是数字数据，其分布都贯穿地表，因此可以将其表达成图形或者剖面。在矿产勘查的所有阶段，这种数据都是最基础的。任何形式的地图都属于地理信息系统——通常被简称为 GIS。然而，当今 GIS 通常是特指由计算机存储并操作处理的电子化地理数据。现今有大量商业性 GIS 程序软件问世，尽管它们通常并不是为特定矿产勘查而设计的，但它们的功能足够强大，可以满足较大范围的 GIS 应用。专门的勘查和矿山软件能够满足地质及钻孔数据的存储、处理和 GIS 的特殊表达要求。本章将简要讨论这些程序的一般性功能，并不针对某一特定软件进行介绍。

10.2 数字化勘查数据库的必要性

理解不同数据的含义和用途通常需要对比不同类型的底图数据，这是一个数据综合的过程，同时也是将数据转化为“知识”的一种基本途径。例如，一张地表地质图可能需要结合该地区的地球物理或地球化学图件来生成一张复合图件，以帮助地质解译。该解译图件可能还需要叠加在有关土地利用的图件之上，来核查实际进入情况，或者是叠加在已有钻孔位置图上，来查看该地区以往勘查工作的实施情况。还可以把不同类型的地图叠放在透光台上以综合不同数据组，将其视为一个整体。显然，该方法限于所有的图件必须都是同一个比例尺下同一块投影图，并且该方法一般不可能叠加超过三张图件。

当然，这种局限可以通过以下方式来解决：将照片放大，或者减少原有图件数量，甚至是将数据按照规定比例尺重新作图。然而，当地球物理测量的数据量变大，以纯粹机械过程来处理大量的难复制的图件是不现实的。目前，在全球主要的矿产勘查区域，海量勘查数据的利用效率问题十分突出，而 GIS 可以化解这一难题。GIS 所做的大部分工作只是一个简单的自动化过程，并且超出以往通过手工作图的能力。该系统的功能和价值体现在它能够处理海量数据组，并且以勘查学家很方便解译的形式表达出来。

同一地区不同类型的数据以不同的“图层”储存于 GIS 中，并确保不同图层处于统一的地理坐标系统中。一旦完成电子化存储的数字化格式，数据组合就可以进行突出、搜索、对比、捆绑，在显示器上以任何比例尺的 2D 或 3D 影像表达，或者打印成图纸，就像所获得的、复印的平面图或者剖面图一样。

曾几何时，矿产勘查的办公室里有不少图件橱柜，一张透光桌，一个化验报告文件柜，以及一个小书架，上面放着几本落满灰尘的《经济地质杂志》和一些《地质勘查/测量报告》，而现在的办公室则是每张桌子上都有一台电脑，且与办公室主服务器的一个大数据库相连。数据库有其自身的特性，如果管理得当，它会成为管理项目上的优势；如果忽视这些，则它可能成为所有成员的噩梦。每一个地质学家都应该将数据整理得井井有条，应很好地理解和重视数据的添加和修正，以及做好在总部办公室和项目办公室之间数据的处理工作。

在一些较大的勘查数据库中，查询和操作所有的相关数据需要很多重要技能。这些技能是勘查地质学家的一般技能（例如，地质填图、编录，有关构造地质、地球物理及地球化学解译，对勘查区的灵感和猜测）之外的。

勘查数据库的一个主要组成部分是收集可供 GIS 软件打开使用的地理数据文件，这可能包括：不同比例尺的地质图件；航磁影像，重力、放射性及其他地球物理测量图件；不同种类的地球化学数据图件；地形及农田开垦图件；矿权图件；卫星影像图件；航空照片扫描图件；数字化高程控制点图件；矿（化）点分布图件；各种解译图件。每个图件需要有一个相互参照的附加报告，尽管是比较简略的，但这会使每个地图文件有一个建立时间和建立条件。

早期工作的历史数据通常可以从政府机构或特殊的数据公司获得，需要注意的是其网格坐标系统、地图基准、投影参数以及位置的精确度（见 10.5 节）。此外，需要随时随地对以往数据中的勘查区和钻孔位置进行核查。

建立钻孔数据库需要与 GIS 数据库同时进行，或包含于后者之中。这取决于所用软件及数据库的设计安排。钻孔数据库包括孔口和孔内测量数据、化验结果（包括重复化验及核查化验数据）、地质和工程编录、磁感应数据、钻探报表、构造测量、SG（小体重）测量等。

钻探数据库的核心是利用专业的钻孔软件生成 3D 投影图。它可以与 GIS 软件兼容，如此，钻孔位置、钻孔水平投影与地质、化验结果及其他信息就可以在地表图件或其他水平图件上相互叠加。在某些情况下，GIS 软件也可以制作剖面投影图，或者 GIS 平面图和水平数据也可以利用矿山软件投影。针对钻孔数据的专业软件也可以生成 3D 多边形和多面体来表示断层和地质单元，这是绝大多数 GIS 软件都可以做到的。此外，还可以制作特殊剖面，比如以任意角度（与地表并非成直角）切过构造、岩层单元、解译的多面体等。最重要的是，可以进行 3D 视图和 3D 旋转，以了解勘查中的各种关系，这在一般 GIS

软件中是无法做到的。

所有的专业钻孔软件包都可以由编码数据制作地质投影图。然而，地质学家通常收集的数据，特别是钻孔岩心中获得的数据大大超出了钻孔软件所能进行的简单投影和使用到的数据量。成功投影这些地质信息的关键是，从这些数据中选取最重要的部分进行投影作图。在项目的早期阶段，对已实施的十分详细的地质编录（见 7.8.2 节），通常应认真选取概要性数据输入计算机数据库。分析型编录表格（见 7.8.3 节）——该编录方式推荐用于高级勘查和矿山项目的钻探中——是事先制作好的，因此可以直接输入电子化的数据库中。

使用编码数据会出现地质编码标准的问题。如果一个项目从始至终都只有一个地质学家负责，那么他可能发明一套适合他自己的编码，这没什么问题。否则，就必须培训使用统一的地质编码，以确保不同的地质学家在不同时间里完成一个项目的不同部分所进行的地质观察记录都能够输入一个统一的数据库中。通常，一个地质编码系统越普通，其应用就越广泛，因为它可以用于其他项目及同一项目的不同阶段。然而，这样又会出现新的问题，因为编码系统越复杂、越通用，地质学家表述的自由度也就越大。若没有一些加强“统一规范”的措施，那它就可能破坏任何统一不同地质学家工作的系统能力。在项目定制（对项目量体裁衣）和统一数据编码之间保持合理的平衡，每一个勘查团队必须根据其自身的需要和能力，做出相应的决策。

综上所述，我们已经讨论了勘查数据库。然而，许多勘查工作是在已有矿山附近或在矿山范围内进行的。在这种情况下，矿山数据库就不只是以上所述的钻孔数据库，而且还要包括矿山开拓、水准测量、采场、矿壁和矿块、品位控制数据、工程设计等。用于矿山可行性研究和开采的 3D 软件必须满足如下功能：克立格[1]插值及其他地质统计学方法、线框、设计工作计划的能力以保证矿山的正常运转。大多数情况下，该软件需要满足项目从勘查到矿山可行性论证进程中的各阶段的变化情况。每个阶段产生的电子数据可能会在其应用到下一阶段时出现兼容性问题。较容易的方式是从勘查阶段相对简单的数据到矿山数据，但有时也不得不反着来。

1 克里格插值是一种涉及数学运算的地理统计技术，是指在一个非观测点处，通过相邻可观测位置的观测值，用克里格插值方法计算该点的变量值。

值得注意的是，在一个矿化区的勘查过程中，即使没有发现一个矿体，以后也可能对该项目从头再考察一次，有时候甚至是早先在此地考察过的同一批地质学家。尽管理想中这是不应发生的，但今天这样的事情太常见了：如果一个钻孔编录、一份报告、一张地质图件或者一张剖面图件不在电子数据库中，则相当于它就是不存在的。电子文件的产生，让本应由合同方存放在办公室好好保管的许多纸质文件和计划书装上卡车被运往附近的垃圾堆。显而易见，好的电子数据库是很有价值的，管理好它能够节省很多金钱。

10.3　地图数据的 GIS 存储

传统上，地理数据存储成纸质地图或影印地图，或者打印成纸文件（硬拷贝）。而如今许多政府的地质和测量制图机构直接将电子版地图制作成压缩光盘来出售或直接可以从网站上下载。数字化地图数据，如 GPS 数据、遥感影像、大多数地球物理和地球化学测量数据、孤立的点数据（如钻孔位置）等，都已经成为电子化存储于计算机上的常规格式。

所有这些类型的数据，不管是代表原始线、面、数字、岩石类型描述、标志，还是任何其他信息，都可以记录到基于地理或笛卡儿坐标系统的电子化数据库中（见 10.5.1 节和 10.5.2 节有关坐标系统的介绍）。

模拟数据，比如航空照片或打印的地质图件，可以通过 3 种方式处理转换成数字格式以电子化形式存储。所有的处理方式都涉及对原始模拟数据进行“采样”，其精确度取决于采样点或采样区的间距。

10.3.1　线格式的数字化

确立图件（或照片）中不同亚区块的边界线，可以通过沿亚区块边界一系列位置十分接近的点坐标来确定。通常可以运行电子光标（称为电子转换器）人工沿硬拷贝图件的边界线挪动，再利用一个软件程序将光标的位置转换成一系列的点坐标。在正常情况下，沿曲线的数字化点要足够多，使得这些点的连线与原始曲线几乎重叠。也可以利用自动扫描仪在图件上识别线格式并对其进行数字化［见图 10.1（a）］。

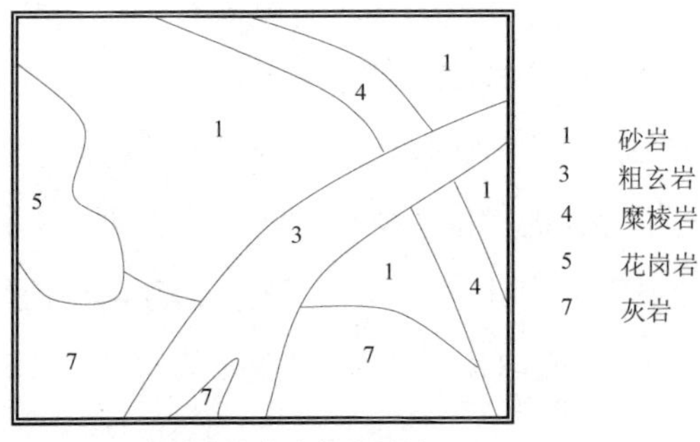

（a）数字化线格式的地质图

（b）栅格或像素格式的地质图

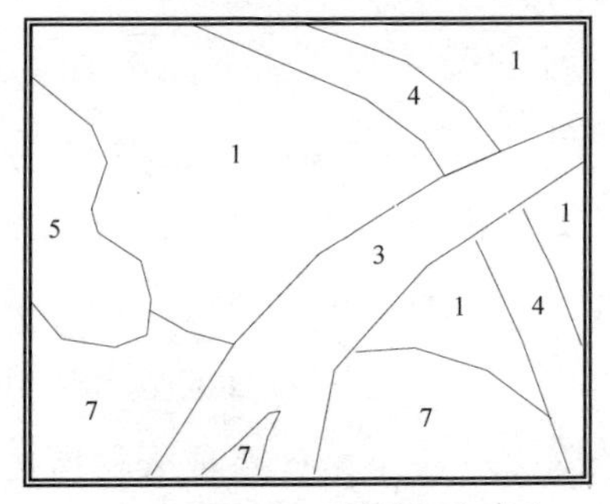

（c） 多边形或矢量格式的地质图

图 10.1 （a）显示了地质图中不同单元之间的边界线。所有这些线已被数字化，因此地图可以进行电子化存储和再生，不会损失掉任何信息。数字化线不提供边界线之间区块的属性特征。（b）显示的是通过覆盖一个规则方格网将同样的一张地质图转化为栅格格式。栅格中每个小格或者像素被赋予其主要属性。（c）为地图上每个次级区块由一个多边形表示。每个多边形由次级区块边界线上建立的点之间的连线（直线矢量）构成。矢量坐标代表二维平面图，而第三维可以用来记录次级区块上的属性数据。栅格图和矢量图共同表达地图上的区块信息。

10.3.2　多边形或矢量格式

可以利用光标沿图中每个区块周围手动生成一系列的点，再用软件计算这些点之间连线的位置和方向，由此生成一个多边形。在水平图件上记录为矢量信息。在 3D 图中，可以用一个多边形代表一个矢量，该矢量可以用来表示一种属性（如砂岩、红颜色、数字 346 等）。因此，多边形系统就可以用来定义和表达区格式，而不是线格式［见图 10.1（c）］。

10.3.3　光栅格式

将一个小的网格（通常是正交网格，但也不绝对）叠加于地图上，网格上具有相同属性的小方块可以被识别出来［见图 10.1（b）］。该过程可以手动完成，但通常可以利用一个扫描装置完成。当一个方块中有不止一种属性时，则选取该方块中所占面积最大的属性作为该方块的整体属性。以网格格式存储和显示的扫描图件和照片被称为光栅图件。像多边形格式系统一样，光栅图件信息记录了图中区格式的属性。模拟图件数据（打印图件、航空照片等）被扫描转换成的数字格式即为光栅图件。

10.4　有效性

收集数字化数据并将其直接输入电脑，或者通过某些扫描过程由电脑识别并输入，这看起来好像不太可能出现错误，然而，当手动输入的数据进入计算机化产生的数据库中时，错误就会随之出现。尤其是当数据库包含从旧式硬拷贝文件而来的、大量的历史性信息时更可能出现问题。这种错误在大数据库中很可能成为主要麻烦，而且很难根除，特别是当这些数据是根据以前的某种方式进行计算机处理时。因此，数字化数据库的有效性验证就成为任何数据输入过程的关键环节。这实施起来并没有捷径可走（至少笔者本人不知道）。最好的实施方法是：比较硬拷贝文件和打印出的数据，仔细观察发现不一致的地方，并且仔细逐点、逐线、逐区地比较打印件和原始文件。一个很有用的方法是将数据显示为图、表或者剖面的形式来发现直观的错误。例如，在一个钻孔剖面上，孔口位置显示在地表之上或之下，可能说明数据输入时出错，或是原始数据收集时出错，或者是数字记录时出错。

许多很早以前的勘查或者矿山数据基于当地网格坐标系统，而并未连接到全球统一的坐标系统，如经纬度或 UTM 系统（见 10.5 节），此时，就必须在野外利用 DGPS 对老网格坐标系的桩点或钻孔孔口的位置进行测定。另外，以往报告中的钻孔孔口坐标通常未必准确，因此也有必要进行野外测量来纠正这些错误。

数据有效性的论证工作可能始终伴随着原始数据的输入工作，连续而又漫长，但这又是必不可少的环节。

10.5 地球参照系统

10.5.1 地理坐标系统

地理坐标系统中规定，地球表面上每一个点都可以由两个数字来表示。每个数字取决于由地心测量的一个角度。纬度表示从北或从南到赤道的角度（0°～90°），纬度的每 1° 大约长 111km，而且在全球任何地方几乎相同。经度表示以人为定义的“初始子午线”（0°，N—S 向穿过英国的格林威治，已被人们广泛接受）向东或向西的测量度数（0°～180°）。与纬度不同，经度的每 1° 所代表的长度随位置的不同会有所变化。在赤道，一个经度的长度与一个纬度的长度相同（大约 111km），但随着向南、向北移动，一个经度的长度逐渐减小，到南北极点时，其长度为 0。

地理坐标系统是最基本、最常用的坐标系统，但它也有其自身的缺点。当用经纬度坐标表示较大 N—S 分离时（这涉及球面三角几何），测量两点的距离就变得十分困难。而且，由于每 1° 通常划分为 60′，而每 1′ 又划分为 60″，这就使得在图纸上测量或投影位置十分不方便。

10.5.2　笛卡儿坐标系统

笛卡尔坐标系统基于定义原始点位的直接距离，通常为用户提供比经纬度更加友好的系统。点与点之间的距离可以通过简单的三角几何来确定。目前最广泛应用的笛卡尔坐标系统为通用横轴墨卡托投影（UTM），由美国军队在 20 世纪 40 年代开发出来。如今，UTM 坐标[2]几乎见于所有出版物及大比例的地形图，与更传统的经纬度坐标系统配合使用。UTM 系统把地球上介于南纬 80°和北纬 84° 之间的部分，划分为 60 个数字带，每个带宽度为 6 个经度。设定第一个带的中心位于西经 177° 线上（例如，该带范围为西经 174° ～180° ），向东方向上，带号逐渐增加[3]。

在每一个带上，一个点的东坐标（称为向东读数）基于该点与该带中央子午线（经度）的距离（以米数表示）。为了避免出现负数，中央子午线人为地“错误移动”500km，这样中央子午线以西的东坐标都将减少 500km。在赤道，每条带宽 666km，此处 UTM 的东坐标为 167～833km，而向两极移动东坐标范围将逐渐递减。

一个点的北坐标（向北读数）定义为该点与赤道的距离（单位：km）。在北半球，赤道处的初始值设定为 0，向北移动则北坐标读数不断增加。在北纬 84° 处（UTM 最大的分度带值），北坐标为 9328km。在南半球，为避免出现负值，赤道人为地“错误向北”移动 10000km，北坐标读数向南逐渐递减。因此，赤道处可以是北向 0km，也可以是向北 10000km，这取决于你所在点的视角。

在特定地图上，UTM 两个分带的边界处，两个分带的坐标通常会出现离边界或左或右 40km 的偏差，这就使得在测量边界某一侧两点间的距离时，只能使用一个分带的坐标值。

---

2 尽管，在你的地图上可能不叫做 UTM。例如，在澳大利亚，UTM 坐标系统被称为 Map Grid of Australia 94（MGA94）。

3 10° ～19° 经度带覆盖美国大陆的所有相邻州，17° ～24° 经度带覆盖南美洲，28° ～38° 经度带覆盖东亚，50° ～46° 经度带覆盖澳大利亚。

10.5.3 地图（坐标）基准系统

地图是用 2D 平面代表 3D 弯曲地球表面的一部分。将 3D 物体显示在地图上的方法称为地图投影。所有的地图投影都将产生一定的扭曲，UTM 坐标系统利用横轴墨卡托（Transverse Mercator[4]）投影法将其投影在地图上。在较小 E—W 宽度和较大 N—S 长度的区域内，这种投影出现的扭曲最小。每一个 UTM 分度带[5]中使用一个独立的横轴墨卡托投影。

地球的形状可视作一个有一点不太完美的球体。它稍微有点不对称，从北向南渐渐平缓，南半球微显凸出，该形状就是所谓的大地水准面。地图投影即依赖于大地水准面的数学模型来表示地球的形状。目前，最广泛应用的模型为全球测地系统（全球大地测量系统）84（World Geodetic System 84），或简称 WGS84。该系统已作为 UTM 坐标系统的标准投影，并作为基于卫星的 GPS 应用标准 。

对任何图件，创建投影和大地水准面模型总称为地图基准系统。在正常情况下，每张发布的地形图都会在其边部标注所用的地图基准系统信息。尽管 WGS84 和 UTM 标准应用很广，但一些老图件及从其他一些国家/地区获得的图件可能使用其他坐标系统和地图基准系统，此时，通过一些软件程序可以在不同地图基准系统之间相互转换。这种软件是 GPS 设备的标准配置，通常也可以在商业的 GIS 软件包中获取。

10.5.4 地图配准

当对不同来源的 GIS 数据在计算机上进行综合整理时，则必须要将其转化

4 以 16 世纪北欧佛兰德制图员 Gerardus Mercator 的名字来命名。墨卡托（Mercator）投影的特征是保留角度关系（因此保留大体形状），但距离和面积会发生扭曲。在墨卡托投影上测量的方位角跟在地表上测量的方位角是基本一致的。大多数中等及大比例尺地图采用墨卡托投影。但是，较小比例尺的地图（你可以在区域地图册上找到）可能采用许多不同类型的地图投影。

5 此处命名术语可能有点容易混淆。横向墨卡托（TM）是一种地图投影，而 UTM 是一种笛卡尔坐标系统。

成统一坐标系统和统一的地图基准系统，该过程称为地图配准。许多地质图件、地球物理和地球化学图件、遥感影像图件上没有坐标系统，或者只在局部标有坐标系统。为了对这些图件统一配准，需要在每张图件或影像上选取一系列控制点，并将这些控制点的 UTM 坐标（或经纬度）输入软件程序。通常每张图上至少需要 4 个点（靠近每个角各 1 个点，接近中心 1 个点）。GIS 软件会自动对地图/影像上的每个点或栅格进行地理参照调整。通过这一过程，选取的控制点可以很容易地与已知的 UTM 坐标系统相匹配。有时候为了获得这些数据，需要进行特定的地面测量。

10.6　GIS 数据的处理

一旦进入数字格式并设置好地理坐标系统，就可以用 GIS 软件通过多种方式对地图数据进行处理。可以搜索属性（值），可以突出选中的系列数字，可以在同一图层或不同图层中比较不同地图区域的位置、大小和形态。选择适当的表现形式后，不同图层的数据可以综合到同一张图像上。通常采用这种组合方式的数据包括：区域地球物理或地球化学测量数据与地质数据组合；地质数据或地球物理数据与卫星或雷达影像组合；地质填图与地表高程点（后者表示数字高程模型，或简称 DEM）组合。这种组合图像有助于直观地识别不同数据集之间的关键相关性。

最终，通过 GIS 程序选择合适图像，设置好比例尺，并选定边界，就可以制作成待打印的（硬拷贝）图纸。

10.7　GIS 数据的表达

计算机能够对数字化的数据进行许多重要的处理，但在处理之后，就需要将数据转变成图件的形式来定性解译。图件的表达，不管是在显示器上还是打印成图纸，目的都是使肉眼和大脑系统能够区分复杂数据组合中有意义的分布样式和空间关系。

地球化学和地球物理数据通常沿较小间距的网格或扫描线进行采集，这种数据一般以等值线图显示［见图 10.2（b）］。等值线方法仍旧是一种很有用的方法，它的应用很广泛，但它只能够表达相对较小的数据样本（所选间距的等值线数目）。在一个数据集中有许多信息没有使用等值线程序处理，结果一些细微的特征就被平化而丢失了。当然，可以将等值线间距设置得更小，但这样的话，在那些梯度较大的区域内就会变得等值线过密而叠在一起，就像是用墨水涂抹过一样。

沿着规则扫描线采集数据（如磁力仪测线或土壤采样线），每条线上的测量结果可以表示成一个二维图形或剖面图。将这些剖面以横贯地图基底平行排列的方式准确地堆积起来，则所有的测量数据都可以表达在上面，并且可以将连续扫描线之间的空间关系清晰地显示出来［见图 10.2（a）］。

由于能够将全部系列的测量值都表达出来，所以堆积型剖面被地球物理学家和地球化学家广泛用来定量解译规则扫描数据。然而，该成果仍然只是一个二维切面图，并且平行排列的剖面对肉眼区分剖面关系帮助不大，特别是当剖面间距较大时。另外，当堆积剖面间距较小时，它们就会叠在一起，造成混乱（图 10.2（a）中已避免这种情况，图中只有 1/5 的剖面线显示出来）。

现在，一个功能强大的技术的广泛应用，克服了三维图像表达的困难，它将每个测量数据可视化[6]为一个连续变化的颜色范围中的一个点或者一个灰度表示的点。在图纸上打印出的每个色调代表了测量中该区块的特征［见图 10.2（c）］。在单一色调中每个小点被称为一个像素（从图片像素而来）。如果给定的像素足够小（这取决于原始测量点的间距和所显示图件的比例尺），则这种由计算机生成的影像就会像照片一样便于地质学家进行解译。沿规则线采集的原始测量数据（如大多数地球化学和地球物理测量数据），可以转换成像素图件而显示成模拟图像格式。像素图件与光栅图件类似，唯一的不同在于它们准备的方式不同。一些遥感数据，如卫星反射影像，在收集时就已经是基于光栅的像素格式。

6 事实上，人的肉眼能够区分的色调和颜色变化范围是有限的，但它仍然足以区分非常细小的差别。

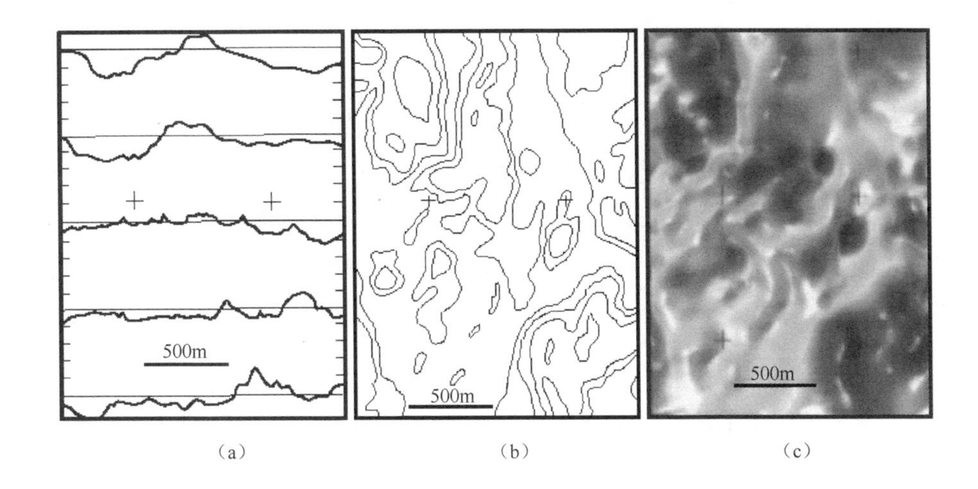

图 10.2　在三维平面上表达二维数据的三种不同方式：以一个间距为 100m、E—W 向飞行的航磁测量为例。（a）为沿每条飞行线的磁测数据在图上以堆积剖面的形式表达（为简化，只显示了少量测量剖面）。这种格式保持了所有的原始磁测数据，但是却很难用肉眼来构建它们的空间关系。（b）利用计算机程序将线性飞行数据叠加到二维地图上，结果以等值线的形式表达出来。这种方式方便定性解译，但是一些原始的磁性数据细节就丢失了。等值线间距越密，所表达的数据就越多，但是始终无法显示出全部的细节数据。（c）同样利用计算机软件将线性数据叠加到二维地图之上，以栅格数据的形式来表达，通过配置每个像素的灰度序列来表示磁性强度（这张原始图件为从蓝（低值）到红（高值）的颜色序列）。某些信息仍然丢失，但是这种表达方法综合了既能保留原始测量数据序列又能很好地用于地质解译的最佳折中方案。因为栅格格式的地图可以通过数学运算进行操作，来增强数据组的特征要素。

生成等值线图或像素图过程中的关键步骤是将一系列一维数据流——如测量中沿横轴或飞行线采集的测量数据——转换成二维数据组。计算机软件通过计算得出一个数值作为图件中没有被测量到的小点或像素的值。对此，最常见的方法是三角形法。软件在所有相邻的已知数据点之间构建线条，形成贯穿待测区域的相邻三角形网格，以确保没有三角形交叉[7]。假定任何两个数据点之间的属性值都是线性分布的（如附录 C 中图 C.1 所示简单的手绘等值线），则可以计算沿每个三角形边线的数值分布。这种三角形化的数据可以作为定位等值

7 这种通过相邻三角形的四维模拟的空间覆盖方法被称为 Delaunay 三角剖分。

线或确定光栅网格数据的基准。随后可采用平滑处理，来消除三角形化过程中的任何棱角样式。当采样/飞行线的间距相对于真实的世界地图比例尺特征间距较小时，该方法的效果很好。毫无疑问，这种方法偏向于对那些与采样线成高角度相交的数据样式有利，如果真实世界的数据分布样式具有强烈地与采样线方向成低角度相交的趋势，并且采样线的间距相对于实际样式较宽，那么软件程序可能会产生一个完全错误且具有误导性的二维图形，如图 10.3 所示。所幸的是，即便你对测量区域的地质情况一无所知，也可能找到发生这种情况的地方。数据采集线如果和真实世界的线性异常成低角度相交，计算机生成的 2D 图形就会显示出明显的不规则分布的“斑点状”异常，其长度为 1 倍或 2 倍测线间距，并且其趋势线与测量方向成高角度相交。

由于像素地图基于地理参照数字网格，这些数字可以通过计算机进行数学处理，以多种方式强调其特征。例如，可以突出区块间的边界（所谓的边界强调过程）。对特定数字系列中的大于或小于强调，可以通过在该系列中设定更多的颜色/色调来实现。极端数值或异常值，可以从数集中清除掉。通过三维赋值方式，计算机处理技术能够将地理空间数据显示成一个复杂的表面图，对其旋转并在显示器上以不同角度察看，就会产生一种三维表面的可视化效果，就像地形面一样。一张影像上的像素数据可以用来生成第二张影像，其中每个像素都向东移动一小段距离，这取决于所赋的属性值。这就产生了影像间的视觉差异，这样就可以用立体镜来视图，产生 3D 效果。这种 3D 效果也可以通过对任何特定角度进行虚拟“照射”表面得到增强。不同的视图方向或不同的照射角度可以用来强调数据中的特殊趋势。

现代计算机的数据处理、存储和作图能力[8]，与商用软件包结合，意味着当今的 GIS 数据处理可以在较便宜的便携式计算机上完成。新的数据可以天衣无缝地添加到已有的数据库中。数据的表达可以快速而实时地进行解译、对比和分析。

8 几乎毫无疑问，是出于游戏应用需求的结果。

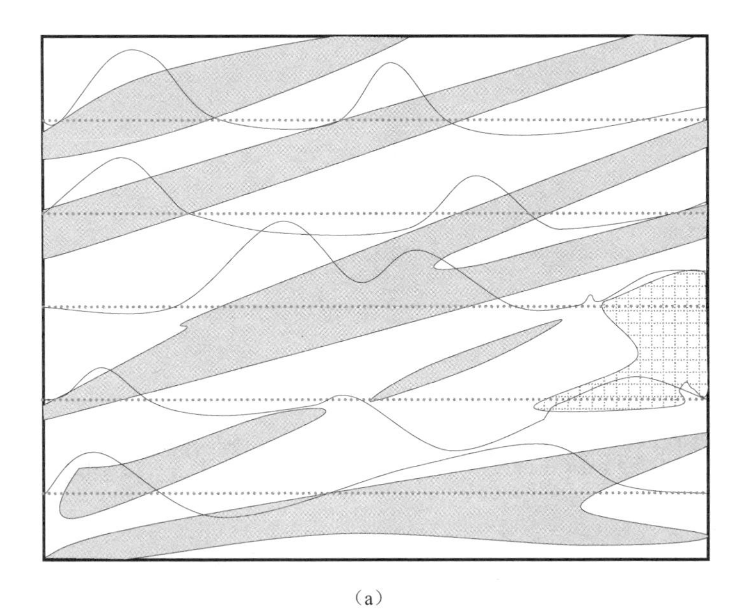

（a）

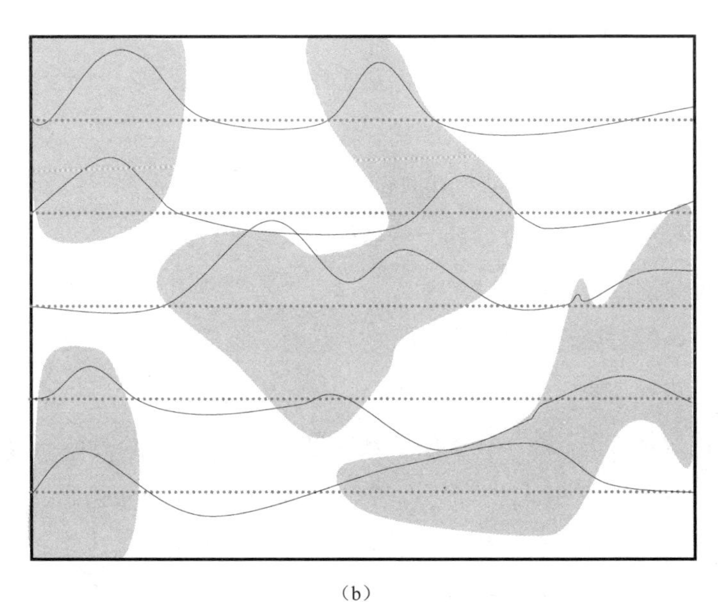

（b）

图 10.3　（a）为一张地质图中 ENE 向岩石组合序列。沿 E—W 方向通过小间距读数来测量该区域的磁场强度，其数据在图上显示为一系列的堆叠剖面。（b）基于这些磁场测量数据，利用电脑软件对该区域构建出像素图。像素图上岩石组合的虚拟样式是软件自身的倾向性所致，展现出与测量线成大角度相交的趋势。

附录 A

图示标尺编录法的注意事项

鉴于一些勘查地质学家可能不太熟悉图示标尺编录法，因此该附录将详细介绍如何利用这种方法进行岩心编录。该部分应与 7.8.2 节的内容结合起来阅读。所有的描述基于图 7.16 所示的特定编录表格，而其内容则适合绝大多数图示标尺编录表格，本节还会介绍一些这种编录方式之外的概念。

图示编录的表格设计成 A4 纸大小以方便野外使用（本书所示表格为了适应书页大小，经过图像处理缩小了尺寸），有些地质学家可能更喜欢用 A3 纸大小的表格进行编录。无论如何，重要的是要弄明白：表中所显示的信息量与所选取的比例尺有关，而不在于编录表格的大小。原始表格打印在一个耐用纸板上，能经受室外条件和频繁擦写。表中不同的列代表所录信息的种类——这由在多个矿化区钻探所获得的经验来决定。但是，特殊的项目可能需要记录特殊种类的信息，所以必要时可以将这些列重新命名或重新编排。

如果表格用彩色编录（强烈推荐用彩色编录），最好用扫描仪扫描，保存彩色文件，以防止数据丢失。

这个表是为了与金刚石钻孔的汇总表衔接而设计的。该总表件随地质编录，并简要记录化验数据、地质数据和钻孔测量等信息。

该汇总表一个十分重要的部分在于说明该钻孔施工的目的和理由，以及预期能钻探到什么。为此，这些陈述应该在钻探之前就写好（见 7.3 节）。

图 7.16 的图示标尺编录表分为多个列，为了展示如何在表中记录钻探岩心的观察描述，我们将这些列从左到右进行编号分别介绍。

A.1　列 1（钻孔深度）

在本列中按照选取的比例尺将钻孔深度（单位：m）刻度画出来。对 A4 页面，用 1∶100 的比例尺每页可以画 20m 长，用 1∶50 的比例尺每页可以画 10m 长，依此类推。建议整个钻孔的初步编录可以选取概略性比例尺（实际应用中 1∶100 就是一个很好的概略比例尺）。必要的话，对感兴趣的地方可以抽出来用 1∶50 或 1∶10 的比例尺重新编录。

A.2　列 2（岩心采取率）

在该列中沿着钻孔深度方向标出每个回次的岩心进尺，然后将测量的每个回次的实际岩心采取率用百分比表示，填入回次的间距栏中。

A.3　列 3（岩心质量）

该列记录有关岩心质量（如 RQD、岩石质量参数）的测量数据。若没有要求 RQD，那该列可以用于记录其他参数。

A.4　列 4（样品编号）

该列记录化验样品的编号，同时也能够使地质学家在编录岩心时记录下所选取的化验样品的截距，方便以后将化验数据填入表格。

A.5 列 5（化验结果）

该列填入化验结果，使得与矿化有关的重要化验数据跟其他地质信息并列展示。将关键化验数据填入编录表中，有助于对化验数据的意义做出地质上的解释和结论。当然，由于空间因素，该列只能填入少量比较重要的化验数据，而整个钻孔的全部化验数据一般都储存在电脑检索系统中。

A.6 列 6（图形编录）

该列为图形编录，即绘出岩心的特征图。如图 7.16 所示，将该列拆分，可能的话，分成 4 幅平行的小图。该案例中，选取岩性、构造、矿化和蚀变四种图示（就像将航空照片几张图叠加在一起一样）。对任何图件来说，使用色彩可以将信息含量最大化。岩心图上的岩性数据可以根据每个钻探项目中的岩心图例来获得。每个钻孔编录表中都应包含这种岩心图例。所用的全部标准符号应显示在表头位置。若地质情况不太复杂的话，某些亚列（如岩性和构造）可以合并为一列。

图形编录的目的并不是要用近似图片的方式展示出所观察到的岩心中的全部详细信息。因为任何地质图件都只能有选择地表达出地质勘察者认为重要的地质信息。重要接触界限的深度应准确标示出来，但可以象征性地显示一些细节。图形编录的目的在于对岩心中所观察到的特征和关系用直观形象的方式保存下来。若碰到复杂的或重要的关系信息需要更加精确和严格的表示时，就应该在编录表的“地质注解”（列 8）中单独画出素描。

在 1:100 比例尺（或者更小的比例尺）下，钻探岩心的宽度不会超过 1mm。为了给观察记录提供空间，可以将观察到岩心的构造/岩性按照几个岩心宽度，投影在钻探线的任意一侧，这样所画的岩心图就有数毫米宽了。在此过程中，岩心图的水平和垂向比例尺不变，保证不发生扭曲。图 7.16 上画的 45° 面就代表了与岩心轴成 45° 角（α 角）的平面。

面状构造（如层理面、岩性界面、断层、脉体等）通常在图示编录上显示平面与轴心夹角最大时的视图。但是，一个特殊情况是当钻孔与主构造面（通常是岩性界面或层理面）的走向并不垂直时，若岩心已被定向，那就可以将主构造产状的视倾角表示在图示编录表及钻孔剖面上。视倾角总是比真倾角要小，它可以在编录过程中通过查阅倾角校正系数表或利用球面投影网（具体方法见附录B.3.6）快速计算出来。通过这种方式在图形编录表及钻孔剖面上将面状构造投影出来，有助于对比同一个剖面上不同钻孔间的主要岩性单元和构造的相互关系。面状构造的真实产状可以记录在“地质标注”栏里。

每个编录栏的中心线对应表格中钻孔深度点处所记录的特征，就好像其与岩心长轴的交线代表这些特征在岩心上的位置。

A.7 列7（直方图编录）

直方图可以很直观地显示定量数据随着钻孔深度的分布情况。每个项目选择符合其自身的测量方法和恰当的水平比例尺。硫化物含量或石英含量是比较常见的变量。配合使用颜色，就可以显示多个变量。要注意的是，矿化或蚀变的填图通常是非常详细的，一般没有必要把它们在此处用非常详细的直方图以定量的方式来重复表达。大多数情况下，记录每米岩心截距中整体含量值就行。

记住，图7.16中不同列的信息是互补的。因此，并不是总要把相同的数据在这个编录图表中用不同的记录格式重复表达出来。

A.8 列8（地质标注）

地质标注列可以用文字或者数字来描述/记录下其他列中的信息。通常必须记录的有：岩石名称、地层、岩石颜色、构造、粒度、构造测量数据、矿物百分含量、钻孔测深的精确测量数据（注意：大多数深度数据可以很容易地从编录图的纵标尺上读出，而且精度足够，一般不必再单独记录）、复杂地质关系的素描示意图，以及非观察性标注，诸如注释、结论或预测。

然而，要注意的是，并不是说图表上有这一列就一定要填上（对任何一列都是如此），对一段没有变化的、很长的岩心来说，这样填写在编录表上就表现出看似空白的一长段。

另外，要注意，该列并非要求写一段冗长的描述性散文。

A.9　列 9（编录小结）

最后一列的作用不言而喻，其目的就是对图示编录的所有列进行一个简单的总结。总结性编录可以为地质人员提供快速的查阅参考，也可以为制图人员制作标准剖面图件提供原始材料，或者由电脑操作员将其输入数字化勘查数据库。

A.10　备注栏

该栏可以记录任何类型的信息。通常可以用来记录钻探数据，诸如钻杆口径、漏水情况等，也可以用来填放图示编录的图例。

附录 B

钻探岩心的定向：方法和步骤

B.1　岩心定向的技术方法

B.1.1　非机械方法

通常，钻探施工的岩石中含有已知定向的、发育较好的构造面，比如规则的岩层或节理。因为可以在岩心中看到这些构造面，所以通过这些构造面可以很方便地定向岩心。当选取一组构造面来定向岩心时，必须要确保该构造面在整个钻孔中具有稳定的产状。对此，节理面通常要比层理面具有更好的稳定性，因而选取节理面来定向岩心更加可靠（见图 B.1）。如果存在不止一组节理面（如有 S1、S2、S3 等），其中最新的一组节理的产状在整个钻孔中稳定性最佳（Annels and Hellewell，1988）。构造面的选择应尽量使其与岩心轴的夹角最小为好（如一个很小的α角）。构造面的轴心夹角太大时（如α角为 90° 或接近 90° 时），是无法用这种方法来进行岩心定向的。

一旦选定岩心中已知产状的构造面，就可以很容易地测得感兴趣的其他任何构造面。最好的办法是将待测岩心放入一个岩心架中，该岩心架已根据钻孔测斜数据设置好该深度处岩心摆放的方位角和倾角。然后慢慢转动岩心，利用地质罗盘不断测量，直到岩心中已知构造面的方向与其真实的方向吻合为止。随后就可以用这种方法很方便地用地质罗盘测量其他任何构造面。有关岩心架使用的详细介绍见附录 B.3.3。

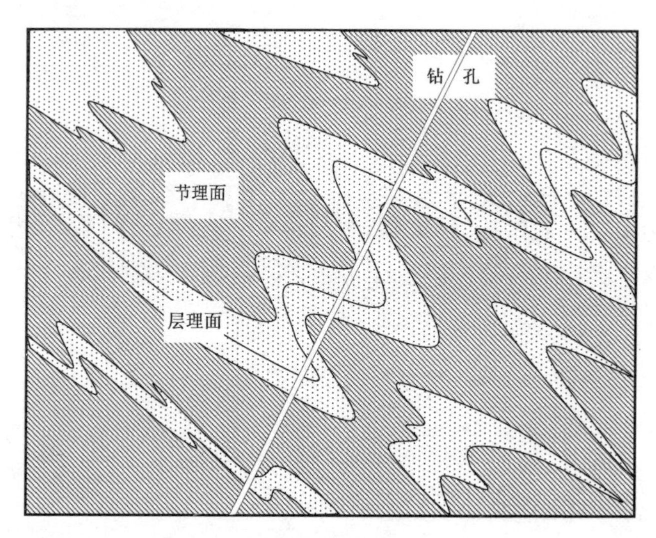

图 B.1　当发生变形的岩石中含有几组不同时代的构造时，其中最新的一组构造面的产状通常最为稳定。所以在利用已知方向的构造面来定位岩心时，最好选择时代最晚的构造面（例如，选用节理面而非层理面，选用晚期 S2 组节理比早期 S1 组节理更好）。

B.1.2　机械方法

当钻探的岩石中构造面的产状未知时，就需要用机械方法来定向岩心。机械法定向岩心的操作相对比较简单，应作为对任何未知地质体或构造比较复杂的地质体进行钻探时的标准程序（见 7.10 节中有关定向岩心的详细讨论）。

岩心定位仪，是采用重力的向下矢量方向来确定原位岩心（岩心未被折断提取之前，保留原始方向的岩心）上孔底线（BOH）位置的仪器。因此，不管多么精确的定位仪器，对直孔来说都是无法定位的。当钻孔倾角大于 80° 时，倾角越大，定位测量的误差也越大。

测量重力矢量相对容易，只需要让定位仪按照自身的重力作用找到其最低点即可，而确定岩心上向下矢量的位置在其原位状态就要困难得多。有两种不同的基本方法来确保岩心在测量时处于原位状态。

（1）岩心桩法。

在一个回次结束岩心套管被提取上来之后，在残留孔底的岩心桩上进行定位。此时，残留的岩心桩仍是与基岩相连的，同时它也是下一个回次的顶端。

不同的工具采用不同的机械方法在岩心桩上记录下重力矢量的位置。最简单的一种工具叫岩心桩标枪（见图 B.2）。它由一个较重的、一端被削尖的钢制“长矛”（有时候也称为“岩心标记枪”）构成。这种定位器的使用最为流行，最早由 Zimmer 于 1963 年介绍。标枪装在一个弹簧锁扣上，然后整体系在绳索的一端（见图 B.2），每次岩心管提上来之后，将其沿着套管向下放入。下降过程中，标枪的重力会使其贴着钻管的下壁向下滑落，最后撞击钻孔底部的岩心桩并在上面留下印记。这个标记在岩心桩上确定了孔底线的位置。此处的岩心桩会成为下一个回次岩心的顶部，当岩心被提取上来之后，这个撞击的标记就被确立了下来。

标枪法的问题是，当岩石太硬、太软或者太碎，会使得标枪在上面的标记不好。对很坚硬的岩石，标枪要么无法留下记号，要么出现反弹会在上面留下多个记号很难判断。大多数标枪在顶部装上了蜡笔或彩笔，这样就比铁质尖头更容易在坚硬岩石上留下标记。因此，要成功地进行定向标记，钻探人员需要很好的技巧和经验。钻探人员必须明白什么时候使用蜡笔，以及如何判断和控制标枪撞击岩心桩的速度。尽管存在这些问题，但标枪方法成本便宜、操作简便实用，因此，标枪法依然是非常流行的方法，钻探公司通常自己制作这种设备。过去有大量的岩心都是通过这种方法来进行定向的。

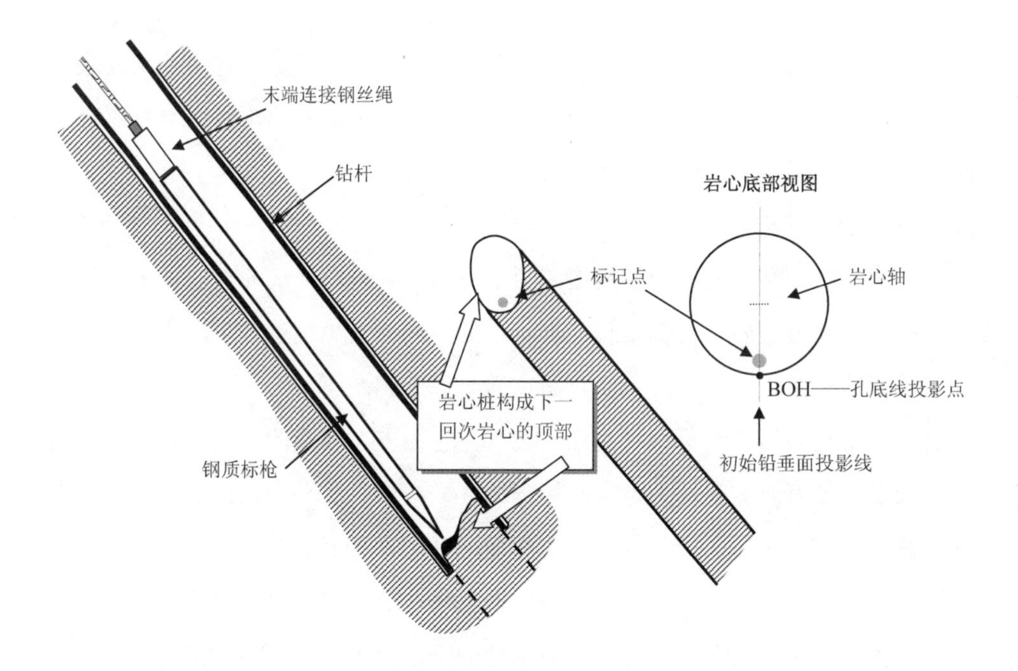

图 B.2　利用标枪定位岩心。在一个完整回次的岩心管被提取之后，沿着钻杆往下放入标枪。当其到达钻孔底部时，会在孔底岩心桩上表面的最低点处做一个标记。该标记会随着下一个回次钻探的岩心被提取上来。

另外一种岩心桩标记方法为岩心桩模型法。模型仪通过对岩心桩表面压模的方式来定向岩心。这种方法有时候又叫做 Craelius 系统，最初由 Roxtrom 于 1961 年介绍。与标枪法类似，定向仪连上绳索，在一个回次的岩心被提取上来之后，将其沿着钻孔下放（见图 B.3）。定向仪底部装有一个小球来确定其重力位置（孔底线），定向仪的底部有许多小弹簧钢针，一旦定向仪到达孔底，弹簧针压向岩心桩，这样就获得了岩心桩形态的压模。当上拉定向仪时，弹簧针自动锁住（记录岩心桩的形状），小球固定（确定重力向量的位置）。当下一回次的岩心被提上来时，之前获得的弹簧针压模就可以与该段岩心的顶部相匹配，以确定岩心上孔底线（BOH）的位置。模型法要比上述标枪法更加优越，定向岩心通常可以有很高的成功率。对不规则岩心桩的效果最好，特别是当岩心桩平面与岩心轴夹角（α 角）较小时。但是，若岩心桩比较平整且与岩心轴夹角较大时，用标枪就比用压模针的效果更好。和标枪一样，压模针对破碎的岩心也不太适用。模型针系统的一个缺点（对标枪法同样如此）是，在岩心被提上来之后，要立即对岩心桩与模型针进行匹配，并在岩心桩标记孔底线（BOH）的位置。这通常由钻探人员来操作，有时候条件不是太理想，所以之后也没办法对岩心上孔底线（BOH）进行核实。

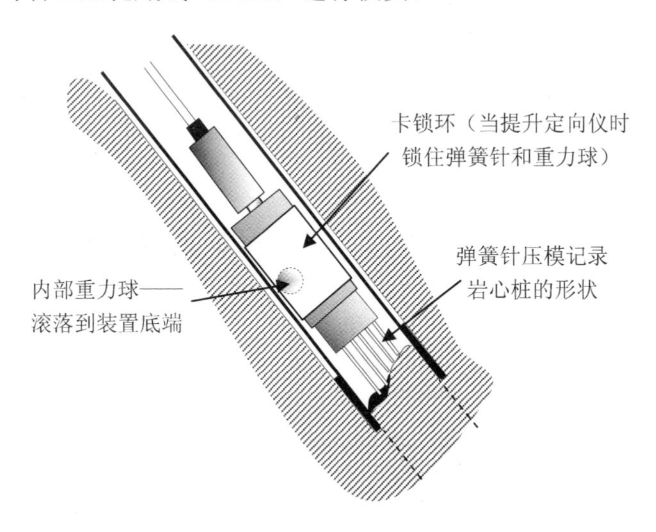

图 B.3　采用岩心桩模型仪（Craelius 系统）定向岩心。在一个回次的岩心被提上来之后，将这个装置顺着钻杆放下去。当下一个回次钻进的岩心被提上来之后，模型仪的底部与岩心桩表面的形状相吻合，通过模型仪上的重力锁就能找到岩心上孔底线的位置。

过去十年间（从本书第 1 版开始），出现了一种精致的岩心桩定向装置，这种装置岩心定向可以达到很高的精度和可靠性，并且使用简单[1]。该装置有如下特征。

- 该装置安装在岩心管底部，然后下放钻孔，定向装置抵达钻头后面。在岩心桩留下印记后，定向装置自动锁住并被推回到岩心管中，在一个钻进回次结束后随岩心管及岩心一起被提取上来。这样就不再需要钻探人员为岩心定向单独下放装置操作一次。
- 该装置不断配备模板仪来记录岩心的形状，而且还有一只蜡笔在岩心上做出不连续标记。这样就可以结合两套系统来进行岩心定向。

1 更多详情见网站 www.2icaustralia.com。

- 利用一个小钢球在重力作用下在一个充油的环形圈内自由运动找到其重力最低点，该定向装置将数个圆形环平行排列起来，可以达到更高的精确度。实际应用中这种定位方法可以使得钻孔倾角达到 88°。

（2）岩心管法。

在岩心提取器（属于岩心管的一部分）卡住岩心管中最低点岩心并准备将其从基岩折断时，定向装置对岩心管进行定向。最低点处的岩心一直锁卡在岩心提取器中，直到被提到地表才由钻工拆解开，所以该岩心管重力矢量方向就可以直接转化成被固定的最低点岩心的重力方向。这种方法可以达到很高的精确度，但也会有一些弊端——比如岩心管底端的岩心，随着钻探动作从基岩折断后，在被岩心提取器卡住之前有可能会发生一定量的旋转。而此时正是确定岩心管/岩心系统的重力向量的时候，所以有可能出现较大的随机误差。很难知道这种情况何时发生，因为该装置总是给出看起来十分准确的结果。待岩心提上来之后，若在两段相邻岩心回次中间标记出一大段 BOH 定向不匹配的情况，那就可以推断存在这种测量误差（尽管不是装置自身引起的）。如果没有相邻定向的岩心回次，或者如果按照“回次原理”（遗憾的是，这是通常的惯例）来对一个回次进行岩心标注的话，那么这种误差可能就永远不会被发现，而这些不准确的测量结果就会被输进数据库。

作者看来，在其他条件都相同的情况下，在岩心被钻进之前对其进行定向要比在钻进之后再定向出现的误差小得多，因此，本书并不推荐岩心管定向装置。

所有的定向装置都是在一个回次岩心的底端标注孔底（BOH）的定向位置（在岩心桩方法中，是在岩心桩的顶端做标记，而在岩心管方法中，是在该回次岩心最底端的岩心块上做标记）。将该标记作为起始点，沿着整个岩心回次长度画出参照线（BOH 线），使其与相邻回次的孔底线相匹配。具体做法将在下一节里详细介绍。

B.2 对定向岩心的后续处理

在定向后对钻探岩心进行后续处理是必要的。这通常是一个经验丰富的勘查技工的任务和职责。

需要将岩心块从岩心盒中取出，在一个岩心槽中将它们按照破裂面首尾相接，组合成一个连续的整体。这一步骤对定向后的岩心是十分重要的，但我们强烈推荐对所有岩心都进行这一步骤，不管是已经定向的，还是没有定向的。实际应用中岩心槽越长越好，至少不能短于标准的岩心管长度（3m 或 6m）。岩心槽越长，组合的岩心也越长，操作起来也就越容易、越精确。岩心槽通常用金属或木材制成 V 形截面的长条状。将两个直径 50mm 的聚乙烯管边对边捆在一起，就是一个十分有效的岩心槽，而且十分轻便，方便移动（见图 B.4）。如果岩心块无法按照其原始方位匹配到一起，那就说明岩心存在丢失，定向线就无法通过此处。

当组合岩心时，以一个回次的末端为起点，将 BOH 定向标记点沿着岩心槽的一条长边放置。当组合了足够多的岩心之后，就可以用一只记号笔在岩心上沿着岩心槽的边缘画一条直线穿过这些标记点（见图 B.4）。这条直线就是 BOH 线，即铅垂面（或者岩心钻探剖面）与岩心下表面的交线。

对非常易碎的岩心，通常使用开裂式岩心管来提高岩心的采取率。此时，提取的岩心块彼此之间仍处于原始方位，应在将其移出岩心管之前，沿着岩心管的长边缘，在岩心上画出 BOH 线。

不管在哪里，通过将岩心首尾相接，一个回次岩心顶部的定向标记应该与上一回次岩心底部的标记相匹配。从定向标记处向上及向下画出孔底（BOH）线。如果相邻回次岩心上都标有定向标记，那么它们的连线与中间回次岩心上所投影的 BOH 线之间的差异就提供了岩心定向精确度的测量方法。将这些直线画出，两条线之间只能有很小的差异，如果二者相差超过 10°，那就说明操作上存在很大的误差，因而从岩心定向标记确定 BOH 线的整个过程需要重新做一次。如果核查之后这些差异还存在，那么应将这段岩心视为非定向的岩心，并要在钻探编录上做好记录，之后任何工作都应该对此有所注意。

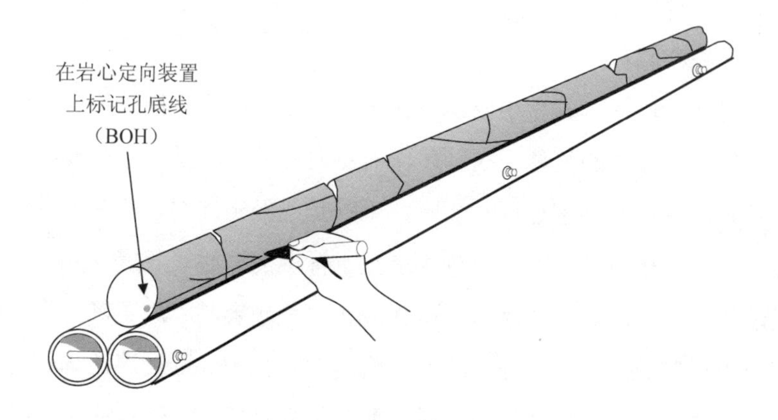

图 B.4　在一个岩心槽内将一个回次的破碎岩心块小心地重新组合起来，沿着岩心槽的边缘画上 BOH 标记。岩心槽长度应不短于标准岩心管的长度（3～6m）。图中显示的岩心槽为两个直径 100mm 的聚乙烯管拼接而成。沿着岩心槽边缘在岩心上缘画出 BOH 线。在每块岩心 BOH 线的一侧用单箭头标示出钻进方向。

画出 BOH 线之后，建议在每块岩心上用一个小箭头标出钻进方向（单向箭头指向孔底）。如果钻探过程中碰到很长的完整岩心段，那至少每隔 25cm 就要在岩心上画一个箭头（见图 B.4 和图 B.5）。当岩心被切开一半送样化验后，带有箭头标记的一半应保留下来（见图 7.24）。这样操作可以确保两件事情：

- 一半岩心（如没有箭头标注的一半）随后会被送去化验；
- 定向标记被保留在留存岩心中。

大多数情况下，将一个钻孔里的全部岩心进行定向是不可能的。然而，对钻孔中非定向岩心部分，建议像上述定向岩心部分一样，也画上钻进线并标记钻进箭头。可以用虚直线和虚线箭头来表示非定向岩心部分，用实线来表示定向岩心部分，这样在编录时二者就可以区分开来[2]（见图 B.5）。在非定向岩心上所画的钻进线位置应尽量符合推断而来的真实 BOH 线的位置，而这可以利用该钻孔中相邻定向岩心的内部构造来推断。如果没有这种信息来校准 BOH 线的位置，那钻进虚线就应该画在与岩石中所有主要面状构造尽可能成最高角度相交的位置，这条线就作为岩心的切割线，其中一半岩心送样化验。

2 这比用不同的颜色来表示两种不同直线要好。即便是有很大欠缺，但也应该是虚线要比实线具有直观、明显的不确定性。

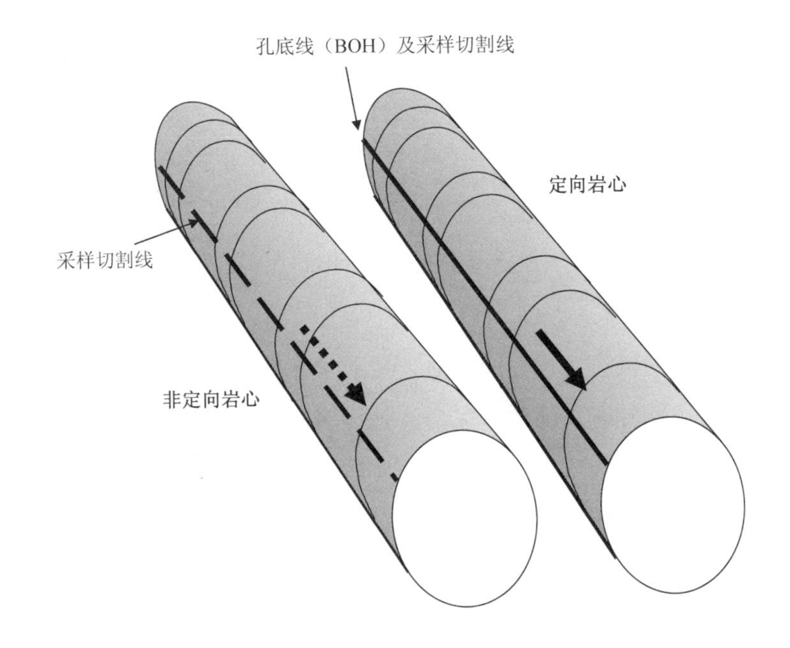

图 B.5　当标记已定向岩心段时，建议用实线画出 BOH 线和向下钻进的箭头。当在非定向岩心段上标记切割线时，用虚线和虚线箭头。

B.3　在定向岩心中测量构造产状

岩心中构造的观察和测量应该在岩心保持完整没有被锯开之前进行。面状构造的产状应记录为倾角/倾向或走向/倾角/倾向（见 2.1.6 节）。

B.3.1　测量之前的工作

检查岩心，识别出都存在哪些构造及它们之间的关系，这种定性检查对理解岩石的演化历史至关重要。地质学家应考虑如下问题（所列并非包含一切的清单）。

- 都存在哪些构造？
- 构造存在于哪（几）种岩石单元中？
- 构造、岩性、蚀变和脉体之间的相互关系如何？
- 岩心中哪些构造具有恒定的产状？哪些构造的产状发生变化？

- 岩心中节理比层理倾角更陡吗？
- 构造是不对称的左行还是右行？
- 钻孔与特定构造之间是低角度还是高角度相交？
- 岩心中所见构造与地质学家大脑中对该矿区更大尺度的构造图景是否匹配？换句话说，你所看到的构造印证了还是背离了你目前的假设？

当这些定性的核查工作完成之后，地质学家就可以开始对这些已经识别的构造进行测量了。此时，地质学家要清楚哪些构造需要进行测量，并弄清楚哪些测量可以用来进行地质解译。此外，地质学家要决定从岩心的哪些部分开始测量及需要进行多少测量。

B.3.2 需要进行测量的数量

当地质学家对岩心中构造有了一些定性认识之后，就需要从这些构造中选出重要或有代表性的案例来精确测量其产状。利用这些测量来构建精确的钻探剖面和平面图，以准确预测是否需要实施额外钻孔。测量构造的目的并不是汇编成一个数据表格，而是帮助解答岩心编录和解译过程中的具体问题。

需要测量的数量取决于构造本身的变化情况。如果一个构造的产状在整个钻孔中都相对稳定，那沿钻孔往下每隔 10～30m 进行一次代表性测量，就足以掌握产状构造了。同样，钻孔中测量位置的设置，要求钻孔中每种主要岩性层位至少要有一个测量点，特别是要重点突出具有潜在经济效益的特征，如脉体方位、矿石中的任何带状或线状构造等。

如果一个构造的产状变化十分迅速，就需要进行更多的测量来限定这些变化，可能需要每隔 3～5m 就测量一次。正常情况下，一个钻孔中只有有限的几段岩心需要进行这种详细的测量。问题是，正如 Vearncombe 1998 年所指出的那样，按照一些不变的规则例行从每个钻孔中收集数百个测量数据，一般对帮助地质认识毫无用处。获得少量的、高质量测量数据总比收集大量的、低质量测量数据要好得多。“高质量”意味着每个测量点都是经过仔细选择的，对一段岩心具有代表性，并且对构造的性质、位置，以及与其他构造、矿化蚀变、母岩之间的关系等，都进行了仔细的观察和记录。此外，高质量的测量也意味着这些数据在测量时能够用地质专业术语（如走向和倾向、倾伏向和倾伏角）解释和记录的。而对数字型数据来说，只有经计算机处理之后，数字本身才有意义，当对被测量岩石的记忆逐渐模糊之后，数字就变成了低质量的测量数据（见 B.3.5 节的讨论）。

测量定向岩心中构造的产状，需要用到一些简单的工具和技术。在下一节里会介绍这些测量的具体方法，一般有两种基本技术手段：

- 利用一个岩心架和地质罗盘；
- 测量内部岩心角，用数学或图示方法计算走向/倾角或倾伏向/倾伏角。

B.3.3 使用岩心架

用岩心架[3]来测量定向岩心中的构造是最简单和最容易理解的方法。对绝大多数情况来说，采用岩心架的方法都是最准确和最有效的技术手段。在这里，“岩心架”是一系列装置的总称，其中的一些装置如图 B.6 所示。它们基本上都是一些简单的工具，在一块岩心放入其中后，岩心的方位与它在地下时是一样的。岩心放入岩心架之后，其中的构造就可以用地质罗盘测量出来了，就像对露头上的构造进行测量一样。

岩心架应放置在编录区的岩心箱附近，并且要防止附近有铁器对罗盘磁针的影响。岩心架应放在一个矮的木质或塑料材质的箱子或桌子上，便于从任何角度进行观察，包括从上面俯视。在将岩心放入岩心架之前，将装有该岩心块的岩心槽（或岩心夹）按照该钻孔在此深度处的方位角和倾角进行定向。在岩心槽中定向后的岩心上 BOH（孔底）线往下走，该岩心块上的钻进箭头方向指向下。此时，岩心中的构造就可以进行观察和测量了。

有时候，一个构造可能出露于岩心块的破碎表面或顶部，可以用罗盘直接测量。然而，更多的时候，只能在岩心表面看到待测构造的少许痕迹。若构造面倾角较陡，通过将罗盘正视岩心表面来测量岩心上的构造迹线相对容易，但

3 对这些装置，通常有一个非正式的术语——“火箭发射器”。

是如果构造面倾角较缓（如初始倾角小于40°），利用罗盘进行准确测量就变得十分困难。解决的办法是使用拓展平面和延伸杆，介绍如下文所述。

在岩心架中对已定向岩心中（构造）平面的测量方法如下。

- 将一个小的塑料矩形卡片作为辅助工具，平行岩心中的构造面放置，将卡片开一个口使其与岩心匹配。
- 将视线位于卡片上，按照常规方法用地质罗盘测量拓展平面的走向和倾角（见图B.7）。

澳大利亚北昆士兰州的James Cook大学开发了一种在没有助手的情况下利用岩心拓展平面和延伸杆对构造进行准确测量的方法（Laing，1989，unpublished）。它的做法如图B.8所示。

- 用Blu-Tac™或类似的黏性油灰将一个矩形小塑料卡片黏在岩心的外侧。塑料卡片的大小、重量和硬度最好跟信用卡相当。
- 从几个不同的方向观察拓展面，调整拓展面的方位使其与岩心内部构造面保持高度的一致，这样的测量就具有很高的精确度（人的眼睛能够很好地判断相邻平面或直线间的平行关系）。
- 可以的话，将几滴彩色液体滴在拓展板上使其向下流动，这对准确测量缓倾平面的倾角和倾向是十分有帮助的（Marjoribanks，2007）。为此，应配备一个装彩色液体（可清洗墨水）的小滴瓶。

测量定向岩心中的线性构造的方法与测量面状构造类似，唯一不同的是用延伸杆固定在岩心表面，使其按照线状构造的方向穿入或穿出岩心。此时，将延伸杆黏在岩心表面，从多个不同方向观察使其倾斜成一条直线（见图B.8）。放置好之后，从上往下俯视延伸杆，用罗盘测量整个线状构造的倾伏向和倾伏角，如同测量野外露头上的线状构造一样（见附录E）。

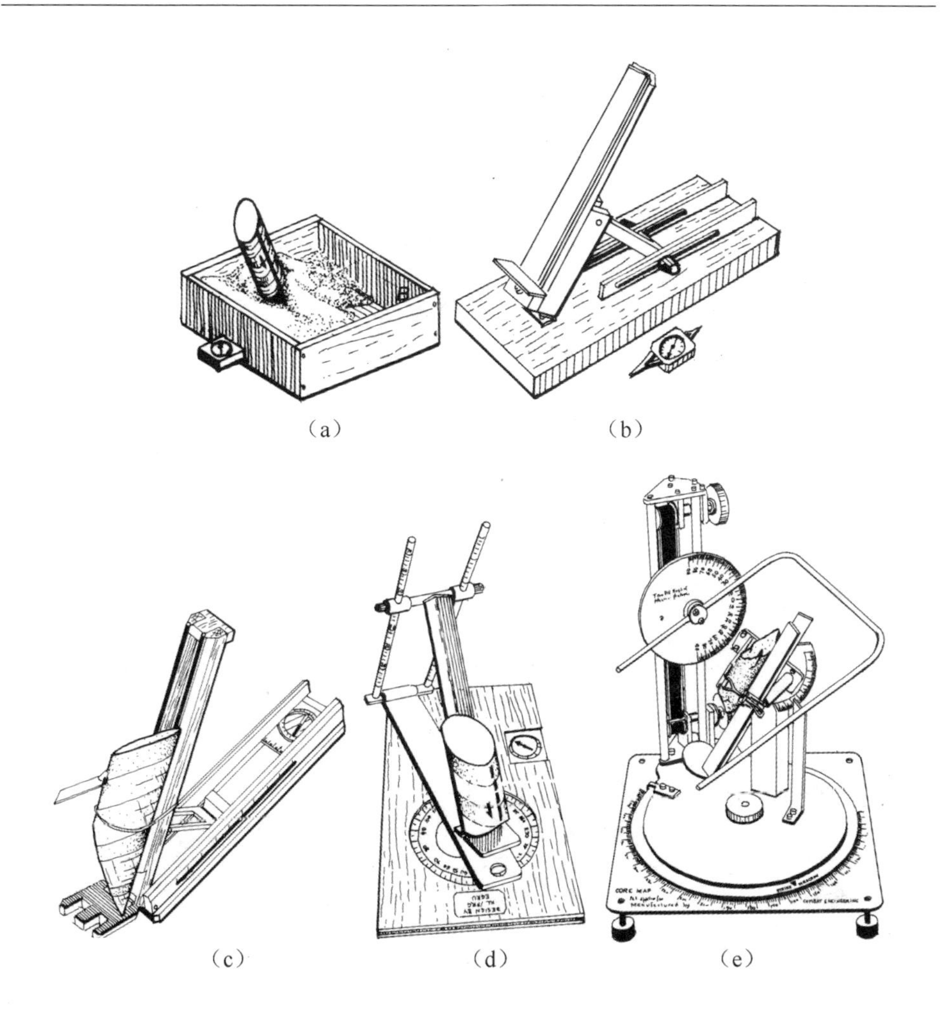

图 B.6　一些简单的和复杂的岩心架。（a）沙盒，一种简便且制作快速的装置，用来测量岩心块表面或其顶部的面状和线状构造。（b）简易木质岩心架。（c）一种木质岩心架，由作者制作，简单、紧凑而有效。（d）一种铝质模型，由 James Cook University（Laing, 1989, unpublished）设计，它配备了一个可旋转的基座，便于设置方位角。（e）一种昂贵、可买到的、高级工程师级别的岩心架，该装置提供高度工程化的解决方案，可以不用罗盘直接从内置刻度盘上读出走向/倾角或倾伏向/倾伏角。

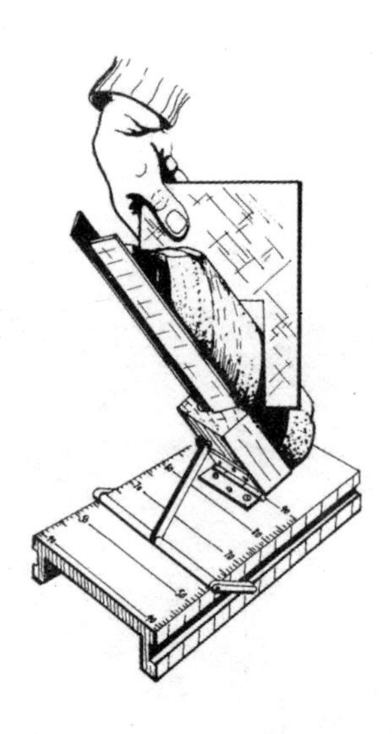

图 B.7　利用一个拓展平面来帮助测量岩心架上定向岩心中面状构造的产状。同理，利用一个小杆（如一支铅笔）作为对线状构造的延伸。最好由一位助理扶着拓展平面或延伸杆，然后由地质学家进行测量。岩心架由作者自己设计。

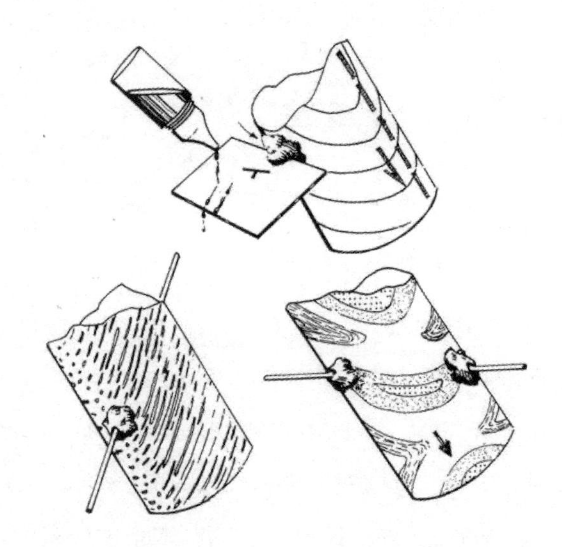

图 B.8　含有面状和线状构造的岩心块在岩心架中按照其原始方位放置。用黏性油灰将拓展平面及延伸杆黏在岩心表面，使其与岩心内部的构造方位保持一致。这将有助于用地质罗盘对这些构造进行准确测量。将几滴彩色液体滴在拓展板上使其向下流动，找出与垂直面的交线，这对准确测量缓倾平面的倾角是十分有用的。

B.3.4　内部岩心角的使用

B.3.4.1　限定面状构造的角度

在定向岩心中，构造与内部参照线和面的角度可以用来将这些构造换算成标准地理坐标系统——纵轴、南北轴、东西轴（Goodman，1976，1980; Reedman，1979）。用到的岩心参照线为岩心轴和 BOH 线，而岩心参照面为岩心铅垂面和岩心圆周面。岩心参照线和参照面的方向可以从钻孔测斜数据中获得。构造与这些参照线/面的夹角可以在岩心中量出，并可以通过数学或作图的方式换算成标准倾角和走向，或者倾伏向和倾伏角。用计算机程序可以自动完成这些数学转换，而利用立体网图可以进行图示转换。

如第 7 章所述，一个平面与圆柱形钻探岩心相交成一个椭圆（见图 B.9）。椭圆最大曲率点（称为拐点）的连线为其长轴，端点位于该平面在岩心表面迹线的两侧。将相交椭圆长轴的端点标记为 E—E'，其中 E 点为长轴的下端点。椭圆长轴的下端点（E）方向与岩心轴的下方向二者相交为锐角。E' 为椭圆长轴的上端点。岩心轴与 E—E' 之间的锐夹角为 α 角（见图 B.9）。

- α 角是确定平面方位需要测量的内部岩心角中的第一个角。

与岩心轴成直角相交的几何平面为岩心圆周面，它在岩心表面假想的轨迹自然就成为一个圆环。圆周面在岩心上的圆环轨迹与 BOH 线相交于一点，该点称为 BOH 点。从 BOH 点沿着圆周面顺时针方向[4]到点 E，二者之间的夹角称为 β角。

- β 角是确定平面方位需要测量的两个内部岩心角中的第二个角。

利用α 角和β 角，结合测量点所处深度位置处岩心轴的方位角和倾角，就可以确定岩心中面状构造的走向和倾角（或者倾伏角和倾伏向）。具体方法将在 B.3.4.4 节介绍。

B.3.4.2　线状构造的限定角

利用内部岩心角方法能够很方便测量的线状构造只有那些穿过岩心轴的线

4 从上往下俯视时的顺时针方向。

状构造。实际上，这意味着只有那些穿透性很好的矿物生长线理，或一组相交线理出露在一个限定表面并成为一个岩心块的顶端，才符合这一标准。除此之外的其他种类的线状构造，如褶皱轴、补丁（石香肠）构造的长轴等，只能通过岩心架进行测量。

当岩心中具有穿透性的矿物生长线理时，在岩心表面这些线理穿过岩心轴就构成一个最小的横切面。类似这种横切面可以在岩心长度方向形成一个十分显眼的条带（见图 7.5 和图 B.8）。与岩心轴相交的一条线理标记为 $T—T'$ 。其中，T 点为该线理的下端点；线理的下端点（T）方向与岩心轴的下方向二者相交为锐角；T' 为该线理的上端点（见图 B.10）；$T—T'$ 与岩心轴之间的锐夹角称为γ角。在岩心的圆周面上，从 BOH 线顺时针方向到点 T 之间的夹角称为δ角。

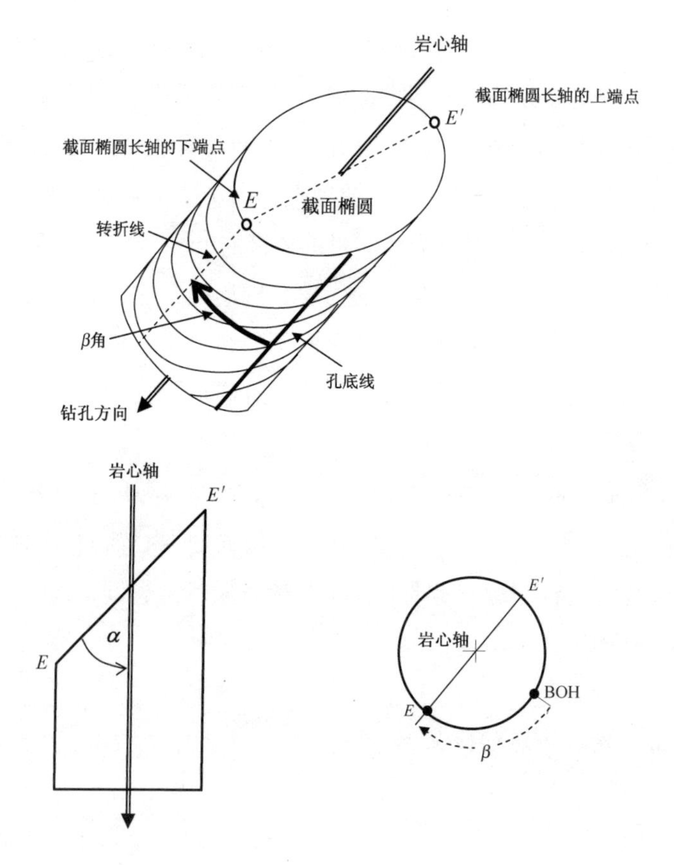

图 B.9　定义内部岩心角α和β，以确定岩心中面状构造的产状。

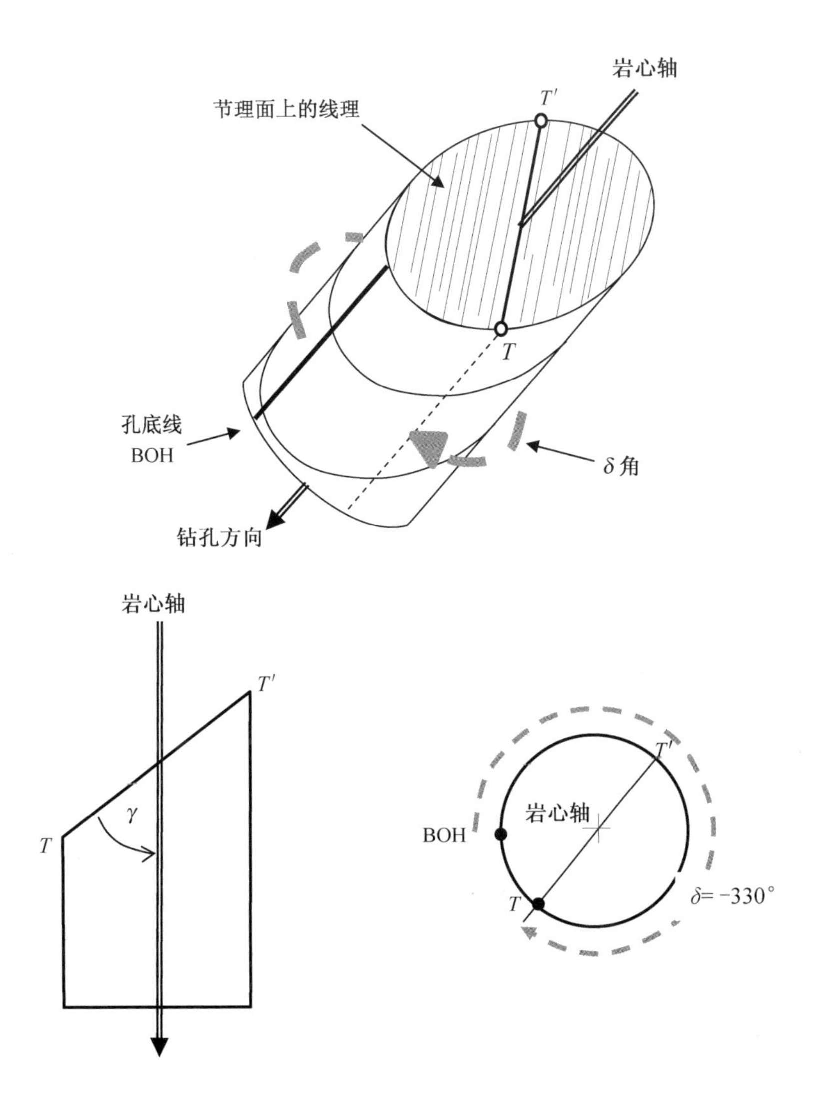

图 B.10 定义内部岩心角γ和δ，利用它们可以确定岩心中穿透性线理的产状。

B.3.4.3 内部岩心角的测量方法

用很简单的量角器就可以完成这项工作。其中的一些量角器设计，以及它们的使用方法，如图 B.11 和图 B.12 所示。基于岩心中参照线的精确度，在正常情况下，内部岩心角的测量精度为 1° ～2° 就足够了。

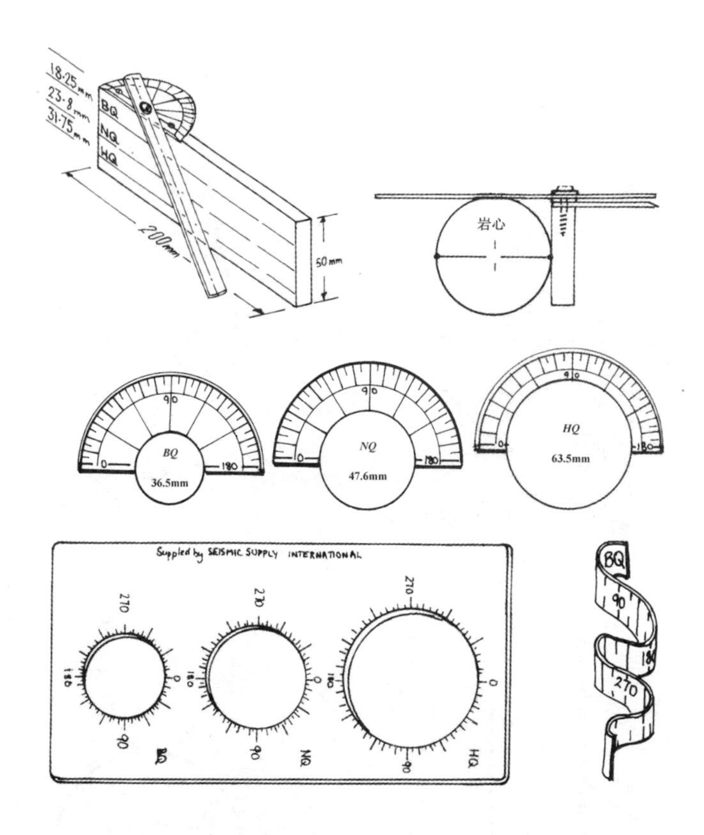

图 B.11 不同的量角器，用来测量岩心中的α角和β角。最上面的是用来测量α角的自制塑胶量角器；中间的是廉价的 180° 刻度的塑料量角器，量角器中间掏空以匹配不同直径的岩心（这可能是最快捷、最简便的测量β角的方法）；底部左图是测量β角的商业产品，右图显示的是测量β角的另一种方法——一根长度为岩心直径的、标记为 0～360° 的皮尺。

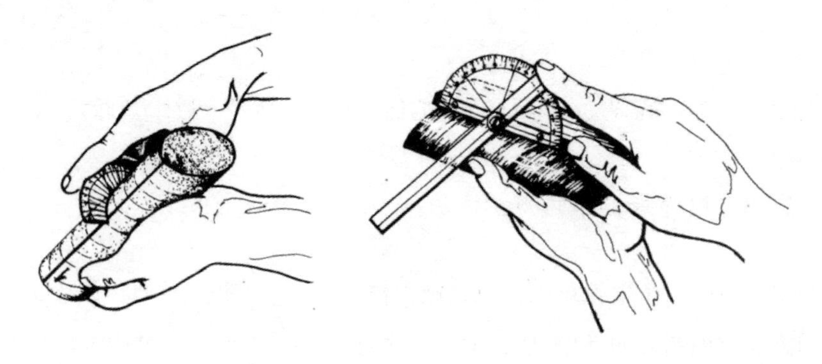

图 B.12　测量岩心中的α角和β角。

B.3.4.4　将内部岩心角换算为走向和倾角数据

在讨论如何将内部岩心角换算成我们熟悉的走向/倾角测量数据之前，有必要指出某些岩心角可以通过简单的口算进行换算。一个十分常见的情况是，地质学家们在盲目地将α/β测量数据输入计算机进行处理之前，稍微用点心思就可以获得答案。这就相当于用计算机软件来计算两位数的加法一样。因此，如果数据已经被输入计算机，可以用这种口算来核查计算机程序处理数据的精确度，特别是（由于软件程序不太可能会出错）用来核查数据输入过程中的错误。一般有四种特殊情况需要计算机来计算处理（注意：在下面的公式中，“AZ”、“In”分别代表钻孔在测量位置处的方位角和倾角）。

（1）若β为175°～185°，即钻孔与构造面的走向垂直，并与倾向方向一致。此时有，

$$\text{Dip direction} = \text{Az}$$

$$\text{Dip} = \text{In} - \alpha$$

（2）若β为355°～5°，钻孔与构造面的走向垂直，有三种可能性。

（a）当$\text{In} + \alpha < 90°$时：

$$\text{Dip direction} = \text{Az}$$

$$\text{Dip} = \text{In} + \alpha$$

（b）当$\text{In} + \alpha > 90°$时：

$$\text{Dip direction} = \text{Az} + 180°$$

$$\text{Dip} = 90° - \alpha$$

（c）当$\text{In} + \alpha = 90°$时：

$$\text{Strike} = \text{Az} + 90°$$

$$\text{Dip} = 90°$$

（3）若α为85°～95°，钻孔与构造面的走向垂直，与倾向的反方向一致。

$$\text{Dip direction} = \text{Az} + 180°$$

$$\text{Dip} = 90° - \text{In}$$

（4）当$\alpha \geqslant 65°$时，在岩心表面上不能很好地限定拐点E，于是β角就不是很精确（见下文）。此时，需要利用岩心架来对构造进行测量。

B.3.4.5　数学简化

该过程涉及球面三角几何或三维绕轴旋转，这个过程通常不会尝试用人工计算，地质学家可以简单地将α角和β角输入一个软件程序[5]，就可以计算出平面的走向和倾角（Hoeks and Diederichs，1989）。据作者所知，目前还没有哪一款计算机程序可以用来将一个线状构造的γ角和δ角换算成它的倾伏向和倾伏角。

B.3.4.6　利用立体网图推导

和使用计算机软件相比，立体网图的解决方案具有如下优点。

- 在编录岩心时，在岩心箱上面就可以进行作图转化，这使得地质学家在能够看到这些构造的情况下，全面地理解和解译这些构造，并且可以很方便地进行二次观察来验证一些想法，或重复/证实一些关键的观察记录。
- 当在岩心编录过程中只有少量测量数据时，利用立体网图方法要比用计算机速度更快（计算机需要启动，找到软件，然后输入数据）。
- 将测量数据投影到立体网图上可以将数据三维可视化。这可以帮助地质学家构建一个岩石的三维图像，以帮助解决构造问题。
- 立体网图投影方法可以找出原始测量数据中的任何错误，是不可或缺的工具。
- 利用立体网图法可以减少测量工作，提高测量质量。须知，在构造地质学中，数量多并不一定质量高。

对面状构造和线状构造的立体网图法解决方法，将在附录 D 中详细介绍。

B.3.4.7　内部岩心角方法的一些问题

即使岩心中具有很好的面状构造，要准确测量出它的β角也是很困难的，

5 市面上可以买到很多款这种计算机程序软件，其中最有名的是 DIPS（见 www.rocscience.com/products/dips）。

有时候甚至是不可能的。要测量β角，需要在岩心表面确定出 E 点。当待测平面与岩心轴成低角度相交时（α 角较小时），这相对容易，因为构造面在岩心上会是一个拉长的椭圆形，其拐点的位置很容易限定。然而，当α 角接近 90°时，面状构造的交切椭圆会接近一个正圆形，E 点就变得很难确定（见图 B.13）。由于这种原因，在测量β 角时，当平面的$\alpha > 50°$ 时，其误差会越来越大。如果待测平面（组）十分清晰、分布规则、间距较近，那么这样测出的β角还是可以接受的，但是当$\alpha > 65°$ 时，就不再建议使用这种方法了。

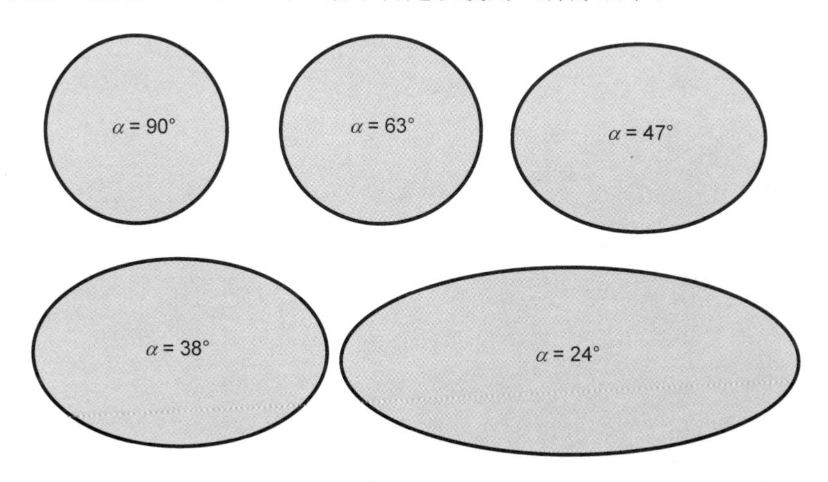

图 B.13 面状构造与岩心轴成不同角度相交时，出现的交切椭圆案例。随着岩心轴与平面的交角α 不断增大，交切椭圆越来越接近一个正圆形。在岩心表面上准确地确定椭圆长轴的位置（测量β 角所必需的），当$\alpha \geqslant 55°$ 时就变得很困难了，当$\alpha \geqslant 65°$ 时就完全不可能了。因此，当$\alpha \geqslant 65°$ 时，建议不再使用内部岩心角方法来计算面状构造的产状。

B.3.5 最佳测量方法的讨论

在多数情况下，推荐使用岩心架来测量构造的产状。因为用岩心架能够直接看到构造处于它们的原始方位上，在对构造编录的同时可以用地质专业术语来测量其产状。如果选择测量内部岩心角方法，也需要备用一个岩心架以测量具有较大α角的面状构造。此外，对于非穿透性线状构造，如褶皱轴，岩心架是唯一可以对其进行测量的方法。无论如何，当使用内部岩心角方法时，建议使用立体网图来对测量数据进行直接还原，然后将获得的走向/倾角（或倾伏向/倾伏角）直接输入到编录表格中。

然而，内部岩心角方法也也有其自身的优点，具体如下。

- 测量α角和β角的速度要比利用岩心架快得多。
- 如果一组面状构造测量的数量十分巨大，对该构造的特征和意义已经非常清楚，需要对这些测量结果进行统计处理，那么利用内部岩心角方法，结合电脑处理测量数据，是最快捷、最有效的选择。例如，在矿山应用中，在工程地质编录阶段或者在勘查区内高级加密钻探阶段，均会遇到这种情况。这时，一般可以将内部岩心角直接记录到编录表格中（或直接输入便携式计算机中）。通常可以通过计算机生成的剖面图、平面图、立体（赤平）极图、柱状图将其表达出来。然而，尽管有这些应用，依然需要考虑到对具有特殊方位的平面使用该方法固有的局限性。
- 在一个勘查区的高级钻探阶段中，需要将构造的产状记录到分析型的编录表格中时，测量内部岩心角可能是最有效的方法。

B.3.6　将构造的测量数据投影到钻探剖面上

对构造面的产状测量之后，就可以将其投影到钻探剖面上，用一根短线代表构造面的迹线，如在 7.7 节中详细描述的那样。如果钻孔与构造面的走向垂直，那么该构造面的迹线就会是一条按照测量的倾角（真倾角）投影的单一直线。

一般情况下，钻孔与构造面的走向并不垂直，那么钻探剖面上构造面的迹线就会是视倾角。视倾角总是要比真倾角小。非常缓倾或非常陡倾的构造面在钻探剖面上的视倾角变化不太明显，而中等倾斜的构造面的视倾角变化则十分显著。将构造面投影到一个钻孔剖面上之前需要计算其视倾角。通常计算视倾角有四种方法可供选择（Travis and Lamar，1987）。

（1）利用如下公式，其中，A 为视倾角，D 为真倾角，X 为剖面方位与构造面走向之间的夹角。

$$\tan A = \tan D \times \sin X$$

绝大多数矿山/勘查软件程序都会自动用上述公式计算出视倾角，并将它们投影到钻孔剖面上。利用三角函数公式能够获得非常精确的视倾角，其结果只取决于所输入的 *D* 和 *X*。

（2）利用视倾角表（见表 B.1）。这个表利用上述公式构建而成，其中列出任何真倾角（*D*）的构造面在不同剖面方位角（*X*）按照每隔 5° 递增下的视倾角。对大多数真倾角来说，表 B.1 估算的视倾角的误差在 2° ～3° 以内。尽管这对绝大多数应用来说已经足够准确了，但当真倾角为 30° ～60° 、剖面方位与构造面走向夹角小于 50° 时，利用该表估算视倾角的误差可能超过 3° 。在这种情况下，用本书介绍的其他方法可能更好。

表 B.1　真倾角与视倾角换算表

（构造面）走向和剖面方向的夹角（° ）																		
90	85	80	75	70	65	60	55	50	45	40	35	30	25	20	15	10	5	0
真倾角（° ）	视倾角（° ）																	
0	0	0	0	0	0	0	0	0	0	0	0	0	0	0	0	0	0	0
5	5	5	5	4	4	4	4	4	3	3	2	2	2	1	1	0	0	0
10	10	10	10	9	9	9	8	8	7	6	6	5	4	3	3	2	1	0
15	15	15	14	14	14	13	12	12	10	10	9	8	6	5	4	3	1	0
20	20	20	19	19	18	18	17	16	14	13	12	10	9	7	5	4	2	0
25	25	25	24	24	23	22	21	20	18	17	15	13	11	9	7	5	2	0
30	30	30	29	28	28	27	25	24	22	20	18	16	14	11	9	6	3	0
35	35	35	34	33	32	31	30	28	26	24	22	19	16	13	10	7	4	0
40	40	40	39	38	37	36	35	33	31	28	26	23	20	16	12	8	4	0
45	45	45	44	43	42	41	39	37	35	33	30	27	23	19	15	10	5	0
50	50	50	49	48	47	46	44	42	40	37	34	31	27	22	17	12	6	0
55	55	55	54	53	52	51	49	48	45	43	39	36	31	26	20	14	7	0
60	60	60	59	58	58	56	55	53	51	48	45	41	36	30	24	17	9	0
65	65	65	64	64	63	62	60	59	57	54	51	46	42	36	29	20	11	0
70	70	70	69	69	69	68	67	65	63	60	58	54	49	43	35	25	13	0
75	75	75	74	74	74	73	72	71	69	67	65	62	58	52	44	33	18	0
80	80	80	80	79	79	78	78	77	76	75	73	71	67	63	56	45	26	0
85	85	85	85	85	84	84	84	83	83	82	81	80	78	76	71	63	45	0
90	90	90	90	90	90	90	90	90	90	90	90	90	90	90	90	90	90	0

（3）利用专门设计的塑料量角器/计算仪。这种简单装置（市面上可买到）是用一个诺模图仪[6]（列线图装置）来快速计算视倾角，精度可达 1°～2°。该仪器最早由 Palmer 于 1918 年介绍，Travis 于 1964 年对其现代版进行了详细描述。市面上可以买到塑料制的诺模仪。

（4）利用立体网图。笔者推荐采用这种方法，这可能是最简单的立体网计算了，只需要 10s 即可完成。对任何方位来说，精度都在 1°～2°。图 B.14 是利用立体网图计算视倾角的一个实际案例。

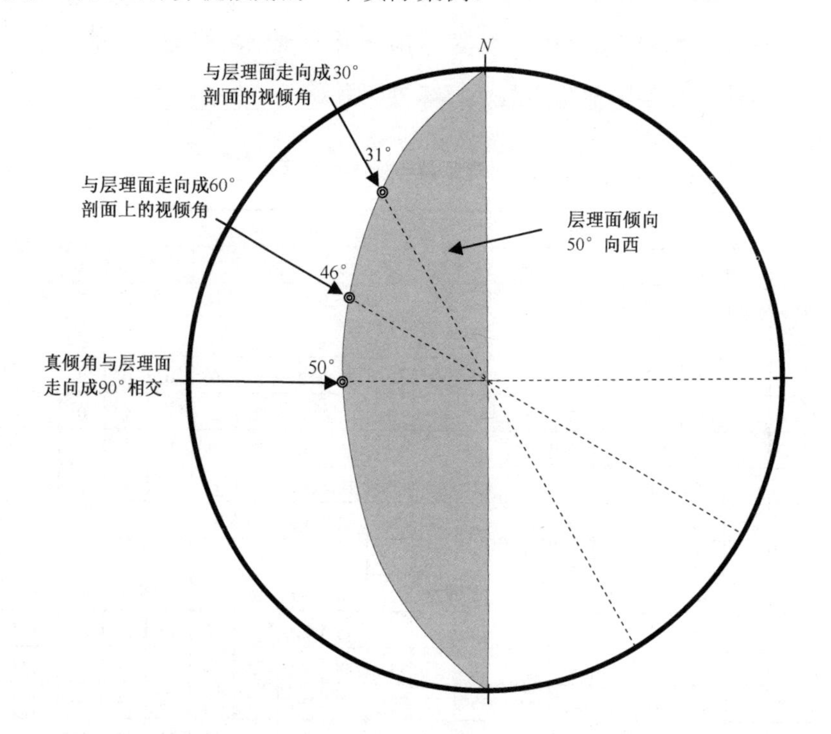

图 B.14　如何使用立体网图来计算视倾角。在立体网图上，平面投影成一个大圆，铅垂面（钻探剖面）投影为通过原点的直线。在本例中，显示为一个倾向向西、倾角 50° 的层理面（打阴影的面）。穿过原点的直线（代表任何既定的钻探剖面）与层理面的交点，就代表层理面在该钻探剖面上的视倾角，其大小可以在立体网格上读出来，利用这种方法计算视倾角只需要 10s。

6 诺模图仪是一种物理列线图装置，它是用一种模拟图形的方法来计算数学公式。计算尺就是一个诺模图仪，立体网图也是。

参考文献

[1] Annels AE, Hellewell EG（1988）The orientation of bedding, veins and joints in core; a new method and case history. Int J Min Geol Eng, 5(3):307–320.

[2] Goodman RE（1976）Methods in geological engineering in discontinuous rocks. West Group, Eagan, MN, 484.

[3] Goodman RE（1980）Introduction to rock mechanics. Wiley, New York, NY, 478.

[4] Hoeks E, Diederichs M（1989）Dips version 2.0 users manual. Advanced Version, 117.

[5] Marjoribanks RW（2007）Structural logging of drill core. Handbook 5, Australian Institute of Geoscientists, Perth, WA, 68.

[6] Palmer HS（1918）Method for determining the depth and thickness of strata and the projection of dip. USGS Professional Paper 120-G. GPO, Washington, DC, 123–128.

[7] Reedman JH（1979）Techniques in mineral exploration. Applied Science Publishers, London, 533.

[8] Roxtrom E（1961）A new core orientation device. Econ Geol, 56:1310–1313.

[9] Travis RB（1964）Apparent dip calculator. AAPG Bull, 48(4):503–504.

[10] Travis RB, Lamar DL（1987）Apparent dip methods. J Geol Educ, 35(3):152–154.

[11] Vearncombe J, Vearncombe S（1998）Structural data from drill core. In: Davis B, Ho SE (eds) More meaningful data in the mining industry, Vol 22. Bulletin/Australian Institute of Geoscientists, Perth, WA, 67–82.

[12] Zimmer PW（1963）Orientation of small diameter core. Econ Geol, 58:1313–1325.

附录 C

从多个金刚石钻探钻孔中计算走向和倾角

C.1 “三点问题”

通过大量钻孔剖面来确定面状构造的走向和倾角，这在实际工作中会经常碰到——这通常被称为“三点问题”[1]，每个地质学家都应该熟练掌握解决它的简单方法（Marjoribanks，2007）。

在一个勘查区内布设大量连续相邻钻孔后，利用相邻钻孔间的综合钻孔剖面和相互关系就可以推导出较大尺度构造的详细情况。

对于任何一个平面，都可以利用平面上已知的三个或多个点来限定平面在3D空间中的位置。当三个独立的钻孔截过同一个标志层位时，那它们就提供了该层位面上三个点的位置。利用钻孔截获的数据，有两种方法来计算该层位的走向和倾角。第一种方法是构造等值线。第二种方法是立体网图。在下文所介

1 可能是故意或潜意识里参照 Sherlock Holmes 的“三管问题”。

绍的方法中，都设定待测层位的产状在三个钻孔中是一样的。

C.2　利用构造等值线的解决方法

利用构造等值线的方法计算走向和倾角的步骤如下（见图 C.1）。

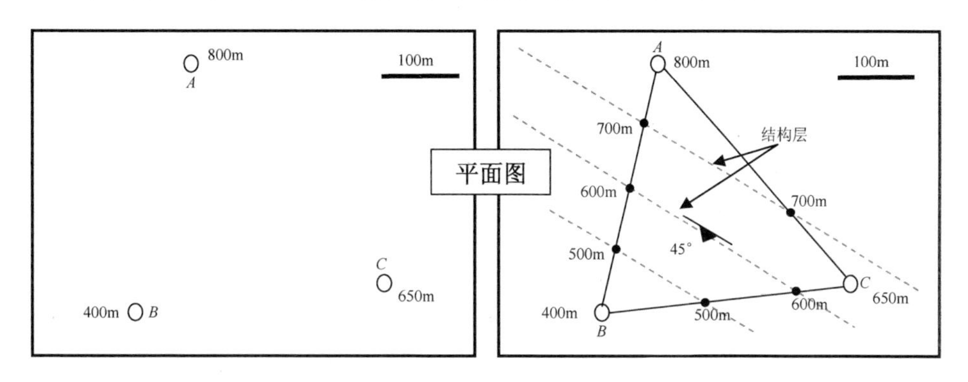

图 C.1　利用构造等值线来确定由三个钻孔所截平面的走向和倾角。左图中，三个钻孔截过一个普通标志层位，三个截点垂直投影到水平面上，将每个点的高程数值标注在截点旁边。右图中，将每两个截点用直线连接起来，在每条连线上按照线段两端截点的高程数据将其划分成不同的高程刻度。将三条直线上相同高程刻度点用虚线连接起来，成为该层位的构造等高线。利用图中的比例尺，可以量出不同等高线之间的水平距离，再利用简单的三角函数就能够计算出该平面的倾角。

第一步：确定每个钻孔与标志层的截点的三维坐标系统（如截点的北向、东向和高程数据）。

第二步：将这三个截点按照北向、东向坐标数据投影在图纸上，并将每个截点的高程数据（通常称为海拔高度，RL）标注在投影点旁边。

第三步：在图上将任意两个点用直线连接起来。这两个点的高程在直线的两端都已经做了标记。用尺子在该直线上划分出不同高程的刻度点，标出具有便于计算的偶数高程值（整十或整百数值）。将其余两条直线也按照这种方法操作，在每条直线上标出与第一条直线相同的高程刻度区间。

第四步：将直线上相同的高程点用虚线连接起来，这就代表该层位（平面）上的水平线方向，标记为走向，在图上走向可以用量角器量出来。将标志层上的水平线投影在水平面图上就称为构造等值线法（等高线法）。

第五步：利用图 C.1 中的比例尺测量出两条相距较宽的等高线之间的水平距离（h）。由于这两条等高线之间的垂直距离（v）是已知的，所以该标志层的倾角（d）就可以通过公式：$\tan d = v/h$ 计算出来。

C.3 利用立体网图的解决方法

利用立体网图计算走向和倾角的步骤如下（见图 C.2）。

第一步：确定三个钻孔与标志层截点的绝对位置坐标（如截点的北向、东向和高程数据）

第二步：将这三个截点投影在图纸上，并用直线两两相连。用量角器测量每条直线的方向（方位角），再用尺子量出每两个截点之间的水平距离。已知每两个截点间的水平距离和高程差异，就可以利用简单三角函数公式（见附录 C.2 第五步）计算出任意两个截点连线的倾伏角（直线与水平面的交角）。

第三步：此时我们已经计算出该标志层面上三条直线的倾伏向和倾伏角。将这些直线投影到立体网图上，得到三个投影点，如图 C.2 所示。

第四步：转动立体图方格网，将这三个投影点落于同一个大圆弧上。通过这三个点只能有一个大圆弧存在[2]，这个大圆弧就代表由钻孔截获的标志层的投影。

第五步：从这个立体网图中，可以读出该平面的走向和倾角（或者倾角和倾向，或者任意给定钻孔剖面的视倾角）。

2 实际上，在立体网图上，只需要两个点就可以确定一个平面，利用第三个点是为了增加其准确度，并且可以核查错误。

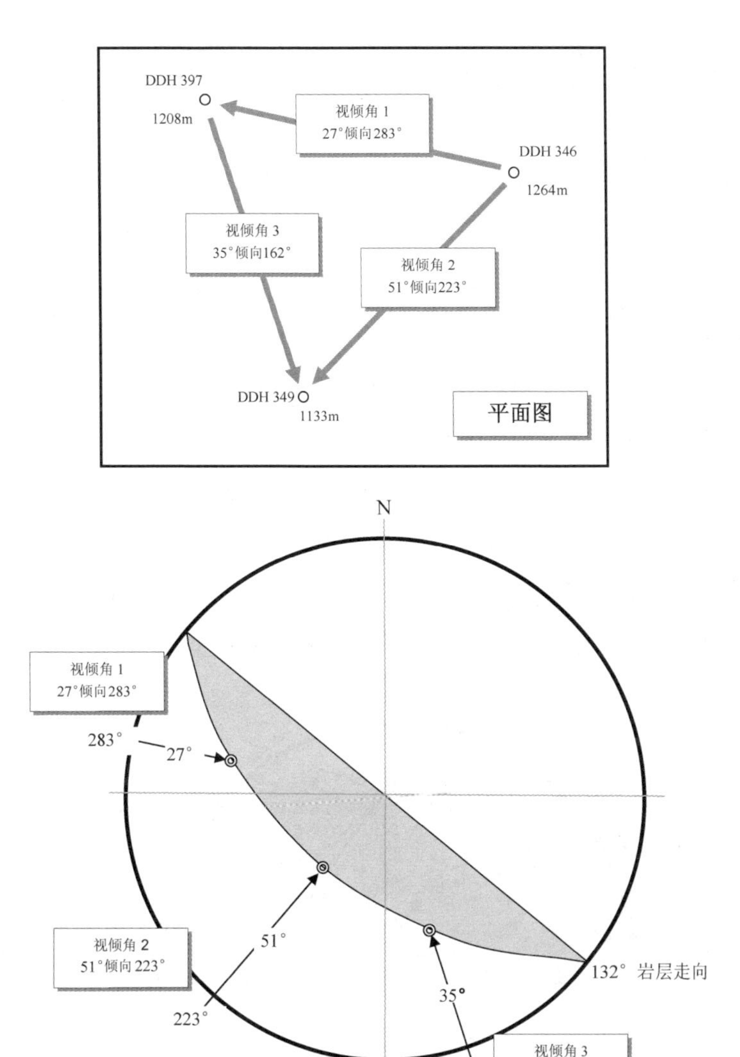

图 C.2　利用立体网图来确定由三个钻孔所截层面的走向和倾角。将三个截点投影到水平面上，并将高程标注在截点旁边。任意两截点的连线为该层面的视方向，可以描述为各自的视倾角和视倾向。对每一对截点来说，v 为它们之间的高程差异（高差），h 为它们之间的水平投影距离，于是视倾角（a）就可以通过公式 $\tan a = v/h$ 算出。视倾向可以用量角器在水平面上直接量出。三个视倾角都可以通过这种方法计算出来。在立体网图上，三条视倾向线投影为三个点，转动方格网，将这三个点落入一个大圆弧上，这个大圆弧就是该标志层面的投影，在立体网图上可以很容易地读出其走向和（真）倾角（实际上，用两条视倾向线就可以限定这个层面，但用三条线限定的层面更加准确）。

C.4 确定非定向岩心中平面产状的一个简洁方法

当相邻钻孔中不存在相互关联的单一标志层时，有时候仍然可以确定一组平行面（如层理面、一组节理或一组脉体）的方位，但必须通过至少三个非平行的钻孔（Bucher，1943；Mead，1921）。同样的方法甚至可以用于单一钻孔，不过这个孔在其长度方向需要有足够大的偏移，使得同一个钻孔具有不同的方位片段，这样一个钻孔就可以按照三个独立的钻孔来操作（Laing，1977）。

立体网投影图 C.3 显示了三个相邻但非平行的倾斜钻孔截过同一组平行的面状石英细脉的情形。所有的岩心都没有定向，但已测得每个钻孔里石英脉和岩心轴之间的平均夹角（α）如下：1 号孔为 10°，2 号孔为 56°，3 号孔为 50°。

在立体网中，钻孔定位（方位角和倾角）的投影为一个点，3 个钻孔在图 C.3 中的投影点分别标记为 1 号孔、2 号孔和 3 号孔。

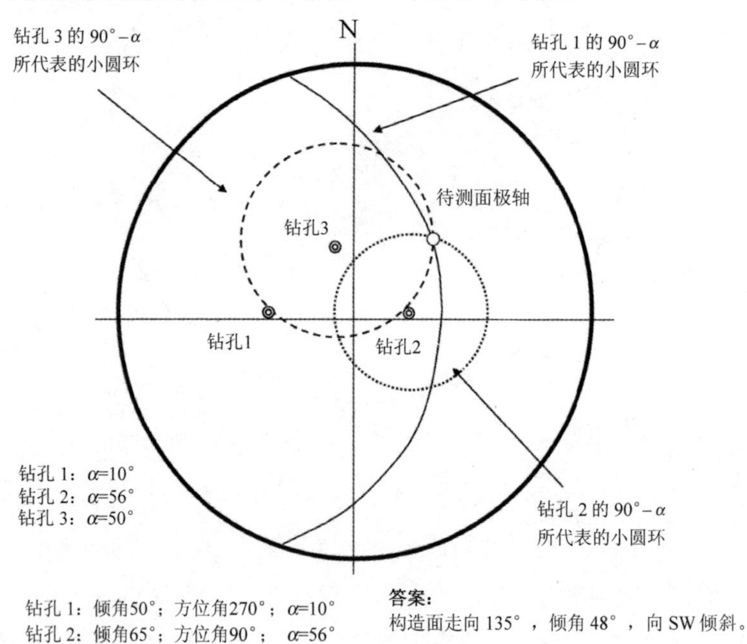

图 C.3 一组平行的面状构造（如一组穿透性的节理或脉体组合），由三个不平行的非定向的钻孔所截获。可以利用立体网图来计算其走向和倾角，只需要测量每个钻孔中该面状构造（组合）的α角即可，详细描述见正文。

当在立体网中表达平面时，投影一个平面的极轴[3]总是比投影该平面本身来得更加方便。若一个平面与岩心轴的夹角为α，那么该平面的极轴与岩心轴的夹角就为（90° $-\alpha$），如图 C.4 所示。

我们来考察钻孔 1。石英脉的α角和（90° $-\alpha$）角为已知。由于岩心本身并未定向，石英脉平面的极轴就可能随岩心绕轴自转一整圈所产生任何方位。这个方位的范围是一个以岩心轴为中心的圆锥，顶角 2×（90° $-\alpha$）。从一个钻孔我们只能获得这些信息，但这些信息可以在立体网图上表达出来，因为以钻孔为中心的圆锥在立体网上的投影为一个小圆圈，分布在钻孔投影点的周围。钻孔 1 的（90° $-\alpha$）为 80°，因此，该组石英脉在钻孔 1 中就被表示成一个与钻孔投影点成 80° 的小圆圈。

接着，按照同样的方法将钻孔 2 以一个（90° $-\alpha$）（其中，α=34°）的小圆圈投影在立体网图上。钻孔 1 的小圆圈和钻孔 2 的小圆圈交汇于两点，它们代表待测石英脉组合的两种可能的方位。然后，将钻孔 3 也投影到立体网图上。这样在立体网上我们就有三个以各自钻孔为中心的小圆环。由于事先设定对同一组石英脉的测量具有不变的产状，因此，这三个小圆圈的唯一交点（点 P）就代表了三个钻孔中具有相同方位的构造面的极轴位置。当然，在实际测量中，不太可能三条弧线（或三个小圆圈）会交汇于一点；相反，三条线（三个小圆圈）可能会相交成一个三角形，三角形的大小反映了测量的精度（同时，假定我们所面对的是相互平行的同一组构造面），而真正的极轴位置（如果存在的话）就在这个三角形之中。

通过点 P，待测石英脉组合的走向和倾角（或者倾角和倾向，或钻孔剖面上的视倾角）就可以很容易地从立体网图上读出。

---

3 一个平面的极轴是一条与平面垂直或正交的直线。通过投影极轴，在立体网图上一个平面的产状可以表示成一个单一点。

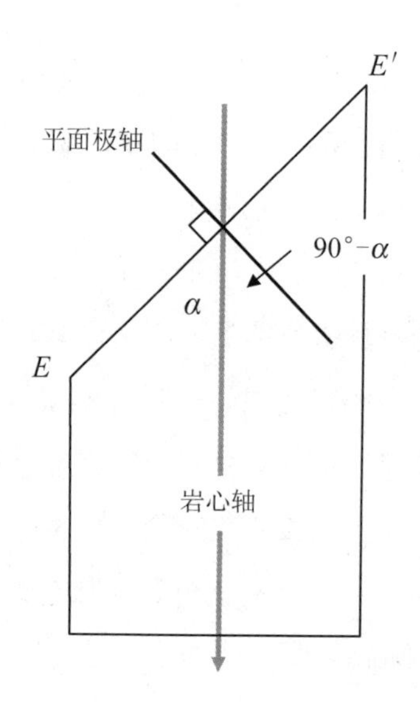

图 C.4　岩心中α角和平面极轴（与平面正交的直线）相交的角度关系。

参考文献

[1] Bucher WH（1943）Dip and strike for three not parallel drill holes lacking key beds. Econ Geol, 38:648–657.

[2] Laing WP（1977）Structural interpretation of drill core from folded and cleaved rocks. Econ Geol, 72:671–685.

[3] Marjoribanks RW（2007）Structural logging of drill core. Handbook 5. Australian Institute of Geoscientists, Perth, WA, 68.

[4] Mead WJ（1921）Determination of the attitude of concealed bedding formations by diamond drilling. Econ Geol, 21:37–47.

附录 D

如何利用立体（网）图将岩心内部角转换成地理坐标

D.1 面状构造的解决方法

当用岩心内部角α和β限定了一个构造面时，就可以利用立体网图（吴氏网，极射赤平投影——译者注）来计算该平面的走向和倾角，方法如下。

理论：这里介绍的立体图方法是基于岩心轴（CA）、面状构造的极轴（P，构造面的中垂线）和交切椭圆（$E—E'$）的长轴全部都位于同一个平面上。轴线 CA 的方位是已知的，$E—E'$ 的方位可以通过β角很容易求出。将 CA 和 $E—E'$ 投影在立体图上，成为两个投影点，利用这两点就足以确定待测平面（一个大圆）。大圆弧一旦被限定，未知点 P 就可以很容易地确定，因为它就位于该大圆上，与 CA 成（90° − α）相交，测量方向从 CA 到 E'（见图 B.9 和图 C.4 对以上术语的解释）。

不要惊慌：如果读者对立体网图不是很熟悉，那上面的理论概述可能很难往下进行了。但不必担心，读者并不需要对这些理论弄得很清楚：从α角和β角获得大家所熟悉的走向和倾向数据，逐步推进的过程是十分简单的。在获得少许几个确定值后，步骤变得常规起来，而且对任何一套测量数据，其处理过程都不会超过一分钟。事实上，这一流程实施起来要比用大量文字和图表来解释它更加容易。

参照如图 D.1 所示的立体网图，下面介绍进行该方法的简单步骤。

第一步：在立体网图中标出一点代表既定深度下方位角和倾角的钻孔（在该深度下测量出α角和β角），该点命名为 CA。对在特定钻孔剖面中测量的所有构造来说只需要如此投影一次。

第二步：将岩心中的两个主要参照面投影到立体网图上。两个参照面包括：①穿过岩心轴的铅垂面，该面为穿过 CA 点和立体网中心的直线；②垂直岩心轴的圆周面，该面为一个与 CA 成 90° 相交的大圆。

这两个参照面的交点为 BOH 点。β角就是通过这个点来测量的。最初，为了理解这一步骤，可以在立体网图上绘制出这些参照面，并标记出 BOH 点。当然，随着练习的增加，会发现这些操作并不需要。

第三步：利用立体图印制的方格网，从 BOH 点沿着代表岩心圆周面的大圆数出β角。从 BOH 点沿顺时针方向数，如果数的过程中到达立体网的边界（因为可能出现$\beta\geqslant$90° 的情形），沿着同一个大圆继续按照顺时针方向数，但是从大圆直径的另一端开始计算。最后数完标记的点要么是 E 点，要么是 E' 点。

如果β角为 0～90°，或 271°～360°，那么在立体图上的标记点为 E 点；如果β角为 91°～269°，那么立体网上的标记点为 E' 点。在特殊情况下，当β角为 90° 或 270° 时，E 点和 E' 点都会投影在立体网图上，分别出现在该大圆弧直径的两端。

第四步：通过旋转立体图上的覆盖网，确立包含 CA 点和 E（或 E'）点的大圆弧。通过这两个点只能有一个大圆弧。在覆盖网画出这个大圆。

第五步：沿着第四步中覆盖网上画出的大圆弧，数出（90° − α）的角度。从点 CA 处开始向 E 点的反方向数。如果立体网上是 E' 点而非 E 点，那么（90° − α）的角度就必须从 CA 点朝着 E' 点的方向数。如果 E 点和 E' 点都出现在立体网上，那么选择哪一种方法数都行。一旦这个新点确定，标记为点

P。P 点为岩心中测得的原始面状构造的极轴投影点。

第六步： 通过点 P，可以读出该面状构造的全部产状，如走向和倾角、倾角和倾向、钻孔剖面上的视倾角。

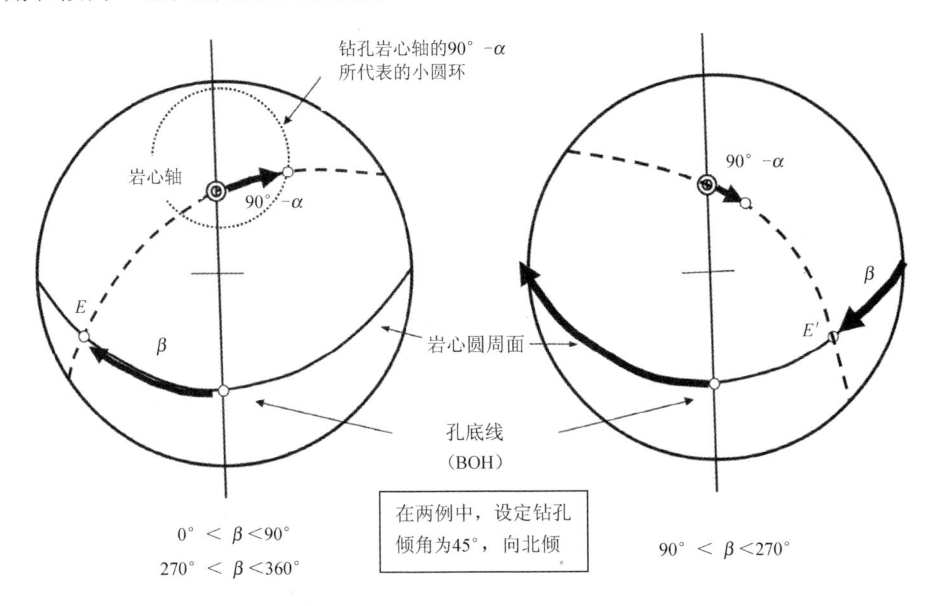

图 D.1　利用立体网图将平面的极轴通过岩心中测得的α角和β角投影出来。对该方法的详细描述见正文。

D.2　线状构造的解决方法

如果穿透性的线状构造已利用内岩心角 γ 和 δ 进行测量，那么就可以用立体网图计算出它的倾向和倾伏角，方法如下。

确定穿透性线状构造倾向和倾伏角的分步流程与上述面状构造的前三个步骤是一样的。在前三步中，利用 δ 角来投影 T 或 T' 点的方法与利用面状构造的 β 角投影 E 或 E' 点的方法基本相同，在此之后的步骤如下（见图 D.2）。

第四步： 旋转立体图上覆盖的方格网，确立包含 CA 点和 T（或 T'）点的大圆弧。通过这两个点只能画出一个大圆弧，它代表包含岩心轴和线状构造的平面。

第五步：沿着第四步中覆盖网上画出的大圆弧，数出 γ 的角度。从点 CA 处开始朝着 T 点方向数。如果立体网上是 T' 点而非 T 点，那么 γ 的角度就必须从 CA 点向 T' 点的反方向数。如果 T 点和 T' 点都出现在立体网上，那么选择哪一种方法数都行。一旦这个新点确定，标记为点 L。点 L 为岩心中测得的线状构造的投影点，它的倾向和倾伏角就可以从立体网图上很容易地读出。

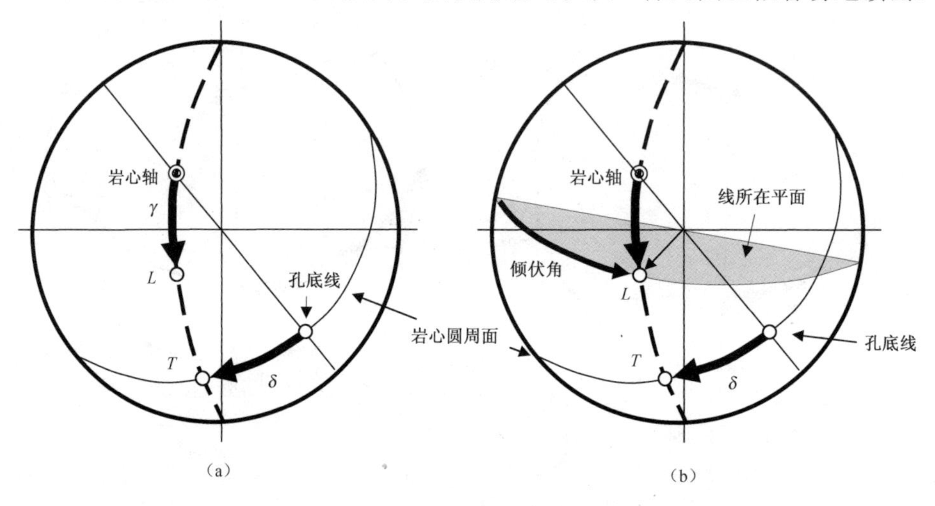

图 D.2　(a) 利用岩心中的 γ 角和 δ 角在立体网图上确定穿透性线状构造的倾伏向和倾伏角，该方法的详细介绍见正文。(b) 利用线状构造的 δ 角及线状构造所在平面的方位在立体网图上确定其倾伏向和倾伏角，详细描述见正文。

当包含面状构造的平面的方位确定之后，也可以用另一种方法来确定线状构造的方位。例如，当一线状构造出露于岩心中某一平面上时，当岩心比较破碎时，可以测量该平面的 α 角和 β 角，并测量该线状构造的 δ 角。利用这三个角就足以限定以上两种构造。确定线状构造产状的步骤如下（见图 D.2）。

第一步：将平面的极轴投影在立体网图上，参见上文所述方法。

第二步：在立体网上画出代表该平面的大圆。

第三步：利用 δ 角来投影出 T（或 T'）点，参见上文方法。

第四步：画出包含 CA 点和 T（或 T'）点的大圆。

第五步：第二步和第四步中两个大圆的交点即为线状构造的投影点 L。

附录 E

实用野外技巧

E.1 选择合适的罗盘

在野外测量地质构造的产状，一般并不需要非常高的精度，所以市面上大多数的罗盘就可以满足需要。但是，当选择一个野外用的地质罗盘时，需要注意以下几点。

- 罗盘指针应是一个优良的阻尼装置。充油型罗盘可以提供最佳的阻尼系统。
- 罗盘要配备一个供调节的金属片，可以用来设置补偿磁偏角（见下文）或给当地网格坐标系统定向。
- 罗盘要结实、轻便。
- 罗盘要可以测量很小或很难靠近的平面，包括下伏平面。这在矿山填图中十分重要。
- 罗盘要能准确测量方位。
- 价格不要太贵。

当然，目前没有任何一种罗盘可以满足上述所有的要求。特别是，地质罗盘在通常的地理方位测量中一般无法达到足够精确。为解决这一困难，笔者在野外携带两个罗盘：一个通用的地质罗盘（Brunton ™ 或 Silva™），一个轻便而结实的、专门测量方位的专业罗盘（Suunto™）。

E.2 了解你的罗盘

罗盘指针的工作原理是它们沿着地球磁场磁力线的方向定向排列，在一级近似和绝大部分的地球表面，它们都按照 N—S 向排列。地球磁场的中心为地球的南北磁极，与地球自转的地理南北极相距几百公里。此外，磁极在地表的位置不是固定不变的，而是以每年几十公里的速度缓慢不规则移动。因此，磁性罗盘指向的是地磁场的北方向（N^M），而并非真实的地理北方向（N^T）。从赤道到中纬度地区，磁场北向可能与真实北向偏东或者偏西 1°～20°；而在高纬度接近南北磁极地区，这种差异会急剧增大。在既定地表位置，真实北向与地磁北向之间的差异称为该地的磁偏角。

一个地区的磁偏角通常都会在公开发布的地形图或地质图件的图例部位以玫瑰图配合数字的形式标出。例如，磁偏角 10° E（或+10°）表示在地图所在的地区，磁北向位于真实北向以东 10°；磁偏角 10° W（或-10°）表示在地图所在的地区，磁北向位于真实北向以西 10°。除磁偏角外，图件也会注明磁偏角发布的时间及磁偏角每年的变化/漂移速率。对大多数地区，磁偏角偏移速率很小（每年若干分之一度），可以忽略不计，除非地图已经被使用了几十年之久。

读者可以利用表 E.1 将真北向转换为磁北向，或者将磁北向转换为真北向，表中δ代表磁偏角。

对于 Brunton™ 或 Silva™ 罗盘，上面配备一个可旋转的罗盘卡（一个小金属片），可以利用它在罗盘上设置磁偏角的校正量，这样在罗盘刻度上就可以按照需要自动读出真北向或磁北向。在这些罗盘上采用类似的校正方法，可以直接给出本地网格坐标系统的方位角。

磁力线在赤道上是水平的，但随着向南北两极移动，磁力线的倾角会越来越大。因此，在北半球，罗盘指针的北端会向水平线以下倾斜；而在南半球，罗盘指针北端会向水平线以上倾斜。罗盘的制造者们选择在磁针的不同部位增加重量来抵消这种倾斜，确保罗盘指针在中纬度地区大体处于水平状态；而对北半球和南半球设计制造出不同的罗盘。因此，设计在北半球使用的罗盘就很难或无法在南半球使用，反之亦然。中纬度罗盘在热带地区是可以使用的，但可能需要稍稍倾斜，使得磁针在罗盘盒内能够自由摆动。

表 E.1　真北向和磁北向的相互转换

磁 偏 角	真北向转磁北向	磁北向转真北向
$-\delta$ 或 W 偏 [a]	N^T 方位角减去 δ	N^M 方位角加上 δ
$+\delta$ 或 E 偏 [b]	N^T 方位角加上 δ	N^M 方位角减去 δ

[a] 当磁北向位于真北向西侧时

[b] 当磁北向位于真北向东侧时

E.3　测量平面的走向和倾向

这虽然是每个地质工作人员都学过的基本技能之一，但在这里列出一些有用的提示还是有意义的。

将罗盘沿岩石表面放置进行测量（当这是唯一可得的表面时这是必要的），其测量结果只代表与罗盘接触的局部表面的产状。不管在什么地方，可以的话，顺着岩石露头层理的方向整体测量，获得岩层的平均走向，这样的数值更具有代表性（见图 E.1）。需要注意的是，当这样测量时，应确保视线处于水平（当然，罗盘出现较大倾斜时，会使得走向测量度数出现错误，同时也会使罗盘磁针碰上玻璃面板，你也就能发现问题所在）。

与之类似，当倾斜岩层以垂直或近似垂直方式出露地表时，隔一定距离将罗盘测斜仪与岩层面贴合，测量露头范围内岩层的整体倾角，这样的数值是最有代表性的（见图 E.2 和图 E.3）。该方法只有当视线沿着岩层走向时，测量才是准确的，否则读取的是岩层的视倾角。视倾角总是要比真倾角小。

图 E.1　顺着露头岩层测量，获取岩层的平均（整体）走向。注意：视线必须水平。

图 E.2　将地质罗盘测斜仪顺着岩层走向进行测量，获取出露垂直表面岩层的平均（整体）倾角。注意：视线必须与走向平行。

当测量一个很小的平面时，可以用一个记录本或图纸板紧贴该平面，然后用罗盘测量新的“拓展平面”的产状（待测平面的产状）。

有时候确定一个很小或位置不方便测量的平面的倾向可能十分困难，用几滴水滴在平面上往下流淌通常就可以解决这个问题。这样的测量通常没必要非常精密，可在野外背包中备一小瓶有色液体随时待命。

当测量位置处于平面下方，特别是仰视平面时（在矿山填图中经常会碰到这种问题），利用 Silva™ 地质罗盘就非常适合了，因为这种罗盘的指针可以从下方观察，也可以从上方观察，并且可以旋转卡片来记录磁针的位置。因此，对于矿山填图，Silva™ 罗盘比其他类型的罗盘更加优越。一些专家地质罗盘（如 Breithaupt Kassel 制造的 Freiberg™ 地质罗盘或 Cocla 罗盘）也可以在下方测量，但这些罗盘个头较大，一般无法适用于狭小的空间，而且它们也比较昂贵。

某些现代地质罗盘，如 Breithaupt Kassel 制造的 Tectronic™ 罗盘，可以自动电子测量倾向和倾角。测量读数可以储存在仪器存储卡中，键入代码，可以液晶显示并下载到电脑中。在需要进行大量定向数据的测量时（如专门的构造或工程地质应用），利用这设备效率很高，但价格相对较贵。大多数情况下，传统的、低技术含量的地质罗盘足以满足野外地质学家的全部需求。

图 E.3　沿走向测量远处平顶山岩层的倾角。

E.4　测量线状构造的倾向和倾伏角

岩石中需要测量的线状构造包括褶皱轴、拉伸的石香肠、窗棂构造、定向拉伸的矿物或矿物集合体、拉伸的岩石碎屑、擦痕线、两个平面（如层理面和节理面）的交线等。所有这些都可以统称为线状构造。线状构造对弄清变形岩石中的地质和成矿情况十分重要，可以提供关键性线索。线状构造的测量和记录十分简便，在野外填图或岩心编录中应作为常规要求。

以笔者的经验，许多地质学家并不十分清楚如何来测量和记录线状构造，因此下面将详细介绍。我们以使用 Brunton™ 罗盘为基础，当然其他地质罗盘也可以使用，但 Brunton™ 罗盘的缝式瞄准杆可以水平延伸视线，使得测量步骤十分简单。

岩石中线状构造在几何学上的定义，要么是通过其倾伏向和倾伏角，要么是通过其在平面上的侧伏角（若线状构造位于一个构造面的表面上）来限定，这些术语在图 E.4 中有具体解释。在线状构造所在平面的产状已知的情况下，只利用侧伏角就可以确定该线状构造的绝对方位。给定其中任意一种测量结果，其他数据可以用数学公式或通过立体图计算出来。对一般性的填图，通常测量和记录线状构造的倾伏向和倾伏角更加有用，但对其他一些情况，特别是在矿山工作填图过程中，可能测量侧伏角更加方便。

野外测量线状构造的方法推荐按如下步骤进行。

- 如果待测线状构造在岩石中不是很明显，在测量之前，用一个记号笔对它进行标记，或者沿着它放置一根铅笔。
- 拿一个打开的 Brunton™ 罗盘水平[1]位于线状构造上方，将罗盘的缝式瞄准杆沿着线状构造水平放置（见图 E.5），从瞄准杆狭缝中垂直往下观察线状构造，保持水平的同时缓慢转动罗盘使得线状构造与瞄准杆在同一条直线上。利用瞄准杆的厚度来判断视线是否与线状构造垂直（当从上往下看时，瞄准杆的边缘——厚度部分——是无法看到的）。此时记录下罗盘刻度上的读数，该读数即为线状构造的倾伏向。
- 将打开的罗盘的长边贴着线状构造放置，保持罗盘处于铅垂方向，测量该线状构造与水平面的夹角（见图 E.6），该角度即为线状构造的倾伏角。
- 线状构造的方位在地图上用一个箭头配合数字来表示，箭头指向线状构造的倾伏向，数字代表倾伏角。不同种类的箭头可以代表不同种类的线状构造。

---

1 FrEIberg 型构造地质罗盘可以直接测量线状构造的倾向和倾伏角。

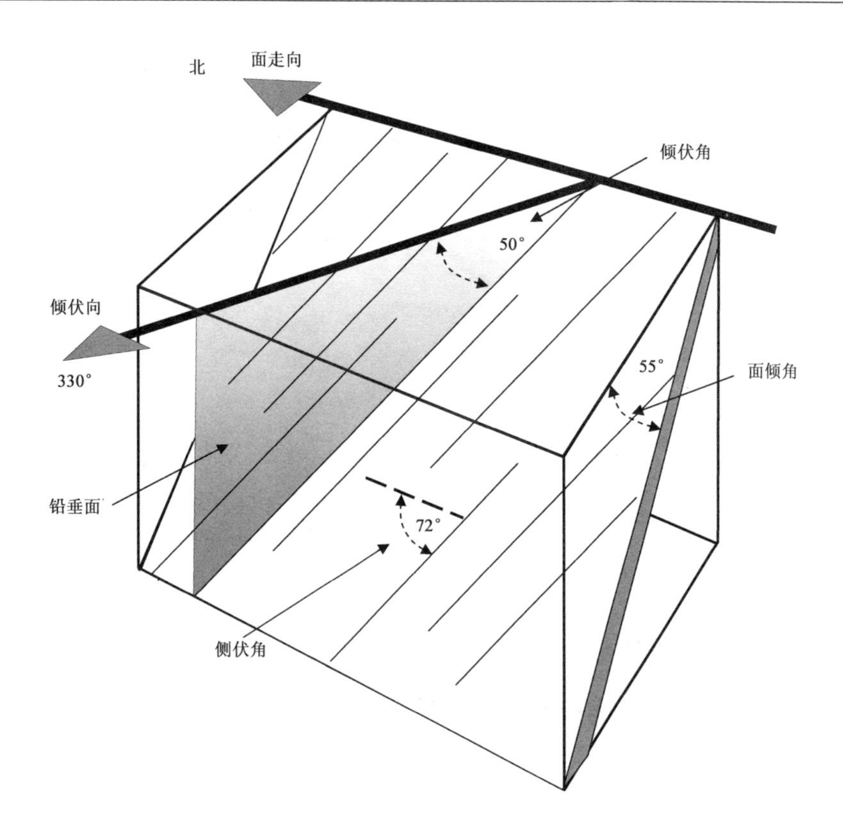

图 E.4　方块图，用于定义面状构造的走向和倾角、线状构造的倾向和倾伏角、平面上线状构造的侧伏角。

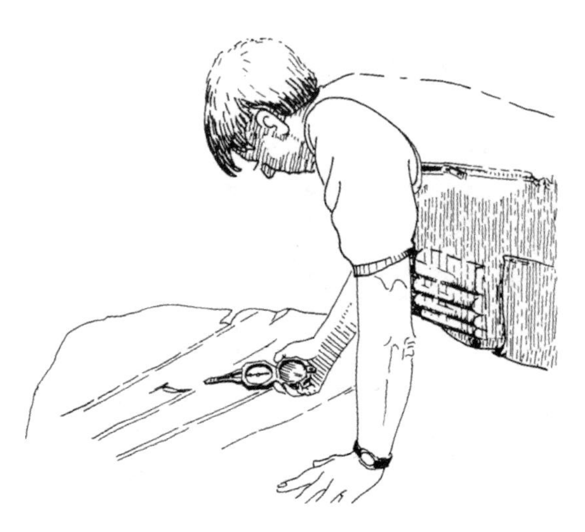

图 E.5　利用 Brunton™ 罗盘测量线状构造的倾向。

图 E.6　利用 Brunton^{TM} 罗盘测量线状构造的倾伏角。

附录 F

推荐进一步阅读书目

综合类

Berkman DA（Compiler）（1991）Field geologists' manual, 3rd edition, Monograph 9. The Australasian Institute of Mining and Metallurgy, Melbourne.

这本书提供了大量的事实及图件，十分宝贵，每一位地质师都会用得着。如果没别的参考书，那买这一本就行。

Peters WC（1987）Exploration and mining geology, 2nd edition. Wiley, New York, NY, 685.

Reedman JH（1979）Techniques inmineral exploration. Applied Science Publishers, London, 533.

尽管现在有点过时，但在勘查地质的实际野外工作方面，本书仍是一本优秀的详细教程。

第 1 章

Guilbert JM, Park CF Jr（1986）The geology of ore deposits. WH Freeman,

NewYork, NY, 985.
一本综合性且文笔优美的矿床地质教材。

Kirkham RV, Sinclair WD, Thorpe RI, Duke JM (eds)（1993）Mineral depositmodelling, Vol 40. Geological Association of Canada, Special Paper, St. John's, NL, 798.
一本矿床模型方面的优秀概论，可用于构建概念模型勘查策略。

第 2 章

Australian Institute of Mining and Metallurgy（1990）Geological aspects of thediscovery of some important mineral deposits in Australia, Monograph 17. Australian Institute of Mining and Metallurgy, Melbourne, 503.

Barnes JW（1995）Basic geological mapping, 3rd edition. Wiley, New York, NY, 133.
一本实用的野外地质填图技术类书籍。

Hancock PL（1985）Brittle microtectonics: Principles and practice. J Struct Geol, 7:437–457.
一篇实用的综述性文章，介绍了脆性破碎带中位移指示标志的识别和解读。

Hobbs B, Means W, Williams P（1976）An outline of structural geology. Wiley, New York, NY, 571.
这是一本构造地质的综合性教材，价格相对便宜，其作者为经验丰富的野外地质学家。在我（本书作者）看来，在众多野外构造地质学教材中，这本书仍是最好之一。

Hutchinson RW, Grauch RA (eds)（1991）Historical perspectives of genetic concepts and case histories of famous discoveries, Monograph 8. Economic Geology, Lancaster, PA.
该书讲述了地质因素在矿床发现中的实例研究。

Marshak S, Mitra G（1987）Basic methods in structural geology. Prentice-Hall, NewYork, NY.
一本对地质填图理论方法的精彩阐述。

McClay K（1987）The mapping of geological structure; Melbourne(1990), Monograph 17. Halstead Press, London, 503.
本书讲述韧性变形构造的野外观察和作用。

Turcote DL（1992）Fractals and chaos in geology and geophysics. Cambridge University Press, New York, NY, 221.

本书详细讨论了混沌理论在地质学中的一些应用。

Wolf PR（1983）Elements of photogrammetry, 2nd edition. McGraw-Hill, NewYork, NY.

该书介绍了有关航空照片立体视图、航空照片上特征要素的测量及地图制作的基本理论。

第4章

MacDonald EH（1983）Alluvial mining: The geology, technology and economics of placers. Chapman & Hall, London, 508.

本书详细介绍了有关未固结砂矿床的地质勘探。

第5章

Annels AE（1991）Mineral deposit evaluation: A practical approach. Chapman &Hall, London, 456.

本书全面覆盖矿产项目评估的各个方面，重点放在对高级勘查项目和矿床的评估上。

Petit JP（1987）Criteria for the sense of movement on fault surfaces in brittle rocks. J Struct Geol, 9:597–608.

本书介绍了脆性破碎带中位移指示标志的识别和解读。

Hanmer S, Passchier C（1991）Shear sense indicators: A review, Paper 90–17. Geological Survey of Canada, Ottawa, ON, 72.

有关（韧性）剪切带中位移指示标志的识别和解读的详细介绍说明。

Sibson RH（2001）Seismogenic framework for hydrothermal transport and oredeposition. In: Richards JP, Tosdal RM (eds) Structural controls on ore genesis, Reviews in Economic Geology, Vol. 14. Society of Economic Geologists,

Littleton, CO, 25–50.

一篇精彩的综述类文章，是对断裂带中流体运动和不同种类断裂中扩张区部位矿质沉降的总结。

Robert F, Poulsen KH（2004）Vein formation and deformation in greenstone golddeposits. In: Richards JP, Tosdal RM (eds) Structural controls on ore genesis, Reviews in Economic Geology, Vol 14. Society of Economic Geologists, Littleton, CO, 111–155.

这是一篇必读综述类文章，作者是加拿大最著名的构造地质学家。对从事太古宙绿岩系或古生代板岩带金矿勘查工作的人来说有极高价值。

第 6 章

Barnes J（1987）Practical methods of drill hole sampling. Bulletin/Australian Institute of Geoscientists 7: Meaningful Sampling in Gold Exploration. Papers presented at Seminar No. 5, Perth, 26th Oct 1987, Sydney.

Barnes J（1989）RAB drilling-Secret weapon. Resource Service Group Pty Ltd, Resource Review, 5–7 Oct 1989.

该书介绍了矿产勘查中 RAB 钻探、RC 钻探及采样技术。

第 7 章

Australian Drilling Industry（1997）Drilling: The manual of methods, applications and management, 4th edition. CRC Press, Boca Raton, FL, 295.

一本很好的源头类丛书，这本书应该可以解答钻工在金刚石钻探中的全部技术问题。

Blackbourne GA（1990）Cores and core logging for geologists. Whittle's Publishing, Caithness, Scotland, 113.

这是一本从地质学家角度讲述钻探技术的综合类书籍。

Devereux S（1999）Drilling Techniques. Penwell, Tulsa, OK, 337.

Hartley JS（1994）Drilling: Tools and program management. AA Balkema,

Rotterdam, 150.

本书很好地讨论了钻探项目管理及金刚石钻探中钻孔的方向控制。

McPhie J, Doyle M, Allen R（1993）Volcanic textures. University of Tasmania, Hobart, TAS, 196.

这本书提供了火山岩图示标尺编录的一个案例（第 13 页）。此外，其中还有许多其他有用的案例材料。

第 8 章

Drury SA（1990）A guide to remote sensing. Oxford University Press, London, 243.

一本对遥感技术的详细介绍。

Drury SA（1993）Image interpretation in geology, 2nd edition. Chapman & Hall, London, 304.

本书精彩介绍了关于影像解译的各个方面，包括航空拍照、卫星反射影像和雷达影像。现在虽然有一点点过时，但依然很有针对性。

Rencz AN (ed)（1999）Manual of remotc sensing, 3rd edition. Wiley, New York, NY.

Bedell R, Crosta AP, Grunsky E（2009）Remote sensing and spectral geology. Reviews in Economic Geology, Vol 16. Society of Economic Geologists, Littleton, CO, 288.

该文集包含了一系列特邀评论文章，针对矿产勘查中遥感影像的最新案例研究。其中第二章由 Richard Bedell 撰写，对光谱地质学原理有精彩描述。

第 9 章

Kosko B（1993）Fuzzy thinking–The new science of fuzzy logic. Hyperian Press, New York, NY, 318.

对模糊逻辑的很好介绍——写得风趣幽默。

Kearney P, Brooks M（2002）Introduction to geophysical exploration, 3rd edition. Wiley, New York, NY, 272.

一本经典教材的更新版。依据不同的地球物理方法划分章节，每种方法包括基本理论、现场流程及过往案例。最少限度地使用数学公式。

Australian Geological Survey Organisation（1997）Special volume on Airbornemagnetic and radiometric surveys. J Aust Geol Geophys, 17(2).

包含了大量关于有效利用磁法及放射性测量数据的综述文章。

Handbook of exploration geochemistry, Elsevier, New York, NY.

1. Fletcher WK（1981）Analytical methods in exploration geochemistry, 255.
2. Howarth RJ (ed)（1983）Statistics and data analysis in geochemical prospecting, 437.
3. Govett GJS（1983）Rock geochemistry in mineral exploration, 461.
4. Butt CRM, Zeegers H（1992）Regolith exploration geochemistry in tropicaland ubtropical terrains, 607.
5. Kauranne K, Salimen R, Eriksson K (eds)（1992）Regolith exploration geochemistry in arctic and temperate terrains, 443.
6. Hale M, Plant JA（1994）Drainage geochemistry, 766.

该手册详尽阐述了矿产勘查地球化学理论及其应用。

Smith RE（1987）Using lateritic surfaces to advantage in mineral exploration. Proceedings of Exploration' 87: Third Decennial International Conference on Geophysical and Geochemical Exploration for Minerals and Groundwater. Ontario Geological Survey, Special Volume, Toronto.

该书介绍如何利用风化壳地质填图来指导物化探工作。

Butt CRM, Robertson KM, Cornelius M（2005）Regolith expressions of Australianore systems. Cooperative Research Centre for Landscape Environment and Mineral Exploration (CRC LEME), Bentley, Western Australia, 423.

本书全面收集了勘查模型和风化壳化探矿床发现的历史案例。其中有很多很好的材料，并不只是针对澳大利亚的找矿人。

第 10 章

Delaney J, Van Niel K（2009）Geographical Information Systems: An Introduction, 2nd edition. Oxford University Press, Oxford, 214.

一本很好的 GIS 概论书籍，并不基于任何特定的专利软件。

缩写及简化用语

缩　写	全　称	中文名称
ALOS	Advanced Land Observation Satellite	高级陆地观测卫星
ASTER	Advanced Space Borne Thermal Emission and Reflection Radiometer	高级星载热辐射反射辐射计
BLEG	Bulk Leach Extractable Gold	大样品浸出提金
BOH	Bottom of Hole	孔底（线）
CA	Core Axis	岩心轴
CAD	Computer Aided Drafting	计算机辅助制图
CCD	Charged Couple Device	电荷耦合元件
CRC LEME	Cooperative Research Centre for Landscape Environment and Mineral Exploration	景观环境与矿产勘查合作研究中心
DDH	Diamond Drill Hole	金刚石钻孔
DEM	Digital Elevation Model	数字高程模型
DGPS	Differential Global Positioning System	差分全球定位系统
EGNOS	European Geostationary Navigation Overlay Service	欧洲地球同步卫星导航增强服务系统
EM	Electromagnetic	电磁法
GIS	Geographical Information System	地理信息系统
GPS	Global Positioning System	全球定位系统
g/t	Grams Per Tonne	克/吨
HMC	Heavy Mineral Concentrate	重矿物富集
IOCG	Iron Oxide Copper Gold	铁氧化物铜—金（矿床）
IP	Induced Polarisation	激发极化法
KISS	Keep It Simple, Stupid	简单的笨蛋原则
KPI	Key Performance Indicator	关键性能指标
LCA	Long Core Axis	岩心长轴
LH	Left Hand	左手定则

缩　写	全　称	中文名称
MGA94	Map Grid of Australia 94	澳大利亚地图网格94版
MIP	Magnetic IP	磁感激发极化法
MMR	Magnetometric Resistivity	磁电阻率
MSAS	Multifunctional Satellite Augmentation System	多功能卫星增强系统
MSS	Multi Spectral Scanner	多光谱扫描仪
Mt	Million Tonnes	百万吨
ppb	Parts Per Billion	十亿分之一（10^{-9}）
ppm	Parts Per Million	百万分之一（10^{-6}）
ppt	Part Per Trillion	万亿分之一（10^{-12}）
RAB	Rotary Air Blast	回旋空气爆破（钻探）
RC	Reverse Circulation	反循环（钻探）
RH	Right Hand	右手定则
RL	Relative Level	相对水平
SAM	Sub Audio Magnetics	亚音频磁（技术）
SEDEX	Sedimentary Exhalative	喷流沉积（矿床）
SEG	Society of Economic Geologists	经济地质学家协会
SG	Specific gravity	比重
SPOT	Satellite Probatoirel' Observation de Laterre	（法国）地球观测卫星（系统）
SRTM	Shuttle Radar Tomography Mission	航天飞机雷达地形测绘使命
SWIR	Short Wave Infra Red	短波红外线
TIR	Thermal Infra Red	热红外线
TM	Thematic Mapper	专题制图仪
TM	Transverse Mercator	横轴墨卡托投影
TMI	Total Magnetic intensity	总磁场强度
TOH	Top of Hole	钻孔顶端
USGS	United States Geological Survey	美国地质调查局
UTM	Universal Transverse Mercator	通用横轴墨卡托投影
VHR	Very High Resolution	超高分辨率
VMS	Volcanogenic Massive Sulphide	火山成因块状硫化物（矿床）
VNIR	Visible and Near Infra Red	可见光及近红外线
WAAS	Wide Area Augmentation System	广域扩增系统
WGS84	World Geodetic System 84	世界测地系统84

译者后记

——献给默默耕耘在地球各个矿产角落里的中国地质师们！

伴随着繁重的野外项目工作，2011—2013年，这本书断断续续翻译了两年。之后的校稿及出版又是断断续续两年，今天终于跟大家见面，算是入行十年来我个人的一个总结。作为一名矿产行业的野外地质师，矿产勘查中的一切基本方法和多年来的心得体会，都融入对这本书的学习及翻译过程中了。其中，本书翻译的初稿由万方完成，修改、校对工作由陆丽娜完成。由于译者水平有限，虽反复校对，翻译中的错误与纰漏在所难免，请读者朋友们不吝批评指正。

如今，随着资源全球化的推进，矿业周期、行业变革，让人目不暇接。如何在当今的时代浪潮中走出中国自身的矿产勘查全球化，任重而道远。这需要根据自身的实际情况，广泛学习、借鉴国内外优秀的勘查思路、经验、方法、技术手段。我们的翻译工作，算是将国外通行的矿产勘查的基本技术方法介绍给国内同行。中国的广大矿产地质工作人员，除了常年的艰苦野外地质工作之外，需要更多地了解并参与到国际性矿产勘查及开发活动中来，与西方的地矿人员不断交流、学习、融合，取长补短，继而推动整个行业更好地向前发展。

感谢原版作者 Roger Marjoribanks 对我们翻译工作的大力支持。三年前冒昧向他发邮件，老先生和蔼可亲让人倾慕，之后不断交流沟通，十分惬意。老先生在翻译及出版中多次给予我们悉心指导及帮助，对此深表谢意。同时感谢电子工业出版社的编辑李敏老师、薄宇老师，在她们的悉心帮助下，这本书得以顺利出版。

感谢明科矿业集团董事长蔡之凯先生百忙中为中文版作序。感谢恩师 Calvin Herron（美国勘查地质学家）多年来对我的倾心指导。在 2008—2014 年与他共事中，针对矿产勘查的各技术环节，一点一滴地现场指导和纠正问题。正是这些经历，让我们在翻译过程中能够更加深入体会国外同行的各种勘查技术、方法、技巧及思路。感谢原北京克文矿业咨询有限公司的老同事们，他们是高级地质师徐勇、宋宝久及 GIS 专家刘晓芳，感谢他们在我职业成长中的指导和帮助。

最后，要感谢我的妻子程方平博士，没有她的不断鼓励、督促，没有她在最后校订阶段的全力帮助，就没有这本书的如期出版。作为地质工作者的家属，默默无闻地支撑家庭与照顾孩子，无怨无悔地付出和牺牲……我无以言表，唯有深藏心中！

万　方

2016 年 2 月 28 日于北京

彩色图版

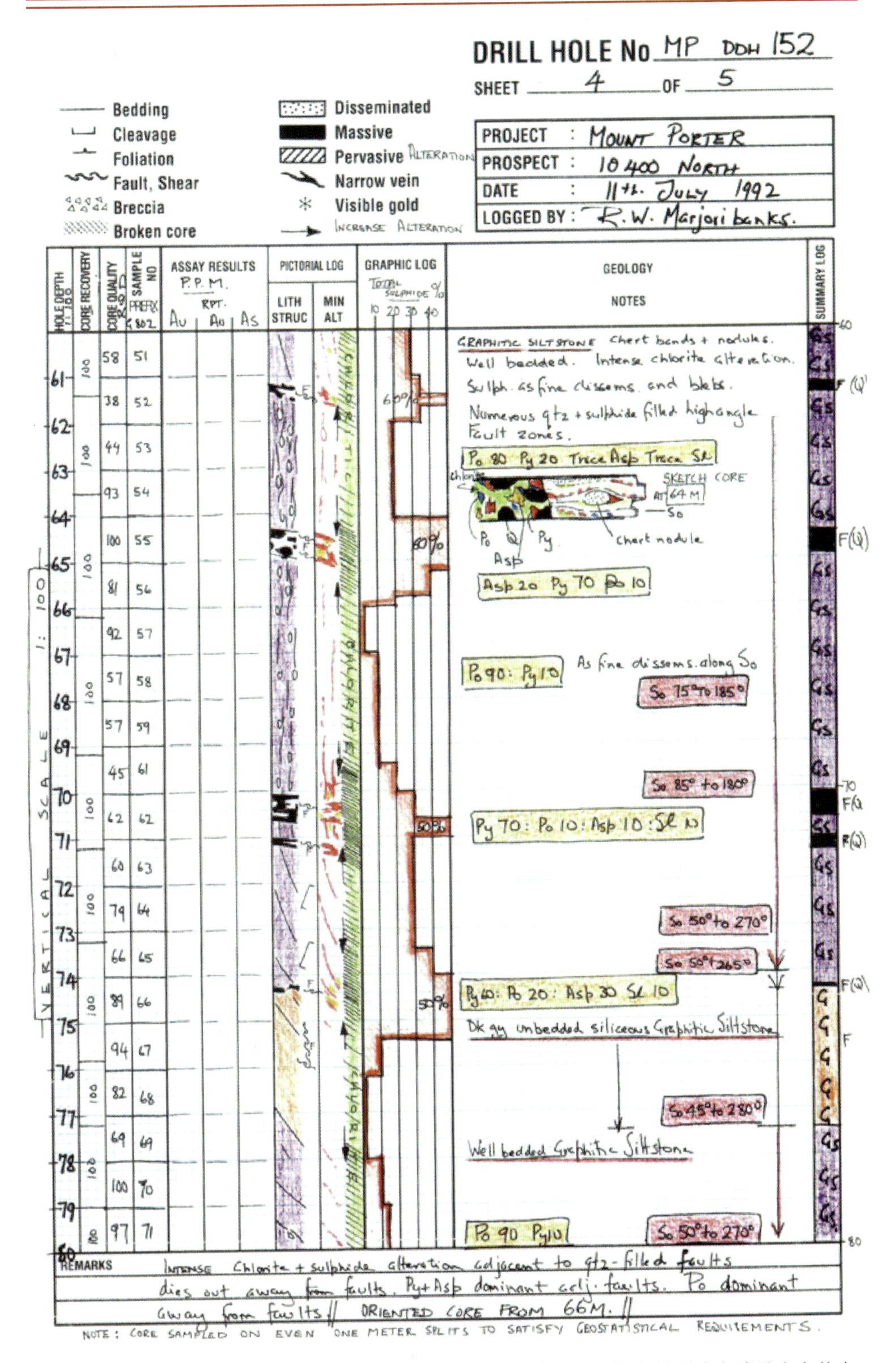

DRILL HOLE No MP DDH 152

SHEET 4 OF 5

— Bedding
Cleavage
Foliation
Fault, Shear
Breccia
Broken core
Disseminated
Massive
Pervasive ALTERATION
Narrow vein
Visible gold
INCREASE ALTERATION

PROJECT : MOUNT PORTER
PROSPECT : 10 400 NORTH
DATE : 11th. JULY 1992
LOGGED BY : R.W. Marjoribanks.

HOLE DEPTH 1:100	CORE RECOVERY	CORE QUALITY	SAMPLE NO PREFIX K802	ASSAY RESULTS P.P.M. Au	RPT. Au	As	PICTORIAL LOG LITH STRUC	MIN ALT	GRAPHIC LOG TOTAL SULPHIDE % 10 20 30 40	GEOLOGY NOTES	SUMMARY LOG
	100	58	51								
61		38	52								
62	100	44	53								
63		93	54								
64		100	55								
65	100	81	56								
66		92	57								
67	100	57	58								
68		57	59								
69		45	61								
70	100	62	62								
71		60	63								
72	100	79	64								
73		66	65								
74	100	89	66								
75		94	67								
76	100	82	68								
77		69	69								
78	100	100	70								
79	80	97	71								

VERTICAL SCALE 1:100

GEOLOGY NOTES:

GRAPHITIC SILTSTONE Chert bands + nodules. Well bedded. Intense chlorite alteration. Sulph. as fine dissems. and blebs. Numerous qtz + sulphide filled high angle fault zones.

Po 80 Py 20 Trace Asp Trace Sl

SKETCH CORE AT 64 M — Chlorite, So, Po, Asp, Py, Chert nodule

60% — 80% — 50% — 50%

Asp 20 Py 70 Po 10

Po 90: Py 10 — As fine dissems. along So — So 75° to 185°

So 85° to 180°

Py 70: Po 10: Asp 10: Sl 10

So 50° to 270°

So 50° to 265°

Py 40: Po 20: Asp 30 Sl 10

Dk gy unbedded siliceous Graphitic Siltstone

So 45° to 280°

Well bedded Graphitic Siltstone

Po 90 Py 10 — So 50° to 270°

SUMMARY LOG: Gs, F(Q), F(Q), F(Q), F(Q), F, G

REMARKS: Intense Chlorite + sulphide alteration adjacent to qtz-filled faults dies out away from faults. Py + Asp dominant adj. faults. Po dominant away from faults // ORIENTED CORE FROM 66M. //

NOTE: CORE SAMPLED ON EVEN ONE METER SPLITS TO SATISFY GEOSTATISTICAL REQUIREMENTS.

图版 1　利用图示比例法编录岩心的案例。观察描述通过图示和数字的形式在编录表上从上往下表达出来，图中用颜色极大地增强了信息的内容。